하늘에
도전
하다

하늘에 도전하다

초판 1쇄 | 2012년 5월 20일
　　15쇄 | 2023년 10월 20일

지은이 | 장조원

발행인 | 박장희
부문대표 | 정철근
제작총괄 | 이정아
편집장 | 조한별

발행처 | 중앙일보에스(주)
주소 | (03909) 서울시 마포구 상암산로 48-6
등록 | 2008년 1월 25일 제2014-000178호
문의 | jbooks@joongang.co.kr
홈페이지 | jbooks.joins.com
네이버 포스트 | post.naver.com/joongangbooks
인스타그램 | @j__books

ⓒ 장조원, 2012

ISBN 978-89-278-0321-8 (03550)

항공대 교수가 들려주는 항공우주과학의 모든 것

하늘에
도전
하다

장조원 지음

중앙books

비행에 앞서

하늘을 날고자 하는 꿈은 인류 역사만큼 오래되었지만 실제 '비행기'라는 개념이 생긴 지는 210여 년 정도밖에 되지 않았다. 1804년 영국의 항공과학자 조지 케일리 경은 수많은 시행착오 끝에 현대 비행기와 유사한 글라이더를 설계했다. 그리고 100년이 지난 1903년 12월 17일, 라이트 형제가 거리 37m, 체공 시간 12초 기록으로 인류 최초의 동력비행(라이트 형제는 최초의 실용적인 비행기를 개발하여 1908년에 시범비행 하였음)에 성공했다. 최초의 동력비행을 성공한 지 100년 남짓 지난 오늘날, 시속 900㎞의 속도로 여객기가 태평양 상공을 횡단하며 우주왕복선은 시속 2만 8,000㎞가 넘는 속도로 지구를 회전한다. 동력비행에 성공한 이후 100년 만에 항공우주 분야는 비약적으로 발전했다.

모든 학문을 통틀어도 이만한 시간에 이런 드라마틱한 발전을 거둔 분야는 찾아보기 힘들다. 569톤에 달하는 물체를 하늘에 띄워, 수천㎞를 날아가는 비행기는 현재까지의 과학이 모두 집적된 산물이다. 물론 수많은 시행착오와 희생이 수반되었다. 최초의 유인 글라이더를 만들었던 초기 항공 연구자, 오토 릴리엔탈은 자신의 글라이더로 활공 실험을 하다가 추락해 척추가 부러져 사망한다. 그가 마지막으로 남긴 말은 "작은 희생을 반드시 치러야 한다(Small sacrifices must be made)."였다. 이와 같은 희생을 통해 오늘날 우리가 편하게 비행기를 타고 새로운 세상을 만나게 된 것이다.

당연히 비행기의 발달 과정을 꼼꼼히 뜯어보면, 현대 과학의 흐름과 정수를 만나게 된다. 우리가 일상생활에서 아무 상관도 없어 보이는 항공우주과학에 주목해야 하는 이유다. 그리고 사실 항공우주과학은 우리 생활에 이미 밀접하게 맞닿아 있다. 스마트폰에서 흔히 보는 GPS를 기반으로 하는 지도 서비스, 자동차의 ABS브레이크와 헤드업 디스플레이, 우리 아이를 보호하며 이동하는 유모차, 골프채와 같은 스포츠 용품까지 모두 항공우주과학과 밀접하게 연결되어 있다. 과거를 살피는 것에서부터 모든 발전은 시작된다. 현대 과학의 총체라 할 만한 비행기의 발달과정은 그래서 의미가 깊다.

이 책의 제1부는 비행기의 탄생 및 비행기 형상의 진화과정을 역사적 배경과 뒷이야기를 기반으로 나름대로 쉽게 이해할 수 있도록 구성했으며, 제2부는 비행기에 숨어있는 과학 및 공기역학적 현상을 설명했다. 제3부는 비행기의 구조 및 조종 방법, 제트엔진 등의 원리와 실제를 설명했고 거기에 적용되는 자연법칙뿐만 아니라 비행이론이 발표될 당시의 역사적 배경까지 담아내려 노력했다. 제4부에서는 비행 중 중력가속도의 영향, 난류의 비밀 등 비행기를 둘러싼 과학적 원리를 제시하고 이것들이 어떤 물건으로 만들어져 일상생활에서 사용되는지, 그리고 하늘을 나는 자동차와 같은 미래의 변화 등을 살펴본다. 제5부에서는 인공위성이 지구에 추락하지 않는 이유에서부터 우주에 관한 기초적인 내용을 소개하면서 미국의 우주비행 프로젝트인 머큐리와 제미니, 아폴로 계획에 대해 요약했다. 그리고 항공 마니아들이 궁금해 하는 스미스소니언 항공우주박물관과 나로우주센터, 미국립항공우주국(NASA)에 대한 소개도 덧붙였다. 마지막 부록에서는 미국의 저명한 잡지, 〈에비에이션위크(Aviation Week)〉에서 발표한 항공우주분야에 공헌한 1위부터 100위까지의 인물을 기재해 전체적인 흐름을 일괄할 수 있도록 했다.

　이 책《하늘에 도전하다》는 나 자신의 짧은 지식뿐만 아니라 논문 및 책자, 인터넷 등 여기 저기 흩어져 있는 자료를 수집해 나름대로 정리한 것이다. 책을 집필하면서 20여 년 전 미국 메릴랜드대학에서 방문학자로 활동할 당시, 그곳에서 교수이자 집필가로서 왕성하게 활동하던 앤더슨 박사의 모습이 생생히 떠올랐다. 앤더슨 교수는 책을 집필하기 위해 도서관에서 논문을 찾고 또 찾고 있었다. 그는 책을 쓰기 위해 항상 논문을 정리하고 도서관에서 오래된 자료들을 뒤졌다. 새로 논문을 쓰는 것도 힘들지만, 이미 알려진 내용과 자료를 수집하고 정리하는 것도 만만치 않은 작업이라는 사실을 이번에 다시 한 번 깨달았다. 항공역학, 압축성유체역학, 극초음속 등 항공 관련 서적을 수두룩하게 집필한 앤더슨 교수가 존경스러울 따름이다.

항공우주기술은 급속도로 발전하며 과학기술을 선도하고 있지만 이와 관련된 기초 지식을 일반인들이 쉽게 습득할 수 있는 마땅한 책이 없었다. 뿐만 아니라 항공 종사자들이 항공 관련 지식을 습득하기 편하도록 수학 공식을 없애고 재미있게 쓴 책이 필요하다고 오래 전부터 생각해온 터였다. 책을 쓰고 싶은 마음은 굴뚝같았지만 늘 이 핑계 저 핑계 대면서 막상 손을 대지 못했다. 그러던 차에 캐나다 토론토에 있는 라이어슨대학에 방문교수로 가게 되어 바쁜 일상에서 벗어나 드디어 책을 집필할 여유가 생겼다. 이때부터 컴퓨터 책상에 앉아 1년 정도 자판을 두드리며 작업을 시작했다. 중간중간 관련 사진도 찍고, 자료를 모으기 위해 미국 워싱턴 D.C. 스미스소니언과 버지니아 주 랭글리 국립항공우주국, 플로리다 주 케이프커내버럴, 위스콘신 주 오슈코시에어쇼, 오하이오 주 데이턴, 노스캐롤라이나 주 키티호크 등 항공 역사의 현장을 답사했다.

항공우주공학과 관련된 내용은 그 자체가 어렵지만, 나름대로 재미있게 풀어 쓰고자 노력했다. 항공우주공학을 전공하지 않은 독자들이라도 편하게 읽을 수 있도록 복잡한 수학공식 및 어려운 내용을 가급적 피했으나 혹시 비전공자가 이해하기 곤란한 내용이 나오면, '그냥 이런 것이 있구나.' 지나쳐도 무방하다. 항공 관련 업계 종사자는 물론 항공우주공학을 전공하는 학생, 더 나아가 일반인까지 재미있게 읽고 항공과학에 조금이나마 흥미를 느끼는 계기가 된다면 더 바랄 것이 없겠다.

2012년 봄
지은이 장조원

contents

5부 엘리베이터를 타고 우주로

1부

금지된 욕망,
그리고 하늘을 나는 꿈

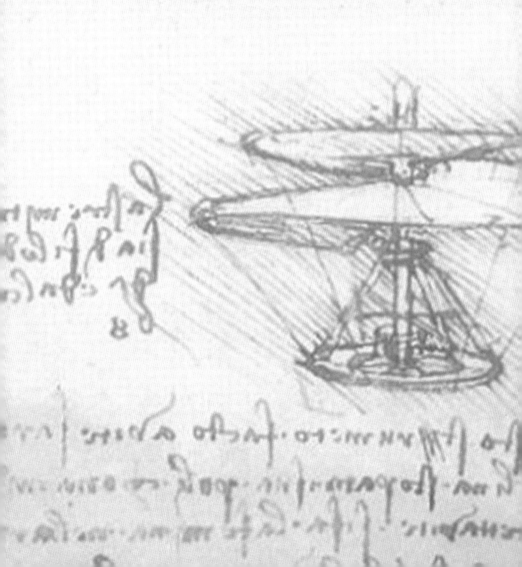

이카로스와
항공우주공학 ✈

그리스 신화에서 이카로스(Icarus)는 크레타의 왕 미노스(Minos)의 총애를 받던 전설적인 명장 다이달로스(Daedalus)의 아들이다. 크레타의 왕비 파시파에(Pasiphae)가 황소 머리에 사람의 몸을 가진 미노타우로스(Minotauros)를 낳자 수치심을 느낀 미노스는 다이달로스에게 이 괴물이 영원히 빠져 나오지 못할 미궁(迷宮), 라비린토스를 만들게 했다. 대신 미노타우로스에게 해마다 7명의 소년·소녀를 제물로 바쳤다. 이 사실을 알게 된 아테네의 영웅 테세우스(Theseus)가 스스로 미궁 속으로 들어가 미노타우로스를 처치한다. 나중에 다이달로스가 테세우스의 탈출을 도왔다는 사실을 알게 된 미노스는 다이달로스와 그의 아들 이카로스를 미궁, 라비린토스에 가둬버린다.

라비린토스에서 탈출하기 위해서는 바다를 건너야 했다. 그러나 미노스 왕이 모든 배를 통제하고 있었기 때문에, 해상으로의 탈출은 불가능했다. 다이달로스는 탈출을 위해 성 주위에 떨어진 새의 깃털을

그리스 신화의 이카로스

모으기 시작했다. 그리고 아들과 함께 밀랍으로 깃털을 하나씩 붙여서 날개를 만들었다. 이윽고 날개가 완성되자 다이달로스는 아들 이카로스에게 너무 하늘 높이 날지 말라는 충고와 함께 탈출을 감행한다. 그러나 하늘 끝까지 날아보고 싶은 욕망에 사로잡힌 이카로스는 아버지의 충고를 무시하고 바람을 타고 높이 솟구쳐 올랐다. 결국 이카로스는 날개를 붙인 밀랍이 뜨거운 태양에 녹아내려 바다에 추락하고 만다. 지금도 이카로스가 떨어져 죽은 것으로 알려진 바다는 '이카리아 해'로 불린다.

이와 같은 이카로스의 추락에 대해 과학적으로 검증해 보자. 그리스 신화에서는 이카로스가 바다로 추락한 이유를 너무 높이 날다가 뜨거운 햇볕에 밀랍이 녹았기 때문이라고 한다. 태양에 가까워지면 온도가 올라간다고 생각했지만, 사실 대류권에서는 하늘로 올라갈수록 온도는 떨어진다(100m당 0.65℃씩 감소).

일례로, 여름철에 세스나와 같은 소형 항공기로 이륙을 하기 위해서는 지상에서 땀을 뻘뻘 흘리면서 시동을 걸어야 한다. 세스나는 에어컨이 없기 때문이다. 하지만 일단 하늘에 올라가 외부 공기를 기내로 들어오게끔 에어벤트(air vent)를 열면, 시원한 공기가 들어와 순식간에 기내 온도를 낮춘다. 특별히 에어컨이 없어도 되는 이유다. 반면 고도 4만 피트(12.2km)까지 올라가는 대형 여객기는 외부온도가 영하 56.5℃까지 떨어지고 공기도 희박해서 반드시 온도조절 장치와 여압 장치가

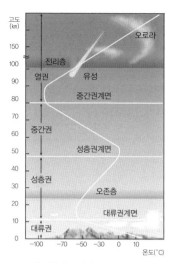

필요하다. 그러므로 이카로스의 추락 사
고는 아버지의 충고를 무시한 채 태양 가
까이 날다가 밀랍이 녹아서 발생한 사고
가 아니라는 것을 금방 알아챌 수 있다.

　그럼에도 이카로스의 추락은 인간 욕망
과 무모함을 경계하는 데 자주 인용된다.
이런 신화적 상상력의 원천은 근본적으로
하늘을 날고 싶어 하는 인간의 본성 때문
이 아닐까. 이러한 인간의 본성을 충족시

고도에 따른 온도변화

켜주는 학문이 바로 항공우주공학이다.

　항공우주공학을 표준국어대사전에서 찾아보면, '항공기 · 우주선의
설계 · 제조, 대기권과 우주 공간 비행에 관한 문제를 연구하는 학문'
이라 소개한다. 초기 항공우주공학은 기계, 물리 등 종합 학문의 일
부였으나, 이후 독립된 산업으로 성장하면서 독자적인 학문 분야를
형성했다.

　오늘날 다루는 항공우주공학은 항공기 및 우주선의 설계, 제작, 운
용에 관한 종합적인 학문이다. 다시 말해, 항공우주와 관련되는 자연
현상과 그 응용에 관련되는 과학, 제반 시스템을 설계하고 운용하는
데 관련된 학문을 말한다. 좁게는 항공기에 직접적으로 관련되는 사
항을 다루는 공학의 한 분야지만, 넓은 의미로는 물리, 기계, 기상,
항공심리 등의 연구를 포함한 의미로 사용된다.

　항공우주공학은 크게 항공공학과 우주공학 분야로 나뉜다. 항공공
학 분야는 다시 항공기 외부 모양과 관련된 공기역학 분야, 항공기 구
조물과 관련된 항공구조 및 재료 분야, 항공기 엔진과 관련된 항공 추

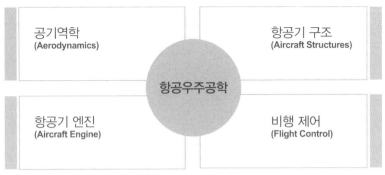

공기역학 (Aerodynamics)	항공기 구조 (Aircraft Structures)
항공우주공학	
항공기 엔진 (Aircraft Engine)	비행 제어 (Flight Control)

항공우주공학 분야

진기관 분야, 항공기 조종과 관련된 항공기 유도제어 분야 등으로 세
분된다. 이외에는 항공계기, 공중항법, 공항 및 시설, 조종술 등을 포
함하는 항공운항 분야가 있다.

항공기는 어떤 모양이 연료가 적게 들고 잘 뜰 수 있는지, 그리고
안정적으로 날아갈 수 있는지 등을 고려해서 제작한다. 바로 공기역
학(aerodynamics, 또는 항공역학) 분야다. 이 분야는 주로 공기의 흐름을 다루
는 유체역학 분야로 물체의 내·외부를 지나는 유체 흐름의 유동 특성
을 해석한다. 즉 항공기의 동체나 날개 등에 작용하는 힘과 공기 흐름
을 연구하는 학문이다. 또 항공기의 항속거리, 항속시간, 상승률 등
의 항공기 성능 및 안정성, 조종성 이론을 다루기도 한다. 1903년 라
이트 형제가 동력비행을 성공하기 전까지는 미지의 세계였지만, 거듭
된 연구를 통해 지금의 항공기 외형이 만들어졌으며 초음속을 견뎌내
는 항공기가 개발되기에 이르렀다.

항공기가 공기역학적인 힘을 받을 때, 항공기 구조물은 가벼우면서
도 오랫동안 견딜 수 있도록 구조설계가 되어야 한다. 고속으로 비행
하는 동안 날개가 부러진다든가 동체가 찌그러지면 안 되기 때문이
다. 바로 항공기 재료 및 구조 분야다.

또한 항공기는 앞으로 나아가기 위해서 충분한 추진력이 있어야 한다. 이러한 추진력을 내는 장치가 항공기 동력장치, 즉 엔진이다. 항공기가 추력을 얻을 때 소형 비행기 세스나와 같이 왕복 엔진을 부착하여 프로펠러를 사용할 수 있고, 보잉747과 같이 터보팬 엔진을 사용할 수 있다. 어떻게 엔진을 만들어야 연료를 적게 소모하면서 충분한 추력을 만들어 오랜 기간 고장 없이 작동할 것인가를 연구하는 분야다. 그래서 현대의 항공기 동력장치는 중량이 가볍고 견고하다. 또 고도에 따른 성능 저하도 거의 없으며 연료 소비율도 낮다. 게다가 점검 및 정비 역시 간단하다. 이외에도 항공기를 제어하기 위해서 어떤 장치가 효율적이고 안전하며 조종사들에게 부담을 적게 주는가를 연구하는 항공기 유도제어 분야가 있다.

이처럼 항공우주공학은 크게 4가지로 나뉘며 항공기의 설계 및 제작과 밀접한 관련이 있다. 따라서 비행기에 흥미가 있고 이를 탐구하려는 진취적인 정신이 있는 사람이라면 누구나 한 번쯤 도전해볼 만한 분야다.

✈ 크고 작은 비행기의 분류

항공기(Aircraft)는 비행선과 헬리콥터, 비행기, 활공기 등을 포함하는 넓은 의미이지만, 비행기(Airplane)는 '동력을 가진 고정익 항공기'라는 의미로 사용된다. 따라서 비행기는 동력이 있어 스스로 상승할 수 있는 항공기로서 고정된 날개를 갖는 경우를 말한다.

비행기는 용도에 따라 민항기와 군용기로 구분하며, 민항기는 다시 운반대상에 따라 여객기와 화물기로 분류한다. 민항기는 항

대형기 B747

공기 후류와류(wake vortex)에 의한 안전분리간격을 확보하기 위해 항공기 크기에 따라 '항공기등급'을 대형기, 중형기, 소형기 등으로 구분한다.

• 대형기(Heavy)

대형기는 비행중일 때의 중량에 상관없이, 최대이륙중량(MTOW, Maximum Take-off Weight)이 115.6톤 이상인 항공기로 정의된다(국토해양부 훈령 제227호). 대형기에는 최대이륙중량이 569톤이고 약 525명이 탑승할 수 있는 A380, 최대이륙중량 397톤이고 약 416명이 탑승할 수 있는 B747 등이 있다. 그리고 B777, A340-600의 기종도 대형기로 분류된다. 항공사는 운영관리 측면에서 대형기를 대략 300명 이상의 승객을 탑승시키는 여객기로 분류하고 있다.

• 중형기(Medium)

국토해양부 훈령으로 최대이륙중량이 18.6톤을 초과하고 115.6톤 미만인 항공기를 중형기로 분류한다. 중형기에는 최대이륙중량이 76.8톤이고 약 149명을 탑승시키는 B727, 최대이륙중량이 65.5톤, 약 130명을 탑승시키는 B737, 비슷한 최대이륙중량과 탑승 인원의 A319, A320 등이 있다. 이러한 여객기는 항공사에서는 중형기라 칭하지 않고 소형기라 부르고 있으며 단거리 비행에 투입되는 여객기에 해당한다. 한편 A300-600, A330, B757, B767 등은 최대이륙중량이 115.6톤을 넘어 대형기로 분류되는 기종이지만, 항공사에서

는 중형기로 분류하고 있
다.

• 소형기(Light)

국토해양부 훈령으로
최대이륙중량이 18.6톤
이하인 항공기는 소형기
로 분류된다. 최대이륙중
량이 9.2톤이고 승객 9명
을 탑승시킬 수 있는 봄

▲계류 중인 보잉 사의 B737 ▼리어젯 45

바디어(Bombardier)사의 리어젯 45(Learjet 45), 최대이륙중량 6.8톤이고
승객 8명을 탑승시킬 수 있는 세스나 사이테이션(Cessna Citation) 등이
소형기로 분류된다.

한편 군용항공기(military aircraft)는 임무에 따라 다음과 같이 전투기,
폭격기, 정찰기, 초계기, 수송기 등으로 구분한다.

A: Attacker(공격기) : A-7, A-10

B: Bomber(폭격기) : B-29, B-52, B-1

C: Cargo(수송기) : C-123, C-130, C-54

E: Electronics(전자장비탑재기) : E-2C, E-3A, E-737

F: Fighter(전투기) : F-4, F-5, F-16, F-15, F-35

H: Helicopter(헬리콥터) : UH-1H, UH-60

K: Tanker(급유기) : K-135, KC-10, K-767

T: Trainer(훈련기) : T-41, T-37, T-50, T-38

비행기의 탄생과
진화 과정 ✈

항공역사 초기에는 새가 날아다니는 것을 보고 이를 모방한 오니숍터(ornithopter, 날개를 상하로 흔들면서 날던 초기의 비행기)로 하늘을 날아보려고 했다. 그렇지만 사람과 기계의 무게를 띄울 만큼 크게 만들기는 현실적으로 불가능했다. 그래서 다른 방법을 찾아 연구하기 시작했다.

1783년 몇몇의 항공인들(aeronauts)은 공기보다 가벼운 기구(balloon)로 비행을 시도했다. 그러나 기구는 바람이 불지 않으면 원하는 곳으로 갈 수 없었기 때문에 실용적이지 못했다. 19세기 전환기에 조지 케일리 경(Sir George Cayley, 1773~1854)이 수많은 시행착오 끝에 현대의 비행기와 아주 유사한 비행기를 설계했다. 드디어 1804년 손으로 던져 날리는 글라이더 모델을 현대 항공기 형태로 제작했다. 조지 케일리가 제작한 글라이더 모델은 현대 항공기 형상을 갖춘 첫 번째 비행기로 평가받는다.

항공기의 진화는 1799년 조지 케일리의 비행기 아이디어부터 시작

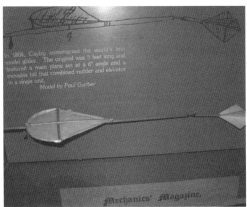

조지 케일리   1804년 조지 케일리에 의해 제작된 글라이더 모형(스미스소니언)

되었으므로 실제 비행기란 개념이 생긴 것은 약 210여 년 정도밖에
되지 않았다. 1799년부터 1853년까지 55년 동안 인류 역사상 최초
로 비행기 형태를 갖춘 고정익 글라이더가 출현했으며, 이 기간 동
안 고정익 비행기의 첫 활공 실험이 이루어졌다. 이어서 1854년부터
1898년까지 45년 동안에 처음으로 동력장치를 갖춘 비행기를 만들
기 위한 시도가 있었다.

  이 시기의 비행기에 대한 두 가지 주장이 팽팽하게 맞섰다. 하나
는 본질적으로 제작된 비행기 자체가 안정적이어야 한다는 것. 또
다른 하나는 비행기 균형을 조종사인 에어맨이 유지해야 한다는 것
이다. 1899년부터 1903년 라이트 형제가 첫 동력비행을 성공할 때까
지 글라이더 성능은 크게 향상되었으며 이때가 첫 동력비행을 위한
준비가 무르익은 기간이라 할 수 있다.

  1903년 세계 최초로 동력비행을 성공하기 전에 많은 사람들이 비
행기 발전에 중요한 공헌을 하였다. 조지 케일리는 1799년 처음으

로 고정된 날개의 비행기를 생각해냈으며, 1804년 처음으로 성공적인 모형 글라이더를 제작했다. 조지 케일리의 모형 글라이더는 양력(lift, 뜨는 힘으로 비행 방향에 수직으로 작용하는 힘을 말함)을 위한 고정된 날개, 추력을 위해 날개 아래에 설치된 추진시스템(flappers), 그리고 제어를 위해 움직일 수 있는 꼬리날개를 갖고 있었다. 그는 비행에 필요한 세 가지 기본 요소가 양력, 추진력 그리고 자세제어임을 밝혀 비행기의 근본적인 개념을 일찌감치 파악하고 있었다.

또한 그는 처음으로 항공기를 제어하는 실험을 수행하고 항공이론을 제안하며 비행에 대한 갈망을 실현했다. 이런 공로를 인정받아 조지 케일리는 '항공의 아버지(Father of aviation)'라 불린다. 사람들은 그를 최초의 진정한 항공 연구자이며 비행의 기본 원리와 힘을 이해한 최초의 사람으로 평가한다.

프랑스의 알폰스 페노(Alphonse Penaud, 1850~1880)는 케일리의 열성적인 제자로 그 또한 유리로 감싼 조종석과 접이식 착륙장치를 갖춘 현대식 비행기를 설계했다. 알폰스 페노가 1871년에 인기 있는 고무밴드로 추진되는 장난감 비행기 '프라노포(Planophore)'를 처음으로 개발함으로써 항공 역사 발전에 아주 중요한 공헌을 했다. 이것은 항공사상 최초의 안정성을 가진 동력 모형 비행기가 되어 근대 비행기의 본보기가 되었다. 젊은 과학자들과 엔지니어들은 그가 만든 장난감으로 인해 동력비행이 가능하다고 신뢰하게 되었다.

독일의 오토 릴리엔탈(Otto Lilienthal, 1848~1896)은 최초로 성공적인 유인 글라이더를 발명하고 에어맨의 개념을 "자신의 항공기를 제어하고 공중에 떠 있는 동안 신중하게 균형을 잡을 줄 아는 숙련된 조종사"라고 정의했다. 릴리엔탈이 활공을 시범 보이기 전까지는 항공기 조종이 배를 조종하는 것보다 어렵지 않다고 생각했었다. 릴리엔탈은 1891년부터 1896년 사망할 때까지 자신이 설계한 여러 가지 종류의 글라이더를 실험했다. 릴리엔탈은 1894년 베를린 근처 리흐터펠데(Lichterfelde)에 바람의 방향에 관계없이 어느 방향으로나 글라이더로 활공할 수 있는 인공적인 언덕(높이 13.7m, 지름 61.0m)을 만들었다. 이러한 릴리엔탈의 공적과 이를 뒷받침하는 이론은 1894년 9월 〈매클루어 매거진(McClure's Magazine)〉이라는 과학 잡지에 게재되었다. 그러나 릴리엔탈은 1896년 세로 불안정성 때문에 기체가 추락하면서 등뼈가 부러져 사망했다. 마지막 순간 그가 남긴 말은 '작은 희생들은 반드시 치러야 한다(Small sacrifices must be made)'였다.

릴리엔탈의 제자인 퍼시 필처(Percy S. Pilcher, 1867~1899)도 스승과 마찬가지로 자신이 제작한 글라이더 '호크(Hawk)'로 비행을 하다가 세로 불안정성으로 추락사하게 된다. 이와 같이 스승과 제자가 같은 원인으로 추락사한 예는 아주 드물다.

옥타브 샤누트(Octave Chanute, 1832~1910)는 원래 철도와 철교 건설 분

옥타브 샤누트

1896년 설계된 옥타브 샤누트의 복엽 글라이더

야에서 활동했으나, 오토 릴리엔탈 등의 연구에 매력을 느껴 학문적 관심을 항공학으로 바꿨다. 그래서 그는 1889년부터 풀지 못한 과제였던 공기보다 무거운 항공기를 띄우는 문제를 해결하는 데 몰두하기 시작했다. 샤누트는 비행에 관심이 있는 전 세계 사람들과 연락을 취하고 300년 전 실험 기록까지 뒤져 가며 자료를 수집했다. 그가 수집한 자료들은 1891년부터 1893년까지 〈철도 및 엔지니어링 저널(The Railroad and Engineering Journal)〉에 연재 기사로 발표되었다. 그리고 1894년에는 수집한 데이터를 《비행기계의 발전(Progress in Flying Machine)》이란 책으로 출간했다. 항공 연구를 체계적으로 정리한 첫 번째 책으로 처음 비행실험을 하는 사람들에게 큰 도움이 되었다.

1896년 샤누트는 인디애나 주 미시간 호의 호숫가 언덕에 여러 글라이더를 갖고 실험을 수행했다. 가장 성공적으로 설계한 비행체는 트러스 날개의 '복엽기(biplane)'였는데, 이것이 훗날 라이트 형제의 첫 글라이더의 모델이 되었다. 샤누트는 또한 여러 엔지니어, 발명자와 라이트 형제 사이에서 연락 및 홍보 역할을 담당하기도 했다.

새뮤얼 랭글리(Samuel P. Langley, 1834~1906) 박사는 1896년 5월, 약 15kg 정도의 무인 모형비행기(Aerodromes)를 워싱턴 D.C. 포토맥 강에서 날리는데 성공했다. 모형비행기의 성공적인 비행과 관련된 기사가 1897년 〈매클루어 매거진〉에 게재되었다. 그리고 이 기사는 커다란 반향을 일으켰다.

라이트 형제의 형 윌버 라이트(Wilbur Wrights, 1867~1912)와 동생인 오빌 라이트(Orville Wright, 1871~1948)는 원래 자전거를 수리하고 제작하는 일을 하고 있었다. 그러다가 윌버는 〈매클루어 매거진〉에서 '나는 인간'이라는 제목의 오토 릴리엔탈 관련 기사를 접하고 비행에 관심을 갖기 시작했다. 윌버는 1899년 봄부터 비행에 관련된 문제를 집중적으로 조사하기 시작했으며 스미스소니언 박물관에 연구 자료들을 요청하는 내용의 편지를 보냈다. 그리고 라이트 형제는 조지 케일리와 오토 릴리엔탈, 그리고 랭글리의 연구 결과를 활용해 한층 발전된 글라이더를 제작하고 이를 바탕으로 조종방법을 창안했으며 동력장치를 개발하여 동력비행을 시도했다.

라이트 형제는 1900년 글라이더 연구를 수행하기 위해 장애물이 없고 강한 바람이 부는 지역에 대한 정보를 국립기상국에 문의한다. 그리고 고심 끝에 미국 동부 대서양 연안의 노스캐롤라이나 주 키티호크를 선택했다. 키티호크의 킬데빌힐스(Kill Devil Hills, 이곳에서 빚은 술이 너무 독해 악마를 죽일 정도였다는 지명 이름)에는 둥그스름한 언덕이 솟아있었다. 이곳에서 라이트 형제는 글라이더 비행을 했으며 이를 통해 성능이 우수한 글라이더를 개발하고 조종문제도 해결했다. 1903년 봄과 여름에 라이트 형제는 동력비행을 성공시키기 위해 프로펠러와 엔진을 제작했다.

드디어 라이트 형제는 1903년 12월 17일 화요일 오전에 킬 데빌힐스에서 4번의 비행을 시도했으며, 오빌 라이트의 조종으로 10시 35분 이륙해 1차에 12초 동안 36m(120ft)의 비행기록으로 인류 최초의 동력비행을 성공했다. 정오쯤 이뤄진 4차 비행에서 형 윌버 라이트는 59초 동안 260m(852ft)를 비행하는데 성공했다. 당시 라이트 형제는 개발한 동력 비행기의 보안문제 때문에 기자들을 초청하지 않아, 그 지역에 사는 4명의 구조대원과 1명의 소년만이 첫 동력비행을 목격했다. 그래서 라이트 형제의 역사적인 비행은 주목을 받지 못하고 지역신문에 조그맣게 기사화 되는 데 그쳤다. 이후 라이트 형제

라이트 형제가 뛰어내린 킬데빌힐스 플라이어호의 풍동 실험(NASA에임스연구센터)

는 고향으로 돌아와 기자들을 만났지만 동력비행에 성공했다는 말만 되풀이 할 뿐 플라이어호의 구조와 조종기술에 대해서는 보안상 일체 언급하지 않았다.

조지 케일리의 현대 항공기 형태의 모형 글라이더 설계(1804년)에서 1903년 12월 17일 라이트 형제의 첫 동력비행까지 100년이 걸린 셈이다. 비행기는 첫 동력비행까지 아주 더디게 발전했지만 첫 동력비행 성공 후 비행기는 100여 년 동안 비약적으로 발전한다.

최초의 동력비행은 성공했지만, 59초라는 짧은 시간 동안 비행에 성공한 것이라 실용적인 비행기를 개발했다고 말할 수는 없었다. 그 이후 라이트 형제는 오하이오 주 데이톤의 호프만 목장(Huffman Prairie)에서 플라이어호를 비밀리에 지속적으로 개발했다. 라이트 형제는 100회 이상의 이륙을 시도하고 체공시간을 갱신하면서 1905년 세계 최초로 실용적인 비행기를 제작한다. 드디어 1908년 8월 8일 윌버 라이트는 프랑스 북서부 르망에서 최초의 실용적인 비행기를 공개한다. 윌버의 첫 공개 시범비행은 1분 45초 동안 체공하는 데 그쳤지만 관중들을 흥분시키기에 충분했다. 바로 이 첫 공개 시범비행이 현대 항공의 시작이라 말할 수 있다.

라이트 형제의 비행기는 양력을 크게 받도록 하기 위하여 상자연(상자 모양의 연) 형태의 복엽기로 제작했는데, 이것은 항공기의 초기 형태가 된다. 라이트형제가 유럽 각지를 순회하면서 대중 앞에서 시범비행을 선보인 이후 항공기 산업은 기하급수적으로 성장했다. 이후 동체에 날개를 부착하는 항공기 구조 문제가 해결됨에 따라 단엽기 형태를 갖추게 되었다. 프랑스의 루이 블레리오(Louis Blériot, 1872~1936)는 복엽기뿐만 아니라 작은 날개가 앞에 부착된 단엽기까지 개발했다. 이러한 단엽기는 복엽기에 비해 크기가 작아 가볍고 성능이 우수했다. 그는 1909년 7월 25일, 28마력의 기관을 장착한 단엽기 '블레리오 XI'를 자신이 직접 조종해 프랑스 북동부 칼레(Calais)에서 영국 남동부 도버(Dover)까지 영불해협(도버해협, 또는 칼레해협)을 횡단했다.

한편, 미국과 유럽 국가들은 자국 고유의 비행기를 제작하기 위해 많은 시험비행을 수행하고 있었다. 1910년과 1914년 사이 미국과 유럽의 항공 선구자들은 라이트 형제의 동력비행을 따라 잡기 위해 노력해, 결국 라이트 형제의 비행능력을 능가하게 된다. 원시적인 추진식 항공기의 형상은 상자연과 같은 모양이지만 점차 진화하여 유선형의 단엽기 형상을 갖추게 된다. 따라서 단엽기는 속도 및 항속시간 등 성능 면에서 빠르게 향상되었다. 이러한 비행기는 제1차세계대전을 거치면서 단순히 정찰과 관측용 비행기에서 공격과 수비, 양 측면에 사용할 수 있는 무기로 변모한다. 이후부터 항공기는 전투기, 폭격기, 정찰기 등 항공기 용도에 따라 여러 가지 형상으로 설계되어 발전하기 시작한다.

단엽기 형상의 DC-3 항공기

　한편 미국에서는 라이트 형제와 커티스(Glenn Hammond Curtiss, 1878~1930) 사이의 비행기 특허분쟁으로 인해 유럽보다 항공산업 발전이 늦어지게 되었다. 1914년 제1차세계대전을 계기로 미국 정부는 라이트 형제와 커티스 간에 특허를 상호 허락(cross-licensing)하도록 설득했다. 그 결과로 커티스-라이트사로 합병되었으며, 이 회사는 제1차세계대전 기간 중 1만 대의 군용기를 제작했다. 항공 산업은 전쟁으로 말미암아 급속도록 발전하게 된다. 전쟁이 끝난 후에는 폭격기 동체를 개조해 민간 수송기로 전환했다.

　1920년대 후반 항공기 진화에 있어서 가장 혁신적인 사건은 엔진에 카울링(cowling, 엔진덮개)을 장착하고 단엽기 형상을 채택한 것이다. 이러한 진화의 대표적인 항공기가 1935년 첫 비행을 한 미국 더글러

영국의 프랭크 휘틀

최초의 실용화 제트기인 독일의 메서슈미트 Me 262

스 사의 DC-3 항공기다. 획기적인 항공기로 평가를 받은 DC-3는 금속제 단엽기로 항속거리가 2,406㎞이고 21~28명의 승객을 태우고 시속 309㎞로 순항할 수 있는 상용 수송기다. 이 항공기는 1936년 7월 미국 시카고에서 뉴욕까지 처음으로 비행한 후 제2차세계대전이 시작된 1939년까지 전 세계 수송기의 대부분을 차지했다.

1930년 영국의 프랭크 휘틀(Frank Whittle, 1907~1996)은 세계 최초로 실용적인 제트엔진을 발명했으며, 1932년에 특허를 획득했다. 영국 공군은 제트엔진 개발에 예산을 지원하여 1941년 5월 글로스터 E28/29의 제트엔진 비행기를 개발했다. 한편 독일은 영국보다 무려 2년 앞선 1939년 출력 5kN의 터보제트 엔진 HeS-3을 하인켈사의 He178에 장착하여 세계 최초로 제트 비행에 성공했다. 세계 최초로 실용화된 제트 전투기는 메서슈미트(Messerschumitt) Me262이다. 이 전투기는 1942년 7월 18일 첫 비행을 했으며, 전쟁이 끝나기 바로 직전에 투입되어 그 진가를 발휘하지는 못했다.

종전의 왕복기관으로는 항공기의 성능을 향상시키는데 한계가 있었는데, 제트엔진의 개발로 혁명적인 항공기 진화가 이뤄진다. 이러한 제트추진 항공기의 대표적인 기종이 미국 노스아메리칸사의 F-86 전투기(Sabre, 세이버)다. 한국전쟁에서 투입되어 MIG-15를 압도하는 전과를 올렸다.

제2차세계대전 후 항공 여행이 대폭 증가함에 따라 군용기가 민간 수송기로 전환되었고 항공 산업은 수요에 맞춰 지속적으로 발전하기 시작했다. 1947년 10월 14일 미 공군의 척 예거(Charles Elwood "Chuck" Yeager) 대위는 벨(Bell)사가 제작한 연구기 X-1 글래머러스 글레니스(X-1 Glamorous Glennis)를 탑승하고 세계 최초로 음속의 벽을 돌파했다. 벨 X-1은 음속을 돌파하기 위해 제작된 실험용 항공기로 로켓으로 추진된다. 예거는 B-29 폭격기에서 공중 발사된 X-1으로 로켓엔진을 가속시켜 성층권에서 마하수 1.05로 비행하는 데 성공한 것이다. 그리고 그는 6년 후에 이 항공기로 마하 2.0에 도달하는 기록도 수립한다.

한국전쟁이 발발하자 미국의 F-86, 소련의 MIG-15와 MIG-17과 같은 제트 전투기들이 처음으로 실전에 배치되어 본격적인 제트 전투기 시대에 돌입했다. 이와 같이 두 번의 세계대전과 한국전쟁을 치

세스나 사이테이션(Cessna Citation) Ⅲ

모선인 화이트나이트 투 및 자선인 스페이스십 투(사진 가운데)

르면서 급속도로 항공산업은 성장했고 마침내 초음속 시대의 막이 열렸다.

초음속 제트여객기(SST, SuperSonic Transport)는 영국과 프랑스를 중심으로 1950년대 말부터 개발에 착수, 1969년에야 비로소 초음속 여객기 콩코드기(Concorde)가 첫 비행을 수행했다. 그러나 콩코드 여객기는 소음과 대기오염 등의 문제점들이 노출되고 좌석수가 적어 항공사의 이익을 창출하지 못해 2003년 운항을 중단하고 결국 역사 속으로 사라졌다. 한편 구소련의 초음속 여객기인 투폴레프 TU-144도 각종 비행 사고를 거치면서 1978년 비행이 중단되었다.

마침내 1983년도에는 비즈니스 제트 항공기를 설계하고 제작하는 데 성공한다. 신형 세스나 사이테이션III(Cessna CitationIII)는 빠르고 높게 나는 비즈니스 제트 항공기로 20세기 항공기 설계의 능력을 보여주는 전형이라 할 수 있다.

한편 미국의 TSC(The Spaceship Company, 버트루탄과 리처드 브랜슨이 2005년 설립한 우주선 제작회사)는 2008년 준궤도(suborbital) 우주를 비행할 수 있는 항공기를 개발하여 모선인 화이트나이트 투(White Knight Two) 및 자선인 스페이스십 투(SpaceShipTwo, 하이브리드 로켓모터 사용)를 공개했다. 화이트나이트 투는 자선인 스페이스십 투를 탑재하고 약 15km(5만 ft) 상공까지 올라간 후 자선을 발사시킨다. 그리고 발사된 스페이스십 투는 하이브리드 로켓 엔진을 이용해 100km 고도까지 상승하는 방식이다. 버진 갤럭틱(Virgin Galactic) 사는 화이트 나이트 항공기를 이용하여 푸른 지구의 모습을 볼 수 있는 우주관광 사업을 하고 있다. 이제 항공기를 이용하여 우주관광을 즐길 수 있을 정도의 항공기 형상으로 진화하게 된 것이다.

이와 같은 1804년 조지 케일리의 글라이더, 1896년 옥타브 샤뉴트의 복엽기, 1903년 라이트 형제의 플라이어호, 1935년 더글라스의 DC-3, 1983년 세스나 사이테이션(Cessna Citation) III, 2010년 화이트나이트 투(White Knight Two, 자선 스페이스십투 탑재) 등은 항공기 형상변화를 나타내는 대표적인 항공기들로 볼 수 있다. 이미 앞에서 열거한 각 항공기는 항공기 형상 및 설계가 완전히 다르며 각각 과학 및 공학적으로 이해와 실제가 서로 다른 비행체들이다.

지난 200여 년 동안 비행기 진화과정은 항공기 속도만큼이나 발전되었으며, 이제 미래의 항공기는 항공기 속도를 증가시키기보다는 더 안전하고 더 경제성을 높이는 방향으로 발전할 것이다. 최근 항공 선진국들은 친환경 그린 항공기, 초대형 항공기, 태양광 항공기 등 미래형 항공기를 개발하는 데 매진하고 있다. 오늘날 항공기는 각종 첨단기술의 복합체이기 때문에 라이트 형제시대와 같이 몇 사람만으로 만들 수 없으며 항공기술이 체계적으로 종합되어야 하는 현대기술의 총체다. 따라서 미래의 항공 산업은 공기역학, 항공기 재료, 추진 장치, 각종 시스템 및 항공기 제어 등과 같은 광범위한 이론 및 기술과 함께 발전해야 한다.

✈ 레오나르도 다 빈치의 헬리콥터

〈모나리자〉를 그린 것으로 유명한 레오나르도 다 빈치 (1452~1519). 그는 평상시 작은 노트를 가지고 다니며 그때그때 떠오른 아이디어를 메모하거나 스케치를 하곤 했다. 다 빈치는 양손을 다 사용했으며 한 손으로는 글을 쓰고 다른 손으로는 그림을 그렸다. 그의 노트에 기재되어 있는 글씨를 통해 그는 오른쪽에서 왼쪽으로 글씨를 썼다는 것을 확인할 수 있다. 또한 노트에 기재된 내용으로부터 다 빈치가 과학, 건축, 토목, 병기 등의 기술에 능통한 과학자이면서 기술자라는 것을 알 수 있다. 평생에 걸친 그의 과학 연구와 철학이 녹아 있는 이 노트는 지금까지 전해져 후대의 많은 연구자들에게 영감을 제공하고 있다. 최근 이탈리아의 '레오나르도 다 빈치 3'라는 회사는 다 빈치의 꿈을 실현하기 위해 다 빈치가 미완성으로 남겼던 발명품들을 제작하여 그의 연구를 증명하는 작업을 하고 있다.

기록에 따르면, 다 빈치는 1505년 새의 비행 상태와 생리학을 연구하여, "새는 수학적 법칙에 따라 작동하는 기계이며, 그의

스크루 방식의 헬리콥터 개념도　　　다 빈치의 노트북(Foster codices)

모든 운동을 인간 능력으로 구체화할 수 있다."라고 말했다. 그의 말은 글라이더나 비행기 발명자에게 영감을 심어주어 항공기 개발에 커다란 힘이 되었다.

가장 놀라운 것은 다 빈치가 새와 곤충 이외에는 날아다니는 것들이 전혀 없었던 시대에 살면서 비행 장치에 대해 연구를 했다는 사실이다. 그는 박쥐 날개의 기본도를 그렸으며, 새가 나는 비행 원리를 연구하여 오니숍터(ornithopter)를 설계했다. 또한 스크루(screw) 방식을 이용한 헬리콥터를 설계하기도 했다. 하지만 스크루 형태의 비행 장치는 프로펠러에서 발생하는 토크(물체를 회전시킬 수 있는 능력)를 상쇄시키기 위한 개념조차 포함되지 않은 것으로 보아, 다 빈치는 오직 수직으로 날아오르는 꿈만 품었던 것으로 짐작된다.

날다,
라이트 형제 ✈

1880년대 말부터 충분한 양력과 추력을 낼 수 있는 엔진을 갖추면 동력비행이 가능할 것이라는 인식이 확산되었다. 1896년 라이트 형제는 독일의 글라이더 발명가 오토 릴리엔탈이 비행 중 추락, 사망했다는 기사를 접했다. 그들은 릴리엔탈의 연구 내용을 살피며 유인 비행기의 발명이라는 흥미 있는 목표를 세웠다. 라이트 형제가 남긴 말과 글을 살펴보면, 릴리엔탈의 영향을 많이 받았음을 확인할 수 있다. 라이트 형제는 초기 비행문제에 대해서 릴리엔탈의 연구로부터 해결책을 얻었다. 라이트 형제는 동력 비행을 성공시키기 위해서는 세 가지 문제를 모두 해결해야 했다.

- 뜨는 힘을 발생시키는 날개(양력)
- 비행기 균형과 제어(조종)
- 추진력을 발생시키는 가볍고 강력한 엔진(추력)

• 뜨는 힘을 발생시키는 날개

자전거 수리공이었던 윌버 라이트는 케일리의 이론에서 출발해 릴리엔탈의 글라이더 비행 결과를 분석하고, 날개 형태에 따른 양력과 항력의 비율을 계산했다. 동생 오빌 라이트는 스스로 글라이더를 설계하고 제작해 글라이더 개발 기술을 축적했다. 그리고 라이트 형제는 노스캐롤라이나 키티호크 해변에서 시험하며 양력과 항력 관계를 확인하고 조종 경험을 축적했다.

라이트 형제는 1901년 글라이더 시험비행을 통해 에어포일(airfoil, 날개를 앞전에 수직으로 자른 단면 형상)에 대한 기존의 압력 데이터가 대부분 정확하지 않다는 결론을 내렸다. 이 문제를 해결하기 위해 라이트 형제는 풍동(wind tunnel, 인공적으로 바람을 일으켜 비행 실험을 하는 장치)을 제작하여 1901년 9월부터 1902년 8월까지 수백 종의 에어포일을 제작, 풍동 실험을 했다. 라이트 형제는 실험을 통해 플라이어 1호에 장착할 에어포일로 시위 길이(앞전과 뒷전을 연결하는 직선의 길이)가 캠버(시위선에서 평균 캠버선까지의 길이)의 16배인 에어포일을 최종 선택했다. 그리고 여러 가지 형태의 날개

라이트 형제가 사용한 풍동(키티호크 방문자 센터)

에 대한 양력과 항력에 대한 자료를 축적해 실제 글라이더 제작에 활용했다. 라이트 형제는 풍동을 이용해 공력(공기와 물체 사이의 상대 운동에 따라 작용하는 힘) 데이터를 축적하고, 1900년부터 3년에 걸쳐 1,000회 이상의 글라이더 비행을 시행함으로

써 양력을 정확하게 예측할 수 있게 되었다. 이와 같은 과정을 통해 라이트 형제는 공기역학적 문제를 해결했다. 라이트 형제의 풍동 시험은 에어포일 기술을 크게 발전시켰다.

1902년 키티호크에서의 글라이더 비행 시험

• 비행기 균형과 제어

비행체가 3차원 공간에서 날기 위해서는 상승 및 강하, 좌우 방향 전환, 양쪽 날개면의 균형 등을 조종할 수 있어야 한다. 라이트 형제는 돌풍 및 다른 대기 조건에 따라 움직이는 플라이어호를 조종사가 조종할 수 있는 메커니즘(작용 원리 또는 구조 장치를 말함)을 고안했다. 특히 라이트 형제는 주로 항공기 균형과 제어의 문제에 집중적으로 매달렸다. 1900년 윌버 라이트는 새가 갑작스런 바람 때문에 몸이 약간 기운 경우, 날개 끝을 뒤틀어서 균형을 잡는다는 사실을 관찰했다. 그리고 새와 마찬가지로 글라이더 또한 날개를 비틀면 방향을 전환할 수 있다는 원리를 깨달았다. 카나드 형태의 엘리베이터(elevator, 승강타)와 날개를 비트는 방법으로 자세를 조절하는 조종 방법을 알아낸 라이트 형제는 계속해서 글라이더 시험을 통해 조종 방법을 익혔다. 그런 후 꼬리부에 수직 안정판(Stabilizer)을 부착해 좌우로 움직일 수는 메커니즘도 고안해 결국은 조종 문제를 해결했다.

• 추진력을 발생시키는 가볍고 강력한 엔진

라이트 형제는 무거운 비
행체를 공중에 띄운 상태
를 유지하면서 앞으로 움
직이기 위해서는 충분한
추진력을 제공할 수 있는
프로펠러와 엔진이 필요하
다는 사실을 깨달았다. 그
들은 글라이더 비행을 실

직접 제작한 가솔린 엔진

험하는 한편, 동력비행을 위해 1903년 봄부터 엔진을 개발하는데 몰
두했다. 월버는 동생 오빌에게 엔진 설계와 제작을 맡기고 조수 찰스
테일러에게 기계 가공을 하도록 했다. 월버 자신은 효율적인 프로펠
러를 제작하기 위해 노력했다. 그 결과 라이트 형제는 효율적인 프로
펠러뿐만 아니라 가볍고 힘 좋은 가솔린 엔진을 직접 제작하여 차근
차근 동력비행을 준비했다.

라이트 형제는 풍동 시험과 글라이더 비행으로 양력과 조종 문제를
해결한 다음, 새로 제작한 글라이더에 4기통 12마력짜리 엔진을 장착
해 플라이어호를 완성했다. 라이트 형제는 비행체를 하나의 시스템으
로 접근했기 때문에 공기역학, 구조, 엔진, 제어 등이 모두 어우러진
항공기를 발명하는 데 성공했다. 비슷한 시기에 새뮤얼 랭글리가 만
들었던 '에어로드롬(Aerodrome)'은 엔진은 훌륭했지만 기체의 구조적인
결함을 극복하지 못하고 실패했다.

그런데 라이트 형제는 왜 단엽기(monoplane, 날개가 1개인 비행기)가 아닌 복
엽기(biplane, 날개가 위 아래로 2개인 비행기)를 만들었을까. 최초 동력비행에 성

공한 라이트 형제 이후, 항공기는 단엽기와 복엽기로 나뉘었다. 오랜 시간 진화해 온 곤충이나 새를 살펴보면, 복엽기 형태를 한 예가 없기 때문에 당연히 단엽기 형태가 비행하는데 좋지 않을까 생각하기 쉽다.

그러나 초기 항공기 설계·제작자들은 단엽기 형상의 자연을 따르지 않고, 복엽기 형태로 제작했다. 당시에는 비행기를 제작할 때 날개 면적, 날개하중, 구조적 강도 등과 같은 문제를 해결하기 힘들었기 때문이다. 복엽기는 항공시대 초기부터 튼튼한 구조와 우수한 조종성 때문에 군용기로 널리 사용되었다. 복엽기는 날개의 불안정성을 극복하기 위해 윗날개를 아랫날개보다 앞쪽에 달았다. 윗날개를 앞쪽에 장착함으로써 윗날개와 아랫날개가 다른 풍압 중심을 만들어 내 안정성을 확보할 수 있었기 때문이다. 1930년대에 접어들면서 항공기 엔진이 1,000마력을 넘어섰다. 그 결과 프로펠러의 피치각(pitch angle)을 조절하여 더 많은 추력을 발휘하게 되었다.

항공기 발달의 역사는 중량, 날개하중, 단위마력 당 중량의 3가지 요소와 많은 기술적 매개변수와의 관계로 설명할 수 있다. 예를 들어, 항공기 발달 역사는 구조의 개선과 엔진의 성능에 따른 특성, 항공역학의 발달에 따라 개선된 성능에 따른 특성, 비행하중에 따른 항공기 구조의 개선 등과 같은 내용으로 밝힐 수 있는 것이다.

라이트 형제는

애브로 항공사에 의해 제작된 제1차 세계대전 당시 복엽기 애브로 504K

1907년 루이 블레리오가 처음으로 제작한 단엽기

머지않아 날개하중(wing loading, 항공기의 총중량을 날개의 면적으로 나눈 값으로 날개의 단위 면적당 얼마만큼의 양력을 내는지를 나타내는 값이다. 소형 항공기의 날개하중은 고속 제트기의 날개하중보다 작다) 및 동력하중(power loading, 항공기의 총중량을 동력으로 나눈 값)의 문제에 직면했다. 처음 접해 보는 문제였지만 여러 번 반복하며 개선했다. 라이트 형제는 복엽기 구조의 한계를 나타내는 "비행 포위선도(flight envelop, 항공기에 작용하는 하중과 속도에 대한 비행한계를 나타내는 도표, V-n선도)" 범위 내에서 문제를 해결했다. 1909년 그들은 1903년도 비행체와 비교해서 동력은 60% 증가시켰고, 날개면적은 18% 감소시켰으며 날개하중은 18% 높였다.

항공기 설계자들은 동력의 부족 때문에 항공기의 날개면적을 크게 하거나 날개하중이 크게 걸리는 것을 감수했다. 복엽기는 주어진 날개길이 범위 내에서 단엽기보다 날개면적이나 양력이 거의 2배에 해당한다. 단엽기는 복엽기와 같은 날개 면적을 얻으려면 날개 길이 (wing span)가 아주 길어져서 이상한 모양이 된다. 그러나 복엽기는 날개길이가 짧고 위아래 2개의 날개를 와이어나 버팀대로 단단하게 고정할 수 있어서 아주 튼튼한 구조로 만들 수 있었다. 20세기에 설계된 트러스(truss) 구조의 철교와 아주 유사한 형태였다.

복엽기는 단순하고 편리한 경량구조로 날개를 장착할 수 있는 장점이 있다. 또한 복엽기는 단엽기에 비해 날개길이가 작아 민첩한 기동성을 갖고 있다. 반면 날개가 2개라 항력을 크게 받아 속도가 떨어진다는 단점이 있다. 이러한 복엽기 구조는 1903년 라이트 형제의 동력비행 이후, 1930년대 초까지 산업 및 군사용으로 널리 사용되었다.

1907년 프랑스 항공기 제작자 루이 블레리오는 실제 비행이 가능한 단엽기를 최초로 제작했다. 그리고 1909년 7월 25일 37분 만에 영불해협을 횡단함으로써 많은 단엽기 설계를 이끌어냈다. 그는 프랑스 칼레 근처에서 영국 도버까지 36.6㎞를 시속 64㎞정도로 비행했다. 단엽기는 날개가 캔틸레버(cantilever, 한쪽 끝은 고정되고 다른 쪽 끝은 자유로운 구조물) 형태로 부착되므로 구조강도를 높이기 위해 무거울 수밖에 없었다. 이후 단엽기는 구조기술의 발달로 복엽기에 비해 가볍고 속도도 빠르게 되었다. 그러나 하나의 날개를 동체에 부착함으로써 날개가 회전하거나 휘어지는 등 피할 수 없는 공기역학적 힘으로 인해 공탄성 다이버전스(aeroelastic divergence, 항공기의 날개는 굽힘과 비틀림과 같은 외력이 작용할 때 날개 구조물의 복원력으로 파괴가 중단되나 외력이 복원력보다 커지게 되면 변형이 더 커져서 파괴에 이르는 불안정 현상)가 발생했다. 공탄성 다이버전스는 항공시대 초기 얇은 와이어로 고정된 단엽기를 괴롭혔다. 다이버전스로 인해 조종 불가능한 상태가 되어 비행기가 파괴되는 경우도 있었다. 또한 비행체 표면에 움직이는 공기흐름 때문에 심한 진동을 일으키는 플러터 현상까지 발생하기도 했다.

1920년대 중반까지만 해도 사람들은 다이버전스 문제를 충분히 인식하지 못했다. 이러한 문제가 날개와 꼬리날개의 조종면 때문임을 인식하기까지 상당한 시간이 걸렸다. 그러나 1930년대 말 제2차세계대전을 통해 빠르고 가벼운 단엽기의 성능이 입증되면서 점차 단엽기 사용이 일반화되었다.

✈ 선택받은 최초의 비행장, 키티호크

미국 노스캐롤라이나 주 아우터뱅크스(Outer Banks)에는 다음과 같은 글귀가 씌어 있다.

동력비행 당시의 킬데빌힐스 격납고(중앙우측)

"오빌과 윌버 라이트 형제는 착륙지점에 장애물이 없는 모래사장, 그리고 강한 바람이 부는 지역을 국립기상국에 문의했다. 그리고 1900년에 라이트 형제는 글라이더 연구를 위해 키티호크를 선택했다."

대서양 연안의 노스캐롤라이나 주 키티호크의 킬데빌힐스는 남북으로 가늘고 길게 뻗은 둑처럼 생긴 섬 지역에 둥그스름한 언덕이 자리 잡고 있다. 라이트형제는 1900년 9월 6일 글라이더 비행 연구를 위해 데이턴에서 기차와 배를 이용하여 킬데빌힐스 언덕을 처음 찾았다.

1903년 12월 17일 라이트 형제가 동력비행에 성공한 이륙지점과 4곳의 착륙지점에 기념비가 있으며 격납고 두 채가 그 당시 사용했던 자리에 있다. 또 글라이더 비행을 시도했던 언덕 꼭대기에는 기념비(Wright Brothers National Memorial)가 세워져 있고, 당시 비행 모습을 담은 사진과 똑같은 장면이 언덕에서 대서양쪽 모래밭에 조각으로 재현되어 있다. 방문자센터 내 전시관 한쪽에서 라이트 형제가 만든 플라이어 호의 모습도 볼 수 있다.

전쟁,
날개를 키우다 ✈

1914년 제1차세계대전이 발발하기 전까지 비행기는 곡예나 스포츠용에 불과했다. 그러나 전쟁이 발발하자 무기로써의 가능성을 인정받아 비행기의 형식과 구조가 급격히 변화하기 시작했다. 제1차세계대전 초기, 전 세계 비행기의 절반 정도는 단엽기였다. 하지만 전쟁 말기인 1918년에는 대부분 항공기가 복엽기 형태로 바뀌었다. 비행기가 정찰 및 전투를 수행하는 무기로 인식되면서 갑자기 항공기의 수요가 증가했고, 안정성을 갖춘 항공기를 제작하는 데 급급했기 때문이다.

제1차세계대전 중 날개면적을 넓히기 위해 삼엽기가 잠시 출현하기도 했는데, 독일 최고의 에이스 만프레드 폰 리히트호펜(Manfred von Richthofen, 1892~1918)의 붉은 포커 삼엽기가 가장 유명하다. 개전 당시 항공기의 속도는 시속 130㎞ 정도였는데, 전쟁이 끝날 무렵에는 속도가 시속 225~241㎞ 정도로 빨라졌다.

제1차세계대전 중 1914년 8월 영국 왕립비행단(Royal Flying Corps) 소속의 노르망 스프라트(Norman Spratt, 1885~1944) 중위가 솝위드 타블로이드(Sopwith Tabloid)를 타고 서부전선에서 독일 2인승 알바트로스 C.I.를 격추시킨 것이 첫 공중전으로 기록되었다. 영국 왕립항공사의 시험비행 조종사였던 노르망 스프라트 중위는 시속 216.5㎞(134.5mph)의 속도기록과 5,761m(18,900ft.)의 고도기록을 보유한 노련한 조종사였다. 당시에 솝위드 타블로이드기는 무장을 하고 있지 않았지만, 노르망 스프라트는 독일 정찰기를 강제로 내리눌러 추락시켰다. 당시 공중전은 장총이나 권총으로 사격하는 정도였지만, 항공기에 기관총을 장착하면서부터 본격적인 공중전이 시작되었다.

5대 이상의 비행기를 격추하면 '에이스'라는 칭호를 부여했는데, 독일의 리히트호펜(Manfred von Richthofen, 1892~1918)은 제1차세계대전 중 80대를 격추시켜 최고의 에이스 자리에 올랐다.

제1차세계대전 때 공중전 초기에 전투기는 프로펠러의 회전과는 상관없이 기관총이 발사되어 프로펠러가 손상되는 경우가 많았다. 이러한 항공기 프로펠러의 손상을 피하기 위해 기관총은 항공기 측방 또는 후방에서 발사했다. 그러나 1915년 프랑스 조종사인 롤랑 가로(Roland Garros, 1888~1918)는 프로펠러에 장갑강판을 구부려 부착하여 항공기 전방으로 기관총을 발사할 수 있도록 했다. 독일도 전방발사 기관총의 이점을 인정하고 기어(gear)를 이용한 프로펠러 회전 동기식(Synchronized) 전방발사 기관총을 개발하여 맞섰다.

제1차세계대전을 거치면서 무엇보다도 비행기가 개선된 점은 날개 하중(wing load, 항공기의 기본 하중에 별도로 가해지는 기타 하중을 합한 하중이 항공기 날개에 작용하는 하중)이다. 1915년 독일은 단엽 전투기 포커 E-III 아인데커(Fokker E-III Eindecker)를 내놓았으며, 프랑스 역시 단엽 전투기 모레인 솔니에

르 N(Morane-Saulnier Type N)을 개발했다. 이러한 전투기의 날개하중은 단위 면적당 약 8파운드(8lb/ft²)였으며, 1918년 등장한 SPAD XIII과 포커 D.VII(Fokker D.VII) 복엽전투기는 단위 면적당 각각 8파운드와 9.6파운드였다.

또한 1914년에는 일반적인 항공기 엔진이 90마력에 불과했지만, 1918년에는 300마력으로 끌어올려 동력이 3배 이상 증가했다. 롤스로이스 이글(Rolls-Royce Eagle) 엔진은 360마력을 낼 수 있었고, 아메리칸 리버티(American Liberty) 엔진은 400마력을 낼 수 있었다. 엔진을 대형화하면서 항공기의 총중량 역시 증가

▲ 포커 트-III 아인데커 ▼ 모레인 솔니에르 N

하였으며 제1차세계대전 당시의 평균 동력하중(power loading, 항공기 최대 중량을 모든 엔진에서 발생하는 제동마력으로 나눈 비율)은 단위마력 당 10파운드(10lb/hp) 정도였다. 100마력을 갖는 모레인 솔니에르(Morane-Saulnier) 전투기의 동력하중은 9.8파운드였으며, 1918년 SPAD XIII.C1은 단위마력 당 8.2파운드 정도였다.

이와 같이 비행기의 이용동력은 3배나 증가했음에도 불구하고 최대속도는 2배에도 미치지 못했다. 전쟁 초기 전투기의 최대속도는 시속 128.8km(80mph) 정도였는데, 날개하중과 엔진의 눈부신 발전에도 불

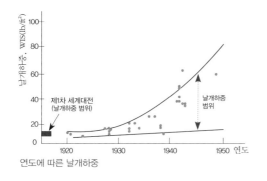

날개하중, wrs(lb/ft²)

제1차 세계대전
(날개하중 범위)

날개하중
범위

1920   1930   1940   1950 연도

연도에 따른 날개하중

구하고 1918년 가장 빠른 전투기인 SPAD XIII, 이탈리아의 안살도 A-1 바릴라(Ansaldo A-1 Balilla)와 S.V.A.5 등도 시속 225.31km(140mph)에 불과했다. 항공기의 동력은 250% 증가했지만, 속도는 약 75% 증가하는 데 그쳤다. 공기역학적인 측면에서 비행기를 효율적으로 제작하지 못했기 때문이다.

총중량이 3만 2,000파운드에 달하는 대형 폭격기도 제작되었는데, 단위 면적당 날개하중은 10파운드를 넘지 못했다. 동력하중은 단위마력 당 16파운드에서 24파운드 정도였다. 4발 엔진의 핸들리 페이지 V/1500(Handley Page V/1500) 폭격기는 보잉 727 제트여객기와 같은 크기로 큰 규모였다. 그러나 날개하중은 단위면적당 약 10파운드, 동력하중은 단위마력당 20파운드 정도였으니 지금과 비교해 보면, 동력 글라이더 수준이었다. 이러한 폭격기는 복엽기로 제작되었으며 종종 실속속도(비행기의 양력이 급격히 떨어지는 현상이 일어나는 속도)인 시속 32.2km(20mph) 정도까지 내려가 느리게 비행하기도 했다. 어쨌든 라이트 형제가 동력비행에 성공한지 15년 만에 7명의 승무원과 7,500파운드의 폭탄을 싣고 17시간 동안 2,092km를 비행할 수 있는 장거리 폭격기를 만들어 낸 것이다.

제1차세계대전 당시 항공기 설계자들은 설계 개선보다는 좀 더 많은 양의 비행기를 생산하는 데 중점을 뒀다. 그래서 비행기 자체보다 비행과 관련된 부분에 더 많은 공헌을 했다. 수천 명의 젊은이들이 설계, 제작, 작동 그리고 유지관리에 관한 훈련을 받았으며, 이러한 경험이 쌓여 전쟁 후 항공 분야의 발전에 기여한다. 이 시기의 항공 기술은 전투기, 폭격기, 정찰기 등 용도에 의한 군용 항공기 분류가 명확했고 주로 복엽의 프로펠러 추진식 전투기를 많이 사용했으며, 대량생산, 대형화, 다양화, 공업 수준 향상 등과 같은 특징을 갖고 있었다.

프랑스와 영국은 제1차세계대전을 거치면서 무기로써 비행기의 효용성에 주목하고 프랑스 항공 군단 및 영국 공군으로 독립시켰다. 전쟁이 끝난 후에는 미국이 앞장서서 고성능 비행기 개발에 박차를 가한다. 그 결과 1927년 5월 20일~21일 찰스 린드버그(Charles A. Lindbergh, 1902~1974)가 스피릿 오브 세인트루이스(Spirit of St. Louis) 호를 타고 뉴욕에서 파리까지 중간기착 없이 대서양(횡단거리인 5,800㎞)을 33시간 30분 만에 비행하는 데 성공했다.

1920~1930년대 항공기술의 특징은 금속제 비행기의 출현과 고양력 장치(비행기의 날개에 장착하여 이·착륙할 때 양력을 증가시켜 저속에서도 비행을 가능하게 하는 장치)인 플랩(Flap)의 개발이다. 또한 가변 피치 프로펠러가 개발되어 순항속도가 시속 200~250㎞ 수준에서 300㎞ 이상으로 향상되었다. 이러한 발전에 발맞춰 접개들이 착륙장치(landing gear)도 개발되었다. 또한 항공기 엔진으로 사용되는 왕복기관의 성능은 공기를 압축하여 필요한 양의 공기를 공급할 수 있는 과급기(supercharger)의 개발로 대폭 향상되었다. 이외에도 고공비행이 보편화되었으며 이에 따른 산소부족에 대비하여 산소마스크와 여압실도 갖추게 되었다.

한편 1920년대 항공 산업에 있어 중요한 사건 가운데 하나는 헨리 포드(Henry Ford, 1863~1947)가 항공 사업에 진출한 것이다. 그는 동체 전

포드공항의 1925년 에어쇼 사진
1949년 포드공항

체를 금속으로 제작한 3발 엔진 여객기 '틴 구스(Tin Goose, 양철 거위)'를 출시했다. 그러나 그가 여객기를 제작하는 것보다 항공 분야에 크게 공헌한 것은 1926년 미시간 주 디어본에 첫 콘크리트 활주로를 갖춘 포드공항(Ford Airport)을 만든 것이다. 포드는 자동차가 매끈한 노면에서 더 잘 달리는데, 항공기도 마찬가지임을 잘 알고 있었다. 포드공항에 건설된 활주로는 훌륭한 배수처리 시설을 갖추었으며 겨울철에는 쉽게 눈을 제거할 수 있었다. 포드가 공항의 새로운 기준을 마련한 것이다.

포드공항이 건설된 이후, 미국의 도시들은 딱딱한 콘크리트 활주로를 갖춘 공항을 건설하기 시작했다. 그 결과 1930년대 말에는 수백 개의 콘크리트 활주로가 만들어졌다. 인구 3만 5,000명의 작은 도시에도 콘크리트 활주로가 건설되었을 정도다. 반면 유럽은 1936년에서야 콘크리트 활주로를 갖춘 스웨덴의 브로마–스톡홀름(Bromma-Stockholm) 공항을 처음으로 개항했다. 1945년까지도 유럽은 잔디밭으로 된 공항이 대부분이었다.

콘크리트 활주로는 획기적인 역할을 했다. 이전까지 항공기는 공항 잔디에서 항공기 후방 활주부(skid)를 질질 끌고 가다가 정지했다. 그래서 지상 활주(taxiing) 중에는 제대로 된 브레이크가 없어서 상당히 위험했다. 그러나 콘크리트 활주로가 생긴 뒤부터는 주 바퀴와 꼬리바퀴(tail wheel)에 브레이크를 장착해 짧은 거리에서 멈추고 격납고까지 쉽게 좌·우로 회전하여 갈 수 있게 되었다. 또한 브레이크는 기계적인 시스템에서 유압 시스템으로 바뀌었고, 드럼 브레이크(drum brakes, 원형드럼 안쪽에서 브레이크 슈를 밀어 정지시키는 장치)에서 디스크 브레이크(disc brakes, 바퀴와 같이 도는 디스크판을 패드로 눌러 정지시키는 장치)로 개선되었다. 딱딱한 콘크리트 활주로 때문에 착륙 시 충격흡수장치는 종전까지 사용되던 러버 코드(rubber cords)형 착륙장치보다 더 안정적으로 개선되었다. 거기에 착륙장치가 접개들이식 시스템(retractable system)으로 바뀌면서 항력을 줄여 비행속도를 획기적으로 높일 수 있었다.

1920년대까지는 손으로 항공기 프로펠러를 강제 구동시켜 시동을 걸었다. 1927년이 되어서야 관성시동기(inertia starter)를 이용할 수 있었고, 1930년대 초에는 비로소 대형 항공기를 중심으로 전기시동기를 사용했다. 또한 야간비행을 위해 강력한 착륙 라이트(light)가 꼭 필요했는데, 라이트를 켜기 위해서는 더 큰 발전 능력을 갖춘 엔진이 필요했다. 뿐만 아니라 미국 우편국에서 개발한 점등항로시스템(lighted airways system) 덕분에 부분적으로 야간비행이 가능해졌다. 그 결과 1930년대부터 미국에서 야간비행이 이루어진 반면 유럽은 1930년대 중반까지도 착륙라이트를 갖춘 항공기조차 찾아보기 힘들었다.

이 당시 항공기는 굳은 날씨에도 24시간 비행을 지속해야 했으며, 이러한 스케줄로 인해 착빙현상(공기 중의 냉각된 물방울이 얼음이 되어 물체의 겉면에 달라붙는 현상)이 항공기에 자주 발생했다. 위험한 착빙현상을 해결하기 위해 착빙제거 장치를 날개, 꼬리날개, 프로펠러 등에 장착했다 이와 같이 새로운 시스템과 액세서리가 늘어나면서 항공기 무게는 지속적으로 증가했고 항공기 설계자가 담당하는 일의 양은 점차 줄어들었다.

미시건 주 디어본의 포드박물관에 전시된 틴 구스

예를 들어, 비행기 구조가 간단했던 1918년 이전의 항공기를 설계한 엔지니어는 항공기의 기본 구조의 50%를 담당했다. 그러나, 비행에 필요한 부속품을 외부업체에서 공급받는 일이 일반화된 1930년대에는 항공기 엔지니어가 기본 구조의 30% 정도 밖에 담당하지 않았다. 이러한 외주 덕분에 엔지니어의 역할이 공기역학과 동력장치 분야의 개선으로 전환되었다.

포드는 제1차세계대전 중에 다른 자동차 회사들과 마찬가지로 리버티 엔진을 제작하여 항공 분야에 진출했다. 포드가 내놓은 항공기 중 가장 성공적인 모델은 동체 전체에 주름이 있어 '틴 구스'라 불렸던 포드 4.AT 트라이모터(Trimotor)다. 트라이모터는 1926년 제작되었으며 순항속도 시속 145㎞, 항속거리 885㎞인 미국의 첫 민간 수송기다. 그리고 최초로 항공기 전체를 금속으로 만든 비행기로 두랄루민(duralumin, 구리와 마그네슘 등의 원소를 알루미늄에 첨가해 만든 알루미늄 합금)의 강도와 알루미늄의 내식성을 갖는 합금으로 제작되었다. 그러나 1933년 대공황의 여파로 항공기 판매가 부진하자 포드사는 항공 사업에서 철수하는데, 이때까지 총 199대의 트라이모터를 제작했다.

1928년부터 1938년까지 미국 국립항공자문위원회(NACA, National Advisory Committee for Aeronautics)의 랭글리실험실은 현대 항공기 개발에 주도적인 역할을 수행했다. 1915년에 만들어진 NACA는 제1차세계대전 당시에도 몇 명의 전문위원이 자문 역할을 했다. 그러나 1923년 3월, 가변 밀도 풍동(variable-density wind tunnel)을 운용하면서 항공 분야에 획기적인 발전을 가져온다. 1923년 이전에는 대기압 상태에서 항공기 축소 모형이나 부분품 실험을 했다. 따라서 풍동실험용 항공기 축소 모델은 실제 크기의 항공기와 레이놀즈수(유체의 흐름에서 관성력을 점성력(粘性力)으로 나눈 값으로 정의되는 무차원수로 두 종류의 힘이 상대적으로 중요함을 정량적으로 나타내는 값이며, 이것은 층류와 난류를 예측하는 데에도 사용된다.) 차이로 인해 발생하는 상사 원리(기하학적 형태가 같은 두 물체 사이에 상응되는 지점에서 관성력과 마찰력의 비가 일정한 경우에 만족하며, 레이놀즈수가 동일할 때 성립함)를 만족시키지 못했다. 당연히 풍동실험을 통해 얻은 공기역학적 데이터는 실제 크기의 항공기 데이터와 거리가 있었다. 그러나 가변밀도 풍동은 축소 모델에 공기를 가압한 압력실에서 시험하여 실제 크기 항공기의 레이놀즈수에 근접한 공력 데이터를 획득할 수 있었다.

1920년대 초반까지 전 세계에 많은 에어포일이 있었으나, 에어포일의 공력 데이터는 연구기관에 따라 일치하지 않았다. 에펠, 괴팅겐, 로얄 항공기 공장 등 많은 연구기관이 있었으나, 그들이 획득한 에어포일 데이터는 뒤죽박죽이었다. 그러나 미국은 가변밀도 풍동을 이용하여 에어포일을 'NACA 에어포일 시리즈'로 표준화하여, 10년 동안 체계적으로 실험을 하고 분석했다. 1933년 NACA는 에어포일 데이터를 정리, 출판하여 전 세계 공기역학자의 이목을 끌었다. 이외에도 NACA는 버지니아 주 랭글리에 프로펠러 시험을 위한 풍동을 추가로 건설했다. 직경이 20피트인 프로펠러 연구 풍동은 기본적으로 프로펠러 흐름과 비행체와의 관계를 연구하기 위해 사용되었지만 종종 다른 목적으로도 사용되었다. 이 풍동은 엔진, 고정된 착륙장치 등과 같은 비행기 돌출부의 항력 데이터를 얻는 작업을 비롯하여 엔진덮개, 프로펠러 등에 관한 시험을 수행하는데 사용되었다. 이러한 시험 데이터는 항공기 설계자들이 참고할 수 있도록 잘 정리되어 항공기 형태를 결정하는데 많은 도움을 주었다.

1920년대 당시 항공기의 착륙장치가 공기역학적 항력을 유발하는데, 그 항력의 크기가 얼마나 되는지는 아무도 몰랐다. 1928년 NACA는 단좌 복엽기인 스페리 메신저(Sperry Messenger)의 랜딩기어를 제거하고 풍동시험을 수행했다. 시험 결과 NACA는 착륙장치의 항력이 항공기 전체 항력의 40%를 차지한다고 보고했다. 이외에도 1920년대 말까지만 해도 방사형 엔진(성형 엔진)을 장착한 항공기는 주로 항공기 속도에 의한 바람으로 엔진 실린더를 냉각하였으며, 전면에 부착된 방사형 엔진은 지나치게 큰 항력을 유발했다. NACA는 엔진덮개(cowling)가 없어 외부에 드러난 엔진 실린더의 항력을 측정하는 풍동실험을 수행했다. 그 결과 방사형 실린더의 항력이 전체 항력의 17%를 차지한다는 사실을 알 수 있었다. 그래서 NACA는 다양한 공기역학적 형태의 엔진덮개를 만들어 항력을 감소시켰다.

제2차세계대전(1939-1945)이 발발하자, 미국은 다양한 종류의 비행기를 30만 대 이상을 설계·생산했다. 이와 같이 비행기는 전쟁 중 무기로서의 중요성 때문에 극히 짧은 기간에 실용화가 이루어지고 급격히 발전했다. 제2차세계대전 초기에 사용된 독일의 전투기는 하인켈과 메사슈미트, 융커스(Junkers) 등이다. 이에 맞서 영국은 스피트파이어(Supermarine Spitfire)와 호커 허리케인(Hawker Hurricane), 미국은 그루만 F6F 헬캣(Grumman F6F Hellcat) 등을 제작했다. 일본도 제로센(zero-sen)이란 전투기를 만들었다. 이들 피
스톤-엔진 전투기는 제2차
세계대전 말 제트 전투기가
개발될 때까지 발전을 거듭
했다. 시속 600㎞ 이상의 속
도를 냈으며 더욱 정교해졌
다. 1930년부터는 고도에 따
라 중저고도 전투기와 고고
도 전투기로 구분해 개발했
지만, 항공기 성능의 향상으
로 중저고도 전투기를 구분
할 필요가 없어졌다.

　전쟁의 후반, 미국은 록히

▲스피트 파이어　　▼그루만 F6F 헬캣

드 P-38 라이트닝(Lightning), F-51 무스탕(Mustang), F4U 콜세어(F4U corsair)
를 내놓았으며, 독일은 포케불프 FW190(Focke-Wulf FW190), 구소련은 라
보치킨 La-5(Lavochin) 프로펠러 추진 단엽기 등으로 맞불을 놓았다.

　특히, 미국은 포드사의 B-24 리버레이터(Liberator) 폭격기를 역사상 단
일 기종으로서는 가장 많이 생산하여 전장에 배치했다. 이것은 전쟁
중에 군사력의 균형을 깨뜨리는 커다란 역할을 했다. 포드사는 정상적
으로 생산라인을 가동했을 경우, 한 달 동안 B-24폭격기를 30대 정도
생산할 수 있는 규모였으나 24시간 풀가동하여 무려 600대 정도까지
생산하기도 했다.

　제1차세계대전 당시에는 비행기가 거의 전투기로만 사용되었지만
제2차세계대전에서는 군대만을 공격대상으로 삼는 전술공군(Tactical Air

Force)과 비전투원, 댐, 군수공장 등의 국가 주요시설을 공격하여 전의를 상실시키는 전략공군(Strategic Air Force)으로 비행기를 운용했다. 1945년 8월 6일, 전략폭격기 보잉 B-29 슈퍼포트리스(Boeing B-29 Superfortress)는 미국 서태평양 사이판 근처의 티니안(Tinian)섬 기지를 이륙하여 히로시마에 원자폭탄 '리틀보이'를 투하했다. 무장탑재 능력과 장거리 항속 능력을 갖춘 전략폭격기 B-29는 일본을 항복시키는데 결정적인 역할을 했다.

제2차세계대전 동안에 제트 기관과 레이더가 발명되어 전쟁에 아주 큰 영향을 미치게 되었다. 독일의 한스 폰 오하인(Hans von Ohain, 1911~1998) 박사가 1936년에 제트 엔진을 발명하여 특허를 획득하고 항공기 제작자인 에른스트 하인켈(Ernst Heinrich Heinkel, 1888~1958)과 합류한다. 1939년 8월 27일, 독일의 하인켈은 HeS3B 터보제트 엔진을 장착한 하인켈178(He 178-V1)기로 처녀비행에 성공하며 세계 최초의 제트기로 기록된다. 그러나 최초의 제트기 하인켈178은 군에서 관심을 보이지 않았다. 하인켈은 포기하지 않고 쌍발 제트 전투기 He280V1을 개발했으나 독일은 다시 He280 대신 메서슈미트 Me262를 대량생산하기로 결정한다.

한편 프랑크 휘틀은 하인켈이 독일에서 첫 제트 비행에 성공한지 2년 만인 1941년 5월 15일, 원심형 제트기관을 글로스터(Gloster)기에 장착하여 첫 비행에 성공한다. 전쟁이 끝나갈 즈음 전선에 제트기가 출현하기는 했으나 종전 후에 비로소 보편화되었다.

제2차세계대전 중 영국의 로버트 왓슨−와트(Robert Alexander Watson-Watt, 1892~1973) 연구팀이 전파를 이용한 탐지 장치, 레이더(radar, radio detection and ranging)를 개발했다. 1935년 2월 26일 런던에서 북서쪽으로

122㎞ 떨어진 노샘프턴셔 주 대번트리의 보로힐에서 레이더의 첫 데모 실험이 이루어졌다. 이후 영국은 레이더로 적을 사전에 탐지하여 소수의 전투기로 독일기를 요격·격추했다. 이와 같은 레이더의 활약은 연합군의 승리에 결정적인 역할을 했다.

구소련에서 미국으로 이주한 이고르 시코르스키(1889~1972)는 1939년 첫 비행을 한 VS-300을, 1941년 토크 상쇄와 조종을 위해 3개의 꼬리로터를 장착한 단일 로터 헬리콥터로 개량했다. 그는 VS-300으로 체공 시간 1시간 32분 26초를 기록하고 헬리콥터 실용화에 성공했다. 1944년 1월에는 록히드 F-80슈팅스타(Shooting Star)가 첫선을 보였는데, 이것은 전 세계에서 처음으로 성공한 터보제트 추진 전투기다.

제2차세계대전 기간 동안 아음속(subsonic, 비행기 날개주위의 흐름이 전부 M=1.0 보다 느린 속도, 0≤ M ≤0.8인 속도)과 천음속(transonic, 비행기 날개주위의 흐름이 아음속과 초음속 모두 존재하는 속도로 음속 이하에서 음속 이상으로 바뀌는 단계의 속도, 0.8≤ M ≤1.2 인 속도) 영역의 항공기를 개발할 수 있는 모든 기술 요소가 확립된 것이다. 이와 같은 군용기 설계·제작 기술은 전쟁 후 장거리 수송기 및 여객기 제작 기술에 응용되었다. B-29폭격기가 C-54수송기로 개량되었고, C-54수송기 설계 및 제작기술은 다시 더글라스 DC-4, 6, 7, 8 등의 여객기로 발전되었다. 전쟁이 끝나자 미국과 소련은 무기 개발에 활용하기 위해 많은 항공기술자를 자국으로 유치해, 본격적인 무기 개발 경쟁을 벌였다.

제2차세계대전 이후, 영국은 드 하빌랜드 코멧(de Havilland Comet)이란 제트 추진 민간 여객기를 제작했으며, 1952년 5월 영국해외항공(British Overseas Airways, 영국항공회사의 전신)의 이름을 달고 런던-요하네스버그 간 정기항로에 취항하며 실용화에 성공했다. 그러나 코멧 여객기는 사각으로 만든 창문의 피로균열 때문에 1954년도에 연속적인 대형 비행 사고를 일으킨다. 그리하여 '코멧유형의 고장(Comet type failure, 한동안 아무 런 문제가 없는 것처럼 보이다가 시간이 지나면서 피로균열이 누적되어 갑자기 사고가 계속해서 발생되 는 현상)'이란 신조어가 만들어지기도 했다.

　미국의 보잉 사는 1957년 B707 여객기를 개발, 1958년 유럽노선에 투입함으로써 최초 제트 여객 노선을 개설했다. 그리고 1966년 7월에 는 세계 최대 규모의 747 점보(jumbo) 여객기 개발을 시작하여 1969년 12월 시애틀-뉴욕 간 장거리 시험 비행에 성공했다. 그 이후 1970년 1월 미국의 팬암 사가 처음으로 보잉 747 여객기를 도입하고 운항하 기 시작하여 점보 여객기 시대를 맞이하게 되었다.

✈ 대서양을 건넌 힌덴부르크 호, 불타다

　항공기는 크게 공기보다 가벼운 항공기와 공기보다 무거운 항 공기로 구분되며 공기보다 가벼운 항공기에는 공기보다 비중 이 적은 기체를 큰 주머니에 넣어 움직이는 기구(balloon)와 비행 선(airship)이 있다. 힌덴부르크 호는 선체의 길이 245m, 직경 41m, 1,050마력의 엔진을 4대 장착하고 있는 거대한 비행선으로 승객 50명을 태우고도 항속거리 1만 3,000km, 순항속도 시속 125km로 비행할 수 있었다. 타이타닉 호보다 23m 정도 작은 크기에 객실 과 식당, 오락실을 갖춘 초호화 비행선이었다.

　제2차세계대전이 발발하기 2년 전인 1937년 5월 6일, 독일 프

1937년 힌덴부르크 호가 폭발하는 장면

랑크푸르트를 이륙한 힌덴부르크 호는 미국 뉴저지 주 레이크허스트(Lakehurst) 해군 비행장에 착륙하다가 수소 가스 용기에 불이 붙어 폭발했다. 이 참사에서 61명이 극적으로 생환했으나, 승객 13명, 승무원 22명, 지상요원 1명 등 36명이 사망했다. 마침 장대한 착륙장면을 촬영 중이던 텔레비전 화면을 통해 힌덴부르크 호가 폭발하는 장면이 생중계 되었다.

힌덴부르크 호에는 수소 가스로 가득 찬 용기가 16개나 있었는데, 착륙을 위해 급회전하면서 수소 용기가 찢어졌다. 공교롭게도 그 순간 전압 차이에 의해 발생한 스파크가 착륙하기 위해 지상에 늘어뜨린 밧줄을 타고 올라와 폭발한 것으로 추정했다. 그러나 일부는 나치 로고를 달고 비행하던 비행선을 증오한 나치 반대 세력이 참사를 만들었다는 음모론이 제기되기도 했다.

힌덴부르크 호는 인화성이 높은 수소 가스를 이용해 공중에 떠 있었지만, 흡연실이 있을 정도로 안전에 무관심했다. 결국 거대함과 화려함에만 집중을 하다가 엄청난 참사를 겪게 된 것이다. 1940년 체펠린사가 비행선 사업을 접으면서 항공 교통 수단으로써의 비행선도 막을 내리게 되었다.

비행체 설계,
현대 기술의 총체 ✈

현대 비행기 형상을 갖고 있는 고정익 비행기의 첫 번째 설계는 조지 케일리의 글라이더라 할 수 있다. 이것은 1804년도에 설계된 것으로 양력 발생을 위한 고정익, 안정성을 위한 꼬리날개, 이러한 두 개를 연결하기 위한 동체를 갖추고 있다. 케일리의 글라이더는 추진 메커니즘과 양력 메커니즘이 서로 분리되어 있다. 케일리가 설계에 반영한 모든 기술과 지식은 1809년과 1810년에 발간된 그의 논문 《공중비행에 대하여(On Aerial Navigation)》에 잘 나타나 있다. 이후 약 100년 후인 1903년, 라이트 형제가 최초로 동력비행에 성공했고 비행기는 혁신적으로 발전해 왔다.

비행체 설계의 발전을 평가하는 주요한 기술적인 기준은 무엇인가. 서로 다른 비행기 설계를 평가하기 위하여, '성능지수(figure of merit)'로 두 개의 공기역학적 매개 변수(parameter)를 택할 수 있다. 첫 번째 매개 변수는 전체 항력계수(물체 전후 압력 차이에 의한 압력 항력 및 표면 마찰에 의한 항력, 양력이 기울어져 발생하는 항력 등 모든 항력들의 총합)에 포함되어 있는 영양력 항력계수(zero-lift drag coefficient, 양력계수 값이 0일 때의 항력계수를 말함)인 C_{D0}로 최대 비행 속도에 영향이 큰 중요한 공력특성이다. 비행기는 모든 비행조건이 같고 영양력항력계수 C_{D0}가 작으면 작을수록 저항이 작아져 비행속도 가 빨라진다.

두 번째 매개변수는 양항비(lift-to-drag ratio, 양력 대 항력의 비) L/D로 특히 최대양항비 $(L/D)_{max}$를 성능지수로 택한다. 양항비는 비행기의 공기 역학적 효율의 척도로 항속시간이나 항속거리 등의 비행 특성에 영향 을 끼친다. 비행기 설계 역사 및 비행기 모양, 그리고 비행기의 발전 은 두 개의 성능지수(영양력 항력계수와 최대양항비)로 설명될 수 있다.

이와 같은 영양력 항력계수 C_{D0} 또는 양항비 L/D과 같은 개념은 케일리 시대에는 존재하지 않았지만, 《공중비행에 대하여》에 이러한 것 들이 직관적으로 추정·반영되었다. 케일리는 경사진 판에서 흐름 방 향에 따라 공기역학적 압력에 의해 나타나는 합성력(resultant force)의 성 분, 즉 '감속시키는 힘'에 대해 언급했는데 이것은 합성력에 기인한 항력성분을 말하는 것이다. 케일리는 '감속시키는 힘'에 이어 추가적 으로 받게 되는 방향저항은 새들이 공기흐름의 반대 방향으로 날아가 는 것과 같다고 말했다. 그는 새들의 근본적인 몸체에 기인한 영양력 항력계수(케일리의 '감속시키는 힘'이 없을 때의 항력계수)를 언급한 것이다.

케일리가 개념적으로 올바른 생각을 가지고 있었더라도 그는 영양 력 항력계수 C_{D0}를 계산하는 방법을 몰랐으며, 실험도 전적으로 신뢰 할 수는 없었다. 그래서 케일리의 글라이더에 C_{D0}값은 없었으며 이에 대해 평가할 필요가 없다.

비록 케일리는 양항비 L/D을 구분하거나 직접적으로 사용하지는 않았지만, 그의 논문《공중비행에 대하여》에서 수평선에 18° 각도로 기울어진 상태로 언덕꼭대기에서 강하하는 글라이더 비행에 대해 언급했다. 무동력 활공에서 아주 훌륭한 값은 아니지만 케일리 글라이더의 L/D값은 3.08이다. 오늘날 일반적인 비행기의 L/D값은 15~20 정도이며 글라이더는 40 이상의 값을 갖기도 한다. 케일리가 효율적인 비행기를 설계하지 못한 이유는 날개의 가로세로비(aspect ratio)가 갖는 효과를 알지 못했기 때문이다. 케일리의 글라이더처럼 가로세로비가 낮은 날개는 큰 유도항력(양력이 진행 반대 방향으로 기울어져 추가적으로 발생하는 항력을 말함)을 발생시키기 때문에 매우 비효율적이다.

케일리 이후 라이트 형제의 플라이어호가 가져온 변화는 혁명적이었다. 라이트 형제는 사실상 참고할 만한 데이터가 없었기 때문에 스스로 모든 문제를 해결해야 했다. 1983년 플라이어호 80주년 기념 심포지엄에서 큐릭과 젝스(Culick, F.E.C. and Jex, H.)는 플라이어호의 양항비를 측정하고 컴퓨터로 계산한 공력성능 결과를 발표했다. 그들은 캘리포니아공대의 아음속 풍동에 라이트 플라이어호 모델을 장착하여

라이트 플라이어호

실험 수치를 획득했다. 저속 비압축성 비점성 흐름 계산을 위한 전산유체역학 방법 중의 하나인 와류격자법(vortex-lattice method)을 사용하여 컴퓨터 데이터를 얻었다. 이러한 전산 수치해석 방법은 마찰의 효과를 포함하지 않기 때

문에 흐름분리(flow separation)를 예측할 수 없다. 그렇지만 그 결과 C_{D0} 값은 약 0.10 정도 이고, 최대 양력계수는 거의 1.1 정도로 나타났다. 또한 양항곡선(drag polar curve) 결과에서는 $(L/D)_{max}$값이 약 5.7 정도로 나타났다. 오늘날 기준으로 보면 라이트 형제의 플라이어호는 공기역학적인 걸작은 아니었지만, 설계 면에서 획기적인 모델이다.

이후 비행체 설계는 20세기 후반까지 기하급수적으로 발달했다. 두 개의 성능지수(figure of merit)인 영양력 항력계수(zero-lift drag coefficient) C_{D0} 와 최대 양항비(lift-to-drag ratio, L/D$_{max}$)를 이용하면 비행기 설계의 발전 과정을 한눈에 볼 수 있다. 라이트 형제의 플라이어호 이후 비행체 설계 분야는 크게 3번 획기적으로 발전했다.

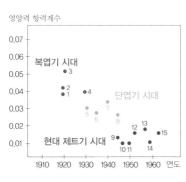

연도에 따른 영양력 항력계수 변화

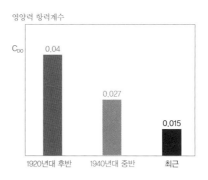

시대에 따른 영양력 항력계수 변화

①SPAD XIII ②Fokker D-VII ③Curtiss JN-4H ④Ryan NYP (Spirit of St. Louis) ⑤Lockheed Vega ⑥Douglas DC-3 ⑦Boeing B-17 ⑧Boeing B-29 ⑨North American P-51 ⑩ Lockheed P-80 ⑪North American F-86 ⑫Lockheed F-104 ⑬Mcdonnell F-4E ⑭Boeing B-52 ⑮General Dynamics F-111D

상기 그림은 대표적 비행기의 C_{D0}를 연도와 시대에 따라 나타낸 것이다. 위 그래프는 로프틴(Loftin)과 로렌스(Lawrence)에 의해 1985년에 발간된 〈현대 비행기의 진화〉라는 미국립항공우주국 보고서(NASA SP-468)에서 발췌한 것이다. 이것은 많은 유명한 비행기의 기술적 설계의 상세한 사례 연구를 포함하고 있다.

첫 번째 매개변수인 C_{D0}자료는 설계분야의 발전을 구분할 수 있는 기준이 된다. 예를 들어, 플라이어호부터 1920년대 후반까지는 스트럿 앤 와이어(strut-and-wire)로 복엽기들이 제작된 기간이다. 이러한 복엽기들의 C_{D0}값은 대략 0.04 정도로 큰 형상 때문에 생기는 항력(물체 앞·뒤 압력 차이에 의한 압력 항력)은 두 날개 사이의 지지대와 와이어 때문이었다. 1920년대 후반부터 1940년대 중반까지의 두 번째 기간 동안의 비행기 설계혁명은 카울링(cowling)이 있는 단엽기 형상을 채택한 것이다. 이러한 비행체 설계혁신(DC-3가 대표적인 비행기)을 통해 C_{D0}의 값은 0.027 정도로 줄어든다. 그리고 1940년대 중반 제트 추진 비행기의 출현으로 현재까지 C_{D0}는 약 0.015의 크기를 갖는다.

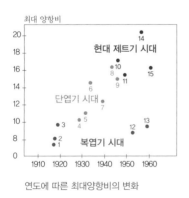

연도에 따른 최대양항비의 변화

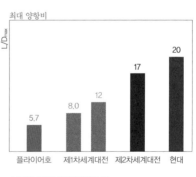

시대에 따른 최대양항비 값

위 그림은 대표적 비행기의 최대 양항비 값을 연도와 시대에 따라 나타낸 것으로 미 국립항공우주국 보고서(NASA SP-468)에서 발췌한 것

이다. 두 번째 매개변수
인 비행기의 최대 양항비
$(L/D)_{max}$는 공기역학적 효
율을 나타낸다. C_{D0}자료
에 제시된 바와 같이 비
행기에 대한 3개의 주요

보잉 B-29 폭격기

발전기간은 이미 앞에서 언급한 C_{D0}자료에서 구한 것이다. 첫 번째
기간에서 라이트 플라이어호는 $(L/D)_{max}$의 평균값은 5.7정도이지만,
제1차세계대전 때에는 약 8.0정도로 올랐다. 카울링이 있는 단엽기가
만들어진 후부터 전형적인 $(L/D)_{max}$의 값은 크게 증가해 약 12 정도가
되었다. 제2차세계대전 당시의 보잉 B-29 폭격기는 최대 양항비 값이
17 정도까지 크게 개선된다. 이것은 날개의 가로세로비가 6~8 정도일
때 B-29는 예외적으로 11.5였기 때문이다. 오늘날 현대 비행기의 최대
양항비 값은 고성능 군용 전투기는 대략 12부터 20정도며, 보잉 747
과 같은 민간 수송기와 폭격기의 양항비는 대부분 20 이상이다.

　지난 20세기 동안 항공 산업은 비행기 속도만큼이나 빨리 성장했으
며, 향후 항공산업은 더 안전하고, 더 효율적이며, 더 친환경적으로
무한히 발전할 것이다. 또한 가까운 미래, 안전하게 비행하면서 하늘
과 지상의 환상적인 광경을 자유롭게 만끽할 수 있는 투명한 동체의
여객기가 하늘을 누리게 될 것이다.

✈ 유령의 탄생, 스텔스 기술

현대 전투기의 스텔스 기술은 항공기를 감지하는 것을 회피하거나 숨을 수 있도록 레이더, 적외선, 소음, 육안 식별 등 4가지 센서의 탐지율을 낮추기 위한 모든 기술을 말한다. 스텔스 기술은 제2차세계대전 동안 레이더 감지로부터 회피하기 위하여 처음으로 잠망경에 특수 코팅을 사용한 것이 시초다. 제2차세계대전 후부터 항공기 설계자와 전략가들은 레이더 반사면적(RCS, radar cross section)을 갖지 않는 항공기를 만들어야 한다는 인식이 확산되었다.

레이더 감시로부터 숨을 수 있는 항공기는 여러 가지 이유로 개발이 늦어졌다. 가장 큰 이유는 항공기 설계자가 레이더가 어떻게 항공기에서 반사되는 지를 알지 못했기 때문이다. 19세기에 스코틀랜드의 물리학자 제임스 맥스웰(James Clerk Maxwell, 1831~1879)은 특정한 모양에서 반사될 때 어떻게 전자파가 흩어지는 지를 예측하는 일련의 수학 공식을 발표했다. 그의 방정식은 나중에 독일의 과학자 아놀드 서머필드(Arnold Sommerfield, 1868~1951)에 의해 수정되었다.

제2차세계대전 말기에 독일은 전익기 형상의 Horten Ho 229를 개발했다. 현재 이 전투기의 기술 자료는 모두 사라지고 미군이 노획한 단 1기만이 남아 있을 뿐이다. 그러나 최근 이 기체로 스텔스 기능 실험을 시행했고, 이 전투기

Horten Ho 229의 스텔스 기능 시험

가 세계 최초로 스텔스 기능을 보유한 전투기임이 밝혀졌다.

1959년 표트르 유핌트세프(Pyotr Ufimtsev, 1931~)는 모스크바 국립대학 박사학위 논문에서 맥스웰이 알아내고 서머필드가 개량한 공식을 다시 검토해서 전자파 반사를 예측하기 위한 방정식을 유도해냈다. 요는 "레이다 반사강도는 표면적보다는 각도에 크게 영향을 받는다"는 것이다. 이 논문은 당시에는 유용가치가 없어 핀잔도 받았지만 후에 스텔스기를 개발하는 데 결정적 역할을 한다.

1970년대 초반에 미국의 과학자, 수학자, 항공기 설계자들은 레이더 반사면적을 줄이기 위해 유핌트세프 이론을 항공기 설계에 적용했다. 이를 바탕으로 록히드 항공사는 DARPA(Defense Advanced Research Projects Agency, 방위고등연구계획국)와 계약하고 F-117 스텔스 전투기 개발에 착수한다. 유명한 '스컹크 웍스(Skunk Works)' 프로젝트다. 그리고 마침내 비행물체의 레이더 반사면적을 알아내면서 세계 최초의 스텔스 전폭기, F-117 나이트 호크가 탄생하게 되었다.

이러한 스텔스기는 전혀 안 보이는 것이 아니라 레이더 반사면적에 따라 아주 작게 나타난다. 따라서 일반 전투기와 같이 작전을 수행하면 잘 포착되지 않지만, 단독으로 작전을 펼치면 도화지에 작은 점처럼 표시된다. 즉 포착될 가능성도 있다는 뜻이다.

스텔스기 개발과정은 무언가 개발하고자 할 때 시행착오 기법 또는 경험(골프공의 긁힌 자국, 239쪽 참조)만으로는 부족하며 이를 뒷받침하는 기초과학 및 수학적 이론(유핌프세트 이론)이 필요하다는 것을 알려준다. 당장은 실용성이 없고 응용할 분야가 없다 하더라도 기초연구(fundamental research)를 꾸준히 수행하여야 한다는 뜻이다.

빠른 항공기, 큰 항공기, 높이 올라간 항공기 ✈

가장 빠른 항공기

비행기 날개 주위의 흐름은 속도 영역에 따라 다른 특성을 나타낸다. 속도 범위에 따라 아음속(subsonic), 천음속(transonic), 초음속(supersonic), 극초음속(hypersonic)으로 구분되는데, 극초음속은 마하수 M이 5.0 이상 되는 속도로 전리현상(원자 또는 분자가 외부 에너지에 의해 양이온 또는 음이온으로 이온화되는 현상)과 해리현상(화합물이 간단한 구성 성분으로 분해되는 현상)이 발생하는 속도다. 따라서 우주 공간에서 비행하는 우주왕복선이나 우주선을 제외하면 극초음속으로 비행하는 항공기가 가장 빠르다고 할 수 있다.

북아메리칸 X-15(North American X-15)는 북아메리칸항공사(North America Aviation)가 제작한 극초음속기로 B-52에 장착해 발사하는 공중 발사체 로켓 비행기다. 1959년 6월 8일, 해군 시험 비행 조종사인 앨버트 크로스필드(Albert Scott Crossfield, 1921~2006)가 처음으로 이 비행기를 타고

11.4km 고도에서 활공 비행하는 데 성공했다. X-15는 1960년대 말 유인 로켓 추진 항공기로서 세계에서 가장 빠른 속도(마하수 6.7, 시속 7,274km)를 기록했다. 또한 X-15

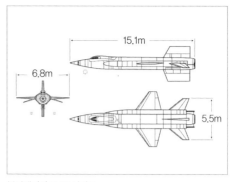

북아메리칸 X-15 삼면도

는 약 10년 동안 199회 비행을 수행했으며 고도 107.96km(354,200ft)의 세계기록도 함께 수립했다. X-15는 80.47km(50마일, 264,000ft.) 고도 기준을 초과하여 미국 공군의 우주비행 기준을 만족하고 있다. 즉 우주선으로 봐도 무방하다는 말이다. X-15는 총 3대가 제작되었는데, X시리즈는 실용화된 항공기가 아니라 연구를 목적으로 만든 항공기다. 따라서 X-15는 유인 항공기 중에서는 가장 빠르지만, 일반적으로 운용되는 항공기가 아니기에 X-15를 가장 빠른 항공기로 볼 수는 없다.

이후 미항공우주국에서 개발한 X-43은 극초음속 무인 시험 비행기로 Hyper-X 프로그램의 일환으로 제작되었다. 이 비행기는 B-52B 폭격기에서 발사되는 스크램제트(scramjet, Supersonic Combustion Ramjet Engine) 추진 항공기로 여러 차례 속도기록을 갱신했고, 2004년 11월 16일 X-43A는 고도 34km(112,000ft.)에서 마하수 9.6을 기록하기도 했다. X-43도 무인시험기이므로 가장 빠른 항공기로 볼 수 없다.

그렇다면 제트기 가운데 가장 빠른 비행기는 무엇일까? 고도 26km (85,000ft.)까지 올라갈 수 있고 마하수 3.2를 넘는 비행이 가능한 록히드 SR-71 "블랙버드"다. 1976년 7월 28일에 시속 3,530km의 기록을 수립하여 현재까지 대기권 내에서 가장 빠른 유인 항공기로 기록되

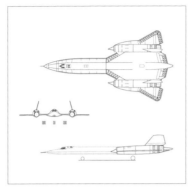
블랙버드 SR-71 삼면도

가장 빠른 유인 항공기 SR-71

었다. SR-71은 총 32대가 만들어졌지만 이제는 모두 현역에서 물러나 여러 항공우주박물관에 전시되어 있다. 태양 광선의 짧은 파장의 영향을 받아 우리가 아는 하늘은 푸른 빛을 띤다. 그러나 SR-71은 공기가 희박한 검은 하늘, 성층권에서 비행하는 것에 착안해 '블랙버드'라 이름 붙이고 검은 색으로 칠을 했다고 한다.

군용기가 아닌 민간 항공기 중에서 가장 빠른 비행기는 최대순항 마하수 2.04(시속 2,179㎞)로 비행하는 초음속 여객기인 콩코드이며, 프로펠러 구동 비행기(터보프롭 엔진 장착) 중에서는 투폴레프 Tu-114 전략폭격기가 시속 약 880㎞로 가장 빠르다. 또 피스톤 엔진 비행기 중에서 가장 빠른 비행기는 시속 850.3㎞ 기록을 보유한 레어 베어(Rare Bear, highly modified Grumman F8F Bearcat)다.

그밖에 주목할 만한 항공기로는 낮은 고도에서 가장 빠른 속도를 내는 F-104 스타파이터(Starfighter), 단일 엔진 비행기 중에서 가장 빠른 F-106 델타다트(Delta Dart) 등을 들 수 있다. 그리고 무장을 한 항공기 중에서 가장 빠른 것은 MiG-25이며, 현재 미국에서 운용 중인 항공기 중에서 가장 빠른 항공기는 F-15 "이글"이다.

가장 큰 항공기

최근 에어버스 사의 A380 대형 여객기가 상용화되어 전 세계를 누비고 있으며, 우리나라 항공사도 A380을 도입하여 장거리 노선에 투입하고 있다. 항공사들은 장거리 여객기(또는 화물기)인 경우 구간속도(block speed, 비행거리가 길면 길수록 빠른 순항속도를 낼 수 있는 구간이 길어지므로 구간속도는 더 증가함)로 생산성(productivity, 유용한 운송 가치를 산출하는 능력)을 향상시키기 곤란하므로 에어버스 380과 같이 초대형항공기로 여객 및 화물수송량을 극대화시켜 생산성을 향상시키고 있는 것이다.

항공기의 규모가 어떻게 생산성을 향상시키는지 간단히 계산해보자. 항공기 동체의 용적(여객수 또는 화물량)은 지름의 세제곱에 비례하고, 표면적은 지름의 제곱에 비례한다. 항공기의 항력은 대략적으로 동체 표면적과 직접적인 관련이 있다고 볼 수 있다. 따라서 항공기 동체의 지름을 2배 늘리면 항력은 대략 4배 늘어나지만 용적은 8배 늘어난다. 항공기가 커질수록 승객 1인당 항력은 감소한다는 뜻이다. 즉, 대형 여객기일수록 승객 1인당 연료 소모량이 감소하여 운송 비용이 낮아진다는 것을 알 수 있다.

그러면 지구상에서 가장 큰 비행기는 어떤 비행기일까. 가장 큰 비행기는 크다는 것을 무엇으로 정의하느냐에 따라 다르다. 날개길이(wingspan)로 정한다면, 가장 큰 비행기는 휴즈 H-4 허큘리스(Hercules) "스프루스 구스(Spruce Goose)"다.

제2차세계대전 당시 미국은 유럽으로 군수품을 조달해야 했지만, 대형 수송기가 없어 어려움을 겪고 있었다. 이때 하워드 휴즈(Howard

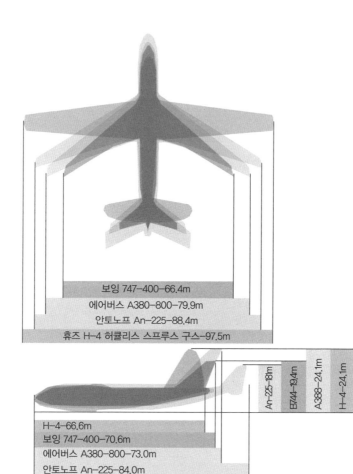

보잉 747-400-66.4m
에어버스 A380-800-79.9m
안토노프 An-225-88.4m
휴즈 H-4 허큘리스 스프루스 구스-97.5m

An-225-18m
B744-19.4m
A388-24.1m
H-4-24.1m

H-4-66.6m
보잉 747-400-70.6m
에어버스 A380-800-73.0m
안토노프 An-225-84.0m

비행기의 크기 비교

Hughes Jr., 1905~1976)는 정부의 지원을 받아 대형 수송기를 제작했다. 하워드 휴즈는 영화 제작자이자 세계적인 실업가였다. 휴즈는 로스 앤젤레스에서 실력 있는 조종사들로부터 비행술을 배워서 여러 차

레 항공기 속도 세계
기록을 수립하기도 했
다. 그는 휴즈 H-1 "레
이서(Racer)"와 H-4 "스
프루스 구스" 항공기
를 제작했고, 트랜스
월드항공사(TWA, Trans
World Airlines)를 인수하

에버그린 항공박물관에 전시된 스프루스 구스

기도 했다. "스프루스 구스"라는 애칭으로 불렸던 H-4 허큘리스는 목
재로 제작한 항공기로, 총 길이가 66.65m, 날개폭이 97.54m, 높이가
24.18m에 달하는 대형 항공기였다.

스프루스 구스는 수상비행기로 1947년 캘리포니아 주 로스앤젤레
스 도심에서 남쪽으로 38.6km 떨어진 카브릴로 해변에서 시험 비행을
시도했으나 동력 부족으로 겨우 1.6km를 비행하는데 그쳤다. 스프루
스 구스는 현재 미국 오리건 주 에버그린항공박물관(Evergreen Aviation
Museum)에 전시되어 있다. 가장 큰 날개를 가진 비행기를 만들기 위
한 그의 도전은 이후 C-5 Galaxy, An-124, An-225, A380 등 대형 항공
기 개발에 많은 영향을 끼쳤다. 그러나 스프루스 구스는 시험 비행에
실패하고 실제로 운영되지도 않았던 항공기이기에 이 비행기를 최대
크기의 항공기로 말하기는 어렵다.

안토노프 사의 An-225는 구소련의 안토노프 설계국(Antonov Design
Bureau)에서 개발한 전략 수송기로 우주왕복선 부란(Buran)을 수송하기
위해 An-124를 개조한 것이다. 1988년 12월 21일, 처녀비행을 했고
이듬해 파리에어쇼에서 선을 보였다. An-225는 2010년에 108톤에 달

An-225가 그려진 우크라이나 우표

하는 건설기계를 싣고 일본에서 도미니카공화국 산토도밍고까지 수송한 것으로 화제가 되기도 했다. 현재 비행 가능한 고정익 항공기 중 가장 큰 항공기로 기네스북에 등재되어 있다. 따라서 이 대형 수송기(최대 탑재량: 250톤)가 지구상에서 가장 큰 비행기라 할 수 있다.

가장 큰 무인 항공기는 날개길이 기준으로 75.3m의 헬리오스(Helios)이며, 중량 기준으로는 노스럽 그러먼(Northrop Grumman) 사의 글로벌호크(Global Hawk)다.

보잉 콘도르(Boeing Condor)는 보잉 사와 미국 방위고등연구계획국인 DARPA(Defense Advanced Research Projects Agency)가 합작·개발한 초대형 장거리 무인기다. 콘도르는 날개길이(wingspan) 61m로 B-52 폭격기(날개길이 56m)보다 크다. 콘도르는 1988년 10월 9일 처녀비행에 성공했으며, 이후 시험비행을 통해 8,165kg(18,000lb)을 탑재하고 고도 20km(67,000ft)까지 상승하여 무려 60시간이나 체공했다. 콘도르는 군사용으로 획득 단계까지 개발되지 않았지만, 향후 무인기 개발에 초석이 되었다.

미국 에어로바이런먼트 사가 제작한 헬리오스(Helios, 그리스 신화의 태양신)는 날개길이가 75.3m(247피트), 날개시위가 2.4m인 전익기 형태의 태양열 고고도 무인 비행체다. 이 비행체는 가로세로비가 31이며, 15-20km 상공에서 시속 31-43km로 순항비행이 가능하다. 헬리오스

(Helios HP01)는 직경 2m의 프로펠러(1.5kW의 모터로 구동) 추진시스템이 14대(Helios HP03는 10대)나 장착됐다. 이러한 장기체공 비행체는 고가의 통신위성보다 아주 저렴하여 지역 위성중계, 차세대 무선통신, 해양·환경 감시 등에 활용하고자 개발됐다. 그러나 헬리오스(Helios HP03)는 2003년 6월 26일 시험도중 하와이 주 카우아이(Kauai) 섬

▲ 보잉 콘도르 ▼헬리오스

서쪽 16km의 태평양 상공에서 추락했다. 헬리오스는 무인기 가운데 세계에서 날개길이가 가장 길지만 일반적으로 운용되는 무인기가 아니므로 가장 큰 무인기로 보기 힘들다.

글로벌호크(Global hawk)는 날개길이가 35.4m(116.2피트)이며, 동체길이 13.5m, 최대이륙중량 11,612kg의 고공 무인정찰기다. 이 무인기는 최고 19.8km 상공에서 시속 635km의 순항속도로 비행이 가능하다. 글로벌호크는 2001년 3월 뉴멕시코 주 미군 화이트샌드 미사일레인지에서 30시간 24분이나 체공했다. 어쨌든 글로벌호크는 현재 운용되는 무인기 가운데 날개길이가 가장 긴 무인 항공기다.

이외에도 비교적 우리에게 잘 알려진 록히드 C-5 갤럭시, 안토노프 An-124, 에어버스 사의 A380, A340, 보잉 사의 B777, B747 등이 대표적인 대형 비행기다.

가장 높이 올라간 항공기

공중에서 발사되거나 이륙을 도움 받은 경우를 제외하고 제트엔진 항공기의 공식적인 최고 고도는 블랙버드가 기록한 고도 25.9㎞다. 그러나 2001년 8월 13일 고고도 태양열 무인 비행체인 헬리오스(Helios HP01)가 29.5㎞까지 올라가 비-로켓 추진 비행기의 고도기록을 갱신했다. 공중에서 발사된 최고고도는 1963년에 로켓 비행기 X-15가 기록한 107.7㎞였다. 하지만, 2004년 스페이스십원(Space Ship One)이 112㎞까지 올라가 그 기록을 갱신했다.

유인 제트추진 항공기로서 세계 최고의 고도 기록은 1977년 8월 31일 구소련 시험비행조동사인 알렉산더 페도토프(Alexandr Fedotov)가 연구기인 미코얀그루비치(Mikoyan Gurevitch) 사의 E-266M(MiG-25M, NATO명: 폭스배트) 요격기를 타고 37.65㎞ 고도까지 상승한 것이다. MiG-25는 고고도까지 빨리 올라갈 수 있을 뿐만 아니라 최고속도도 마하수 3.2로 블랙버드(SR-71)에 버금갈 정도로 빠른 정찰 요격기다.

E-266M(MiG-25M)

MiG-25는 1950년대 중반 미국이 개발하고자 했던 XB-70 발키리 (Valkyrie)와 같은 고고도 전략폭격기를 요격하기 위해 탄생됐다. 미국이 차세대 전략폭격기 개발을 취소했음에도 불구하고 구소련은 MiG-25를 개발하여 미국을 위협했다. 그러나 미국은 1976년 소련 공군의 빅토르 벨렌코(Viktor I. Belenko) 중위가 몰고 온 MiG-25P로 분석한 결과 실제 비행성능 및 효율은 그리 우수하지 않은 것으로 판명됐다.

피스톤 엔진을 장착한 항공기는 날개길이 61m(200ft)의 보잉 콘도르가 가장 높이 비행한 것으로 기록되었다. 1986년부터 1988년까지의 비행시험을 통해 67,000ft(20.4Km) 고도까지 올라갔다. 헬리콥터의 최고 고도 기록은 아에로스파시알 유로콥터(Aerospatiale Eurocopter) SA 315B '라마(Lama)'가 가지고 있다. 1972년 6월 21일 시험비행 조종사이자 엔지니어 장 불레(Jean Boulet, 1920-2011)는 프랑스 남부 이스트레(Istres)에서 40,820ft(12.442km)까지 올라갔다.

무인 기상 기구는 비행기보다 더 높이 올라간다. 1991년 기네스북에 따르면, 1972년 10월 미국 캘리포니아 주 치코공항에서 발사된 연구용 무인 윈젠기구(Winzen-Balloon)가 최고 고도 51.8㎞(170,000피트)를 기록했다. 이 기록은 30년간 유지되다가 2002년 5월 23일 일본우주항공연구개발기구(JAXA, Japan Aerospace Exploration Agency)가 초박형 필름으로 제작한 기구 'BU60-1'에 의해 깨졌다. BU60-1는 총 무게 40kg으로 산리쿠기구센터(Sanriku Balloon Center)에서 발사되어 53km의 기록을 수립했기 때문이다.

✈ 최신예 전투기 대결, F-35A vs 유로파이터 vs F-15SE

FX-3차 사업으로 차세대 전투기 도입 당시 각축을 벌였던 3파전(F-35A, 유로파이터, F-15SE)을 알아보자. FX-1차 사업은 미국 보잉사의 F-15K가 선정되었으며, 2005년 3월 F-15K 제1호기가 도입된 이후 2008년까지 순차적으로 40대가 우리 공군에 인도되었다. 또한 FX-2차 사업으로 2008년 4월 F-15K 21대가 추가로 발주되어 우리 공군은 총 60대(2006년 1대 추락)의 F-15K를 보유하게 되었다. 한편, 한국형 전투기(KFX, Korea Fighter eXperimental)개발 사업은 독자적으로 최신 초음속 전투기 KF-21을 개발하는 사업으로 FX 도입 사업과 완전히 다르다.

FX-3차 사업은 노후화된 F-4, F-5 등을 대체할 제5세대 전투기(F-22와 같이 스텔스 성능뿐만 아니라 고기동성 및 생존성이 극대화된 전투기)를 도입하는 사업이다. 미국 록히드마틴(Lockheed Martin)사의 F-35A, 유럽항공방위우주산업(EADS)사의 유로파이터 타이푼(Eurofighter Typhoon), 보잉사의 F-15SE(Silent Eagle) 등이 경쟁했다. 그 결과 스텔스 성능으로 적 후방 지역까지 침투할 수 있는 5세대 전투기 F-35A가 최종 선정됐다. 총 사업비는 대략 8조 6,000억 원 정도로 60대를 도입할 예정이었지만, 전투기 가격이 크게 올라 대략 7조 7,700억 원 예산으로 40대를 도입했다.

• F-35 Lightning II
F-35 라이트닝II는 삼군 통합 전투기(Joint Strike Fighter)로서 미국과 영국이 공동으로 설계한 스텔스 전투기다. F-35는 공대공, 공대

지, 공대함, 정찰 등 여러 작전을 소화할 수 있는 전투기로 설계되어 현재 미국의 록히드마틴에서 생산하는 기종이다. 이는 공군, 해군, 해병대 등 3군의 전투기 기체를 통합하기 위해 개발된 5세대 스텔스 전투기로 공군용(F-35A), 해병대용(F-35B), 해군용(F-35C) 등 다음과 같은 3가지 파생형이 제작되었다.

F-35A(CTOL : Conventional TakeOff and Landing) : 공군용

F-35B(STOVL : Short-TakeOff and Vertical-Landing) : 수직이착륙기, 경항모용

F-35C(CV : Carrier Variant) : 대형 항모용, 해군용

공군형인 F-35A는 기본형으로 최대속도는 M=1.8이고 최대 이륙 중량은 23톤이다. 이것은 미공군의 F-16과 A-10을 대체할 전투기이다. F-35B는 수직이착륙기인 해리어를 대체하기 위해서 미국 해병대와 영국 해공군을 위해서 만들어진 기종이다. 그래서 단거리 수직이착륙을 위한 리프트 팬(Lift fan)이 있고 이것 때문에 기총을 탑재할 수가 없다. 해군용 F-35C는 F-35A형의 파생형으로 날개면적이 커졌으며, 항공모함에서의 수납을 위해 날개 끝을 접을 수 있게 설계되었다. 수직이착륙기인 해병대용 B형은 리프트 팬(Lift fan) 부분에서 결함이 발생해 한때 사업이 유예되었지만 이를 철회해 사업이 순조롭게 진행되고 있다.

F-35A는 GAU-12/U 25㎜기관포가 탑재되며 무기탑재량은 5,800파운드다. 공대공 미사일로 AIM-120 암람(AMRAAM), AIM-9 사이드와인더(Sidewinder)가 장착되고, 폭탄은 JDAM, JSOW, SDB

F-35 라이트닝 II

등이 장착된다. 공대지 미사일은 HARM, JASSM, 스톰섀도우(Storm Shadow)가 장착되고, 외부연료탱크를 장착할 수 있다. F-35의 무장은 F-16보다 약간 많고 F-15보다는 약간 적다. 무기탑재량이 적은 이유는 F-35가 스텔스기이므로 무장까지도 모두 기체 내부에 탑재해야 레이더의 추적을 피할 수 있기 때문이다. F-35는 스텔스 기능으로 적 방공망을 무력화시킨 후 기체 외부에 무기를 장착할 경우 그 탑재량은 1만 8,000파운드로 세 배가 넘게 증가된다. F-35의 소프트웨어는 '블록'이라 불리는데 초보 수준인 블록 0.5부터 블록 1.0, 2.0, 3.0으로 업그레이드 된다. F-35 블록 3.0은 단순히 소프트웨어만 업그레이드하는 게 아니라 하드웨어도 같이 업그레이드 해야 한다.

F-35는 레이시온 사의 능동전자주사식 배열(AESA, Active Electronically Scanned Array) 레이더를 탑재하여 정확하고 멀리 추적할 수 있도록 했다. 또한 F-35는 록히드마틴이 개발한 전자광학조준장비(EOTS, Electro-Optical Targeting System)를 장착해 지상 물체를 높은

해상도로 장거리 조준할 수 있다. F-35의 엔진은 플랫 앤 휘트니 사의 F119엔진을 채택하고 있다.

- 유로파이터 타이푼(Eurofighter Typhoon)

유로파이터 타이푼은 영국, 독일, 이탈리아, 스페인 등 유럽 주요 4개국이 공동으로 개발한 4.5세대 전투기(F-15와 같이 컴퓨터 가 도입되어 항공전자기술이 향상된 제4세대 전투기의 개량형인 F-15SE, 라팔 등을 말하 며, 제한된 스텔스 성능을 보유하고 있음)로 쌍발 엔진의 귀날개-삼각날개 (canard-delta wing) 형태를 지니고 있는 멀티롤(Multi-role), 스윙롤(Swing-role) 전투기다. 여기서 멀티롤 전투기란 공대지, 공대공, 공대함, 정찰 등 여러 작전을 소화할 수 있는 다목적 전투기를 말하고, 스윙롤 전투기란 단 1회 출격으로 기지를 귀환하지 않고 현장에

유로파이터 타이푼

서 수시로 임무를 전환할 수 있는 전투기를 말한다.

EF-2000(유로파이터 2000)의 시제기는 DASA사(현 EADS, 독일)가 제작해 1994년 3월 첫 비행에 성공했다. 1998년에 유로파이터2000은 유로파이터 타이푼이라는 명칭으로 바꾼다. EADS사(European Aeronautic Defence and Space Company, 2000년에 설립된 범유럽 항공 방위산업체)의 유로파이터 타이푼은 제공용 전투기로 스텔스 능력은 F-35보다 떨어지지만, 기존의 다른 전투기보다 우수한 전투기다. 스텔스 성능을 향상시키기 위해 기체의 80% 이상을 비금속 재료인 복합 재료로 제작했고, 엔진 공기 흡입구와 캐노피, 조종석 등에 레이더 전파 흡수재(RAM)를 사용하여 레이더 반사면적(RCS, Radar Cross Section)을 감소시켰다.

또한 타이푼은 삼각날개를 채택하여 F-35보다 항속거리가 길고 고속 안정성에서 우수한 능력을 지닌다. 따라서 타이푼은 무장 장착 시 배치간격에 여유가 있고, 삼각익 특유의 높은 받음각(angle of attack, 비행속도 방향과 시위선이 만드는 각, 176쪽 그림 참고) 공력성능이 아주 뛰어나다. 타이푼은 삼각날개에 좌우 각각 4곳의 무기 장착점이 있으며, 반매입식으로 동체 하부에 공대공 미사일 4발을 장착한다. 반매입식 미사일 장착방법은 레이더 반사면적(RCS)을 줄이는 효과가 있지만 그 효과는 기체 내부에 무장하는 것에 비해 떨어진다. 또한 타이푼은 동체 아랫부분에 날개가 부착된 저익기로 설계되어 기동성이 뛰어나며, 많은 미사일을 장착하기에 충분할 정도로 견고하다.

타이푼은 Eurojet EJ200 엔진 2대를 장착하며 유일하게 재연소(Afterburning, 또는 후기연소) 없이 초음속 순항이 가능한 슈퍼크루즈

(Super Cruise, 후기연소 없이 정상적인 연료 소모 범위 내에서 초음속 비행을 하는 것을 말함.) 성능을 보유하고 있다. 타이푼 전투기는 무장을 장착할 때는 마하수 M=1.2로 슈퍼크루즈가 가능하고, 무장을 장착하지 않을 때에는 마하수 M=1.5로 슈퍼크루즈 비행속도를 더 높일 수 있다.

유로파이터 타이푼은 제공권을 확보하기 위해 최대 10발까지 미사일을 장착할 수 있다. 또한 타이푼은 아주 큰 기체를 활용하여 공대지 작전 능력을 강화하고 있다. 타이푼은 공대지 미사일인 AGM 84 하푼(Harpoon), 스톰새도우/스칼프(Storm Shadow/SCALP), 타우루스(Taurus), 브림스톤(Brimstone) 미사일 등을 장착한다. 공대공 미사일은 AIM-9 사이드와인더(Sidewinder), AIM-132 암람(AMRAAM), AIM-120 암람, IRIS-T 등이 장착되며, 기관포는 27㎜ 마우저 BK-27 기관포로 150발이 장착된다. 폭탄은 레이저 유도 폭탄(LGB)의 페이브웨이 시리즈(Pavewayseries of Laser-guided bomb), 통합직격탄(JDAM) 등이 장착된다. 또한 타이푼은 항속거리 2,900km 이지만 외부 연료탱크를 3개 장착할 경우 최대 항속거리는 3,790 km로 증가한다.

타이푼은 F-35의 능동전자주사식 배열 레이더의 성능에 뒤지지 않는 캡터 능동전자주사배열 레이더(CAESAR, Captor Active Electronically Scanned Array Radar)를 탑재했다. 또한 타이푼은 자체방어 시스템(DASS, Defensive Aids Sub-System)을 장착했으며 이것은 전자동화된 다중 위협 응답 시스템을 통해 외부 환경을 모니터해 공대공 및 공대지 위협에 대응한다.

미국 공군협회의 〈에어포스 매거진(Air Force Magazine)〉은 2001년

F-15SE의 실물크기의 모형

10월호에서 "유로파이터 타이푼은 미국 F-15 뿐만 아니라 러시아 수호이 Su-37의 성능보다 뛰어나다. 사실 타이푼은 미국의 F-22의 성능을 제외하면 가장 우수하다."고 평가했다.

• F-15SE(Silent Eagle)

F-15SE 사일런트 이글(침묵의 독수리)은 미국 보잉사가 F-15E를 기본형으로 스텔스 기술을 적용해 생존성을 향상시킨 4.5세대 전투기이다. F-15SE는 모듈식 설계가 적용되었으며 레이더 반사면적(Radar Cross Section)을 최소화시켜 열악한 전투환경에서도 제공권을 확보할 수 있는 첨단전투기다. F-15SE는 독특한 컨포멀연료탱크(Conformal Fuel Tank, 전투기의 외부 형상을 따르는 연료탱크로 좌우 대칭으로 설치되는 일체형 연료탱크를 말함)를 갖췄으며 무장은 컨포멀연료탱크의 옆면과 아랫면에 하게 된다. F-15SE는 초기 방공망을 제압하여 스텔스 임무가 필요 없을 때 외부에 무장을 장착하여 무장능력

을 향상시킬 수 있다.

 F-15SE는 기체표면에 스텔스 도료로 특수 처리하고 수직 꼬리 날개를 15° 외각으로 기울여 스텔스 성능을 향상시켜 초기 제공권 확보에 중점을 두었다. 게다가 F-15를 운영하는 우리나라, 이스라엘, 사우디아라비아 등이 구입할 경우, 호환성이 높고 정비비용을 줄일 수 있는 장점이 있다. F-15SE는 F-35에 장착된 것과 같은 종류의 레이시온사의 능동전자주사식 배열 레이더를 탑재하고 BAE 시스템즈의 디지털 전자전 시스템(DEWS, Digital Electronic Warfare System)을 채용하여 독자적으로 전자전과 공격임무를 수행할 수 있다.

 F-15SE는 AGM-65 매버릭(Maverick), AIM-120 암람(AMRAAM), AIM-9 사이드와인더(Sidewinder), AGM 84 하푼(Harpoon) 등과 같은 미사일이 장착되고 20㎜ M61A1 기관포 502발이 장착된다. F-15SE는 공대지 폭탄으로 통합직격탄(JDAM), 페이브웨이 II/III 레이저 유도폭탄(Laser-guided bomb) 등 미 공군의 거의 모든 공대지 폭탄을 장착할 수 있다. 보잉사는 2009년 3월 17일 F-15SE 데모 버전을 발표하고 2010년 7월 8일에 초도비행을 실시했다. F-15SE는 기존 기종을 개량한 것이지만 마하수 M=2.5를 낼 수 있는 강점과 한국공군에서 보유한 F-15K와의 호환성이 매력적이다.

 이처럼 차세대 전투기 F-35A, 유로파이터, F-15SE 등이 3파전을 벌였지만 FX-3차 사업으로 2014년 3월 록히드마틴사의 F-35A가 최종 선정됐다. 그 당시 주변국 상황을 볼 때 스텔스 성능이 있어야 하며 3파전 당시 5세대 전투기는 F-35가 유일했기 때문이다. 5세대 전투기는 고정밀 센서, 고기동성, 높은 스텔스 기능

구분	F-35A	Eurofighter Typhoon	F-15SE
조종사	1명	1명 또는 2명	2명
기체 길이	15.67m	15.96m	19.45m
날개폭	10.67m	10.95m	13.05m
높이	4.38m	5.28m	5.64m
주날개면적	42.7m^2	50m^2	56.5m^2
최대 이륙 중량	23,000 kg	23,500kg	36,741kg
엔진	1대 Pratt & Whitney F135 afterburning turbofan	2대 Eurojet EJ200 afterburning turbofan	2대 F-100-PW-229 afterburning turbofans
최대 속도	Mach 1.8 (2,000 km/h)	Mach 2+ (2,495+ km/h)	Mach 2.5+ (2,660+ km/h)
전투 반경	1,093 km	1,389 km	1,480+ km
최대 항속거리	2,222 km	3,790 km	3,900km

F-35A, 유로파이터 타이푼, F-15SE의 주요제원

등을 갖춘 전투기로 미국의 F-22와 F-35, 중국의 J-20, 러시아의 Su-57 등이 있다.

2018년 3월 F-35A 전투기 1호기가 실전에 배치되기 시작하여 2022년 1월까지 3년 10개월에 걸쳐 40대가 모두 실전에 배치됐다. 또 한국은 2023년 3월 적 깊숙이 침투하여 핵 시설을 은밀히 타격할 수 있는 F-35A 스텔스 전투기를 20대 정도 추가 구매하기로 했다.

2부 비행기에
숨어 있는 과학

항공기 사고,
로또 확률보다 낮다? ✈

2009년 6월 1일 오전 브라질 리우데자네이루를 이륙한 에어프랑스 447편 여객기가 추락했다. 승무원 12명과 승객 216명 등 총 228명이 탑승하고 있었다. 속도측정 장치의 결빙으로 인한 추락으로 판명됐지만, 이와 같이 비행 중에 추락하는 사고는 아주 드문 경우에 속한다.

사람들은 '비행기를 탈 때마다 사고가 나지는 않을까? 이왕이면 어떤 좌석이 사고가 났을 때 좀 더 안전할까?' 하는 생각을 하게 마련이다. 말은 하지 않지만 누구든 속으로 이런 생각을 하는 건 자연스러운 현상이다. 더구나 비행기가 공항에 도착한지 얼마 되지 않아 조종사만 교체한 후 다시 이륙하니 비행기를 혹사하는 것 같아 불안한 생각이 들 수도 있다. 우선 결론부터 말하자면, 항공기 사고가 일어날 확률은 벼락에 맞아 사망할 확률만큼 낮다고 할 수 있다. 그만큼 안전하다는 뜻이다. 그러나 100%는 아니다.

홍콩 첵랍콕공항은 건설된 지 얼마 되지 않아 새 건물과 새 시설을 갖추고 있다. 2010년 기준으로 연간 이용객 수만 5000만 명, 화물 411만 톤에 비행기 이착륙횟수는 31만 회에 달하는 공항이다. 심야를 제외하면 평균 2분 만에 한 대꼴로 이륙하거나 착륙한다. 만약 하루에 한 번 사고가 발생한다 해도 사고확률은 0.12%에 지나지 않는다. 그러나 만약 홍콩 첵랍콕공항에서 하루에 한 번씩 사고가 난다면 전 세계에서 난리가 날 것이다. 공항은 당장 폐쇄될 게 뻔하다. 이 공항에서 일 년에 한 번씩 사고가 발생한다고 가정하자. 내가 탄 비행기가 어디에서든 이륙하면 착륙하여야 하므로 이 공항에서 사고를 당할 확률은 연간 이착륙횟수의 절반인 10만 5,000분에 1이다. 사고확률이 0.001%이며 사고가 안날 확률이 99.999%이다.

그러면 전 세계로 확대해서 생각해 보자. 여객기는 2009년 기준으로 전 세계에서 1년에 1억 1,846만 편이니 하루에 32만 5,000편, 이착륙 횟수는 이의 2배인 65만 번이다. 하루에 한 번 사고가 난다면 아무도 비행기를 타지 않으려 할 것이다. 일주일에 한 번씩 사고가 난다 해도 이륙하거나 착륙할 때 사고를 당할 확률은 228만분의 1이다. 그러므로 한 달에 한 번 사고가 난다 해도 로또 1등에 당첨될 확률(814만분의 1)만큼 낮다.

여객기 기종별로 한정해 사고율을 조사하면, 사고 확률은 훨씬 높아질 수 있다. 예를 들어 보잉767은 650만 번 비행에 3건의 사고가 발생했다. 이것은 216만 7,000번 비행에 한 번 사고가 발생할 확률이다. 또한 보잉747은 1,480만 번 비행에 24건의 사고가 발생했으니, 61만 7,000번에 한 번꼴로 사고가 발생한다. 보잉767과 보잉747의 사고확률은 로또 당첨 확률보다 높다. 그렇지만 여전히 안심할 만한 수준의 사고 확률이다.

따라서 비행기를 탈 때 사고가 날까 두려워할 필요는 없다. 단순히, 주변을 돌아봐도 자동차 사고로 다치거나 사망한 사람은 있어도 항공기 사고로 세상을 떠난 사람은 거의 없을 것이다.

항공기 사고는 조종사 숙련도·기상·항공기 상태 등에 따라 사고 확률이 높아진다. 또 한 번 사고가 나면 대형사고로 연결되는 특징이 있다. 조종사·정비사·관제사 등 항공업계에 종사하는 사람들은 그 사고가 본인에게 발생할 수 있다는 것을 인지하고 안전을 위해 맡은 임무에 충실해야 하겠지만, 일반 승객들까지 비행 사고를 우려하며 조바심을 가질 필요는 없다.

비행사고와 직접적으로 연관된 엔진이 왜 고장나는지 어떤 조치가 이뤄지는지 알아보자. 상용 여객기에 장착된 제트엔진은 매우 신뢰할 만한 제품을 사용해서 고장은 거의 발생하지 않는다. 여객기는 완전히 분해 조립하는 엔진 정비를 받기 전까지 수만 시간 이상 정상적으로 작동할 수 있도록 설계된다. 물론 엔진이 정지할 수도 있다. 그러나 엔진 정지 현상은 급작스럽게 발생하는 것이 아니고 조종사에게 엔진 상태에 대한 경고 후에 발생한다. 또한 항공기는 비행 중에 조종사가 엔진 고장 또는 결함으로 인해 엔진을 꺼야 하는 상황이 가끔 발생할 수 있다. 여러 개의 엔진을 장착한 항공기는 엔진이 하나 꺼져도 비행할 수 있도록 설계되어 있다.

실제로 엔진이 고장 나는 경우, 그 원인을 몇 가지로 분류할 수 있다. 우선 제조 공정에서의 기계적인 결함으로 인해 고장이 날 수 있다. 또한 압축기 또는 터빈 블레이드가 고속 회전을 할 때 파괴되어 엔진 고장을 유발할 수도 있다. 이외에도 2009년 1월 뉴욕 라과디아 공항(La Guardia airport)을 이륙한 여객기가 새떼와 충돌해 허드슨 강에 비상 착륙한 예와 같이 조류 충돌은 엔진의 팬과 압축기를 손상시켜 엔진의 추력을 감소시키거나 정지시킬 수 있다. 또 높은 고도에서 비행하는 경우에는 결빙으로 인해 엔진이 멈추는 경우도 있다. 엔진 결빙은 얼음 미립자들이 엔진 속으로 유입되면서 연소 활동을 정지시키는 것이다. 보기 드문 예이기는 하지만 연료 고갈로 인해 엔진이 정지하는 경우도 있다. 연료에 물이 섞인 것과 같은 연료 오염이나 대량의 물과 우박이 엔진에 들어가도 엔진이 정지할 수 있다. 때때로 상당히 큰 소리와 함께 불꽃이 폭발하는 경우도 있는데 이것은 불규칙적인 공기 흐름으로 인해 발생되는 압축기 실속 때문이다. 또 엔진을 제대로 끼워 맞추지 못하거나 잘못된 조립으로 인해 엔진 고장을 유발하기도 한다.

종종 여객기를 타면서 비행 중 엔진에 불이 나거나 정지가 된다면 어떻게 될까? 하는 의문이 생기기도 한다. 엔진이 4대 장착된 A340, B747과 같은 여객기는 엔진이 하나 정지해도 나머지 3대로 비행하는 데 무리가 없다. 물론 해당 여객기 기장이 원래 목적지까지 비행할지, 아니면 교체공항에 비상착륙을 할 것인지를 판단하겠지만, 대부분 안전을 최우선으로 고려해서 가까운 교체공항으로 이동해 비상착륙한다. 그러나 B777의 경우, 두 대의 엔진 중 하나가 정지하면 비상 상황이 된다. 따라서 조종사는 엔진 1대로 비행해 가까운 교체공항에 비상착륙을 할 것이다.

만약 여객기가 비행 중에 장착된 엔진이 모두 꺼진다면 어떻게 될까? B747과 같은 점보 여객기의 엔진 4대가 모두 꺼지는 것은 거의 확률적으로 불가능하다. 그렇지만 엔진이 2대인 B737, B767, B777, A300, A320, A330 등과 같은 여객기는 엔진이 동시에 정지할 가능성도 있다. 물론 이런 확률은 불가능에 가깝지만, 2002년 이후 2대의 엔진이 모두 정지하는 사고가 10여 건이나 발생했다. 실제로 2009년 1월 15일, 뉴욕 라과디아공항을 출

이륙하자마자 고장난 B 777 좌측엔진

발한 US항공 소속 1549편 여객기 A320이 이륙 4분 만에 새떼와 충돌해 엔진 2대가 모두 정지해 허드슨 강에 비상착륙을 했다. 이와 같이 수면에 착륙하는 것을 '디칭(ditching)'이라 하는데 조종사들은 시뮬레이터를 통해 디칭 훈련을 받는다. 만약 여객기 조종사가 허드슨 강을 그냥 지나치고 비상 활주로까지 가려고 했다면 어떻게 되었을까? 이 경우 여객기는 어느 정도 활공이 가능하지만, 추력이 없는 상황에서 비상착륙하고자 했던 활주로까지 가지 못했다면 탑승자 전원이 사망하는 참사가 벌어졌을 것이다.

비행 중 여객기 엔진이 동시에 2대 모두 정지한 사례가 있지만 대형 참사로 이어진 예는 거의 없다. 대부분 결빙으로 인한 엔진 정지가 원인인데, 재시동을 시도해 정상으로 돌아왔기 때문이다. 그러므로 여객기 엔진 2대가 모두 꺼졌더라도 재시동으로 정상가동될 가능성이 높다. 그리고 조종사들은 이런 상황을 일부러 연출해 엔진을 끄고 재시동을 걸거나 활공해 착륙하는 시뮬레이터 훈련을 받는다. 항공기 엔진의 성능은 5만 시간 이상 가동해도 꺼지지 않도록 이미 검증된 것이라 생각보다 훨씬 안전하다. 따라서 탑승객이 여객기를 타면서 엔진이 꺼지지 않을까 걱정할 필요는 없다.

✈ 마의 11분

항공기가 이륙할 때 3분, 착륙할 때 8분을 '마의 11분(critical eleven minutes, 예전 TWA사에서 펼친 무사고 달성 운동의 캐치프레이즈로 다른 항공사로 확산된 표어임)'이라 부르는데 이때가 가장 위험한 것으로 알려져 있다. 2009년 2월 12일 미국 뉴저지 주 뉴어크 리버티국제공항에서 뉴욕 주 버팔로 나이아가라국제공항으로 가던 74인승 쌍발 프로펠러기인 '봄바디어 대쉬(Bomberdier Dash 8) Q400'도 도착공항을 불과 8km 남겨놓고 착륙 5분 전에 추락했다. 이 여객기도 결국 '마의 11분'의 벽을 넘지 못한 셈이다.

항공기의 양력, 즉 뜨는 힘은 속도의 제곱에 비례하므로 속도가 빠르면 항공기가 뜨는 힘을 충분히 얻어 추락할 염려가 없다. 다시 말해 속도가 2배가 되면 양력은 4배로 증가해 충분한 양력을 얻을 수 있다는 뜻이다. 또 항공기 고도가 높으면 유사시 대처할 수 있는 시간을 확보할 수 있다. 그러나 이·착륙할 때에는 속도가 느리고 고도가 낮아서 유사시에 대처할 수 있는 시간이 거의 없기 때문에 '마의 11분'이라고 말하는 것이다. 그동안의 비행 사고 통계(이륙 시 약 28%, 착륙 시 약 48%)를 봐도 비행사고의 4분의 3이 마의 11분에 발생했다. 비행 사고는 이륙할 때보다 착륙할 때 많이 발생하는데 속도를 줄여 활주로에 낮은 고도로 접근해야 하기 때문이다. 그러나 지금은 장비가 발달해 자동으로 착륙도 가능하고 조종사 교육 시스템이 잘 갖춰져 있어 과거에 비해 상당히 안전해졌다.

400톤에 달하는 보잉747 점보 여객기도 속도가 빠르다면 얼마든지 뜰 수 있다. 무거운 항공기가 이륙하기 위해서는 그만큼 속도가 빨라야 하므로 가속하기 위한

활주로에 접지순간의 B747

지상 활주거리가 길어진다. 뿐만 아니라 착륙하는 경우(공중에 떠 있기 위해서는 속도가 상대적으로 빨라야 하므로)도 접지하는 속도가 상대적으로 빨라 착륙거리도 길어질 수밖에 없다.

조종사 훈련과정에서 제일 어려운 것이 착륙이다. 항공기가 착륙을 위해 상하고도, 속도, 좌우 방향, 강하각 등을 맞춰야 하고 항공기가 활주로에 접지하기 전에 항공기의 기수를 들어 뒷바퀴부터 착지할 수 있도록 하는 등 아주 절차가 복잡하다. 초보 조종학생이라도 이륙은 쉽게 배울 수 있지만 착륙은 배우기 아주 어렵다. 비행훈련 도중에 하차하는 경우도 착륙을 제대로 못해서가 대부분이다. 그렇다고 이륙할 때 안전하여 긴장하지 않아도 된다는 것은 아니다. 조종사들은 이륙할 때 무거운 항공기를 빠르게 증속시켜야 하기 때문에 착륙할 때보다 더 긴장될 수 있다.

어떤 사람들은 비행기 조종사라고 하면 농담조로 "비행기 몰고 다닐 때 위험하니까 낮게 살살 다녀라."라고 말하기도 하는데, 사실 이때가 제일 위험한 순간이다.

또한 객실 승무원들도 이·착륙할 때 좌석에 앉아 마음을 가라앉히고 명상에 잠기는 '침묵의 30초(STS, Silent Thirty Seconds)'가 필요하다.

갈 때와 올 때
비행시간이 다르다? ✈

인천국제공항에서 미국 로스앤젤레스를 가는 데 11시간 35분이 걸리는 반면 로스앤젤레스에서 인천국제공항에 돌아오는 데에는 12시간 20분이 걸린다. 로스앤젤레스까지 가는 것에 비해 돌아오는데 45분이 더 소요된다. 또한 인천국제공항에서 미국 애틀랜타를 가는 데 13시간 50분이 걸리는 반면 애틀랜타에서 인천국제공항에 돌아오는데 14시간 55분이 걸린다. 1시간 5분이 더 소요된다. 이와 같이 한국에서 미국으로 가는데 시간이 덜 걸리고 미국에서 한국으로 돌아오는데 시간이 더 걸리는 이유는 고도 10㎞ 근처의 대기권에서 서쪽에서 동쪽으로 부는 제트기류(좁은 폭으로 빠르게 부는 편서풍, Jet Stream) 때문이다. 여객기가 인천국제공항에서 미국으로 갈 때 뒷바람(배풍)이 불어 여객기를 뒤에서 밀어주니 힘을 덜 들이고 빠르게 비행할 수 있다. 반대로 미국에서 인천국제공항으로 올 때는 제트기류가 맞바람(정풍)으로 불어 연료가 많이 들고 비행시간도 더 걸린다.

제2차세계대전 당시 미군 B-29 폭격기 조종사들이 아시아로 비행해 임무를 수행한 후 돌아오는 과정에서 비행시간이 훨씬 짧다는 것을 깨닫고 제트기류의 존재를 발견했다. 이러한 제트기류는 서쪽에서 동쪽으로 부는 편서풍으로 계절과 지역에 따라 다르지만 고도 2만 3000~5만 2,000피트(7~16km) 사이에 존재한다. 제트기류는 온도에 큰 차이를 지닌 대류권과 성층권의 경계인 대류권계면(극지방 약 8km, 적도지방 약 18km)에서 형성된다. 이것은 대류권에서의 온도는 고도가 높아지면서 낮아지지만, 하부성층권에서는 고도가 증가함에 따라 온도가 일정하므로 대류권계면에서 온도 차이가 크기 때문이다.

제트기류는 극지방의 차가운 기류와 열대지방의 따뜻한 기류 차이로 인해 여름과 겨울에 따라 위치와 속도가 변화된다. 정확히 말하면 제트기류는 여름에 북위 50° 부근에서 시속 65km정도이고, 겨울에 북위 35°정도에서 시속 130km 정도다. 그러니까 북반구에서 겨울에는 제트기류가 남쪽으로 내려오고(아열대제트기류), 남북 간의 온도차가 커서 제트기류의 풍속도 빨라진다. 따라서 여름이냐 겨울이냐에 따라 목적지에 도달하는 비행시간도 다를 수 있다. 그래서 모든 항공사들은 여객기가 서쪽에서 동쪽으로 곡선경로를 갖는 제트기류를 이용하는 경제적인 항로를 선택한다. 그러나 미주지역에서 돌아올 때에는 제트기류를 피해야 하므로 미주 동부지역인 경우 북극항로를 선택한다. 여객기 승객들은 제트기류를 이용하든 말든 편하게 빨리 가는데 관심이 있겠지만 제트기류와 관련하여 한 가지 유의해야할 점이 있다. 제트기류 중심부에 조종사도 미리 알지 못하는 청천난기류(CAT, Clear Air Turbulence)가 있을 수 있으니 순항비행중이라도 항상 안전벨트를 착용해야 한다는 것이다.

중위도 제트기류

아열대제트기류

제트기류

우주왕복선에서 촬영한 제트기류

위 그림은 제트기류가 북극을 둘러싸고 있으며, 강이 흐르는 것처럼 굽이치면서 여름철과 겨울철에 불고 있는 장면을 보여준다. 오른쪽 사진은 320km 고도까지 올라간 미국의 우주왕복선에서 촬영한 사진이다. 서쪽으로 부는 제트기류에 의해 흐름 관(tube)처럼 형성된 새털구름을 볼 수 있다.

국제선 여객기를 타고 한국과 시차가 큰 유럽이나 미국 등을 여행하게 되면 여행객들은 낮과 밤이 바뀌어 시차 때문에 생체리듬이 흐트러지면서 고생을 하게 된다. 이 때 여행객은 낮에는 아주 졸리고 밤에는 잠을 못 이루면서 피곤함을 느끼거나 집중력이 저하되며 식욕에 문제가 생기게 된다.

인천국제공항에서 출발해 동쪽인 캐나다 토론토를 가는 것이 토론토에서 인천국제공항으로 오는 것보다 시차증후군(jet lag)에 시달릴 가능성이 더 높다. 왜 그럴까? 한국에서 토요일 밤 9시이면 캐나다 토론토에서는 토요일 아침 8시로 13시간 시차(서머타임 해제되면 14시간 시차)가 있다. 캐나다 토론토를 향해 인천국제공항을 화요일 밤 9시 5분에 출발한 보잉 747기는 약 10,600km(6,814마일)를 13시간 10분 동안 비행해 현지시간으로 화요일 밤 9시 15분에 도착한다. 한국에서 밤에 출발한 승객은 13시간 10분간 비행을 하면서 날짜 변경선을 통과하고 같은 날 밤에 도착하여 출발지 당시의 시간과 거의 동일하다. 따라서 쉽게 말하면 인천국제공항을 아침에 출발한 승객은 토론토 도착지 시간에 출발지에서의 생체리듬으로는 잠을 자야 하는데 도착지가 다시 아침이라 일을 해야 한다. 만약 밤에 출발하면 생체리듬상 비행기 안에서 수면을 취하게 되며 캐나다에 도착지 시간(밤)에 생체리듬으로는 잠을 이루지 못하고 뜬눈으로 밤을 새우고 다음 날 일을 해야 한다. 그래서 미주지역을 여행할 때 시차 때문에 적응하기 힘든 것이다.

반면에 토론토에서 일요일 밤 11시 50분에 출발한 보잉 747기는 10,600㎞를 13시간 40분간 비행해 화요일 새벽 2시 30분에 인천국제공항에 도착한다. 이러한 경우 승객은 생체리듬에 맞도록 여객기 안에서 잠을 청할 수 있으며 잠을 못 자더라도 한국에 새벽에 도착해서 어느 정도 휴식을 취한 후 아침부터 일을 할 수 있다. 한국에 도착한 생활시계와 출발지 토론토에서의 생체리듬과의 차이는 한국에서 토론토를 가는 경우보다 줄어든다. 만약 토론토에서 한국으로 아침에 출발하면 한국에 오전에 도착하더라도 캐나다 생체리듬과의 차이가 줄어 시차증후군에 덜 시달리게 된다.

따라서 지구 자전방향과 동일한 방향으로 비행하는 경우(인천 → 미주지역), 생활시계와 생체리듬이 자전 반대방향으로 비행하는 경우(미주지역 → 인천)보다 더 크게 어긋나면서 시차증후군(jet lag)이 훨씬 심하게 된다. 여객기 탑승객들의 생체리듬은 서쪽으로 비행하는 경우가 동쪽으로 비행하는 경우보다 잘 견딜 수 있다. 한편 지구 자전하는 방향(미주 지역, 로스앤젤레스 5,968마일, 서울과 시차 16시간)으로 여행을 한다면 같은 비행거리라 할지라도 서쪽으로의 여행(유럽 지역, 런던 5,652마일, 서울과 시차 8시간)보다 시차 증후군을 회복하는 데 대략 1.5배 더 걸린다고 한다.

미주나 유럽 지역 등을 여행하면서 시차증후군에 고생하지 않으려면 여행 며칠 전부터 생체리듬을 도착지에 맞춰 조절하는 것이 바람직하지만 여행 준비에 바빠 실천하기는 힘들다. 동쪽 방향의 목적지인 미주 지역으로 여행갈 때에는 비행기 탑승 며칠 전부터 일찍 수면을 취하는 습관을 들여 현지의 시간에 적응할 수 있도록 해야 한다. 서쪽 방향의 목적지인 유럽 지역으로 여행갈 때에는 비행기 탑승 며칠 전부터 늦게 수면을 취하는 습관을 들이는 것이 좋다.

낮에 여객기를 탑승해 미주 지역에 아침이나 낮에 도착하는 경우에는 기내에서 될 수 있는 한 수면을 많이 취해 도착한 후 업무를 보거나 여행을 할 수 있도록 하는 것이 좋다. 반면에 인천공항에서 밤에 출발해 미주 지역에 밤에 도착하는 경우에는 여객기 기내에서 될 수 있는 한 책을 보든가 비디오 관람을 해 수면을 줄이고 목적지에서 도착해 밤에 수면에 취할 수 있도록 하는 것이 좋다.

이외에도 목적지에서 억지로 수면을 취하려고 노력하기보다 오히려 적당한 운동으로 땀을 흘리는 것이 시차를 회복하는데 상당한 도움을 준다. 항공사 조종사들이 운동을 열심히 하는 것을 자주 목격되는데, 이것은 시차를 회복하기 위한 좋은 방법이기 때문이다.

또한 승객들이 여객기에 탑승한 후에 수면을 취하는 것도 좋지만 좁은 좌석에서 장시간 여행하는 경우 발생할 수 있는 이코노믹클래스 증후군(심부정맥 혈전증, 피가 혈전으로 굳어지면서 혈관을 막아 종아리에 통증과 부종을 일으키는 병)을 고려해 가끔 좌석에서 일어나 복도를 거닐거나 스트레칭을 해주어야 한다.

만약 목적지에서 48시간 이내로 머무를 계획이라면 일상생활을 한국에서의 시간대에 맞추어 귀국할 경우 시차를 느끼지 않도록 하는 것이 좋다. 그러나 목적지에 48시간 이상을 머무르게 된다면 목적지 현지 시간대로 일상생활을 하는 것이 좋다.

✈ 비행기 좌석 중 가장 편한 자리

여객기 좌석은 기종에 따라 다르게 배치되어 있지만 여객기 기종마다 편한 좌석이 있다. 여객기 좌석 중 가장 편안한 좌석은 어디일까? 기본적으로 항공기 좌석은 일등석(First Class), 비지니스석(Business Class), 일반석(Economy Class) 등으로 나뉜다. 비즈니스석인 경우 항공사별로 고급화 전략으로 다른 이름을 붙이고 있다. 대한항공의 경우 비즈니스석을 프레스티지석(Prestige class)으로 부르고 있다. 대략 20석 내외의 일등석은 맨 앞쪽에 있으며, 일등석 자체가 없는 여객기도 있다. 그리고 프레스티지석은 일등석 뒤(보잉 747의 경우는 2층에도 있음)에 있으며 일반석인 이코노미석은 비즈니스석 뒤에 있다. 승객들은 항공권을 구입할 때 같은 좌석 등급이라 할지라도 각자 조건에 따라 항공권을 구입하는 가격은 다르다. 그러나 같은 등급의 좌석을 배정받고 앉는 순간, 가격 차이는 없어지고 평등해진다. 따라서 승객들은 장거리 여행을 할 때 같은 일반석에서 이왕이면 편한 자리에 앉아 가려는 것은 당연한 일이다.

일반적으로 항공기 좌석은 다리를 앞으로 쭉 뻗을 수 있는 맨 앞좌석이거나 머리를 뒤로 젖힐 수 있는 맨 뒷자리를 추천하는데 항공기 기종마다 다르다. 어떤 항공기는 맨 뒷자리가 머리를 뒤로 젖힐 수 없는 구조라 더 불편한 경우도 있다.

보잉 747 여객기의 비상구 좌석　　　　　바로 앞에 스크린이 있는 좌석(유아용 좌석 포함)

　　미주나 유럽 여행을 하는 경우 항공기의 대부분이 에어버스 380, 보잉 747, 보잉 777, 에어버스 330-200 등이다. 이런 경우 장시간 비행을 하므로 탑승객은 더욱 더 편한 좌석을 찾게 된다. 항공기 좌석 중에서 비상구가 있는 첫 번째 좌석을 비상구 좌석(emergency exit seat)이라 하는데, 비상구 좌석은 예약하기 아주 힘들다. 비상구 좌석은 앞좌석이 없거나 다른 좌석보다 7인치(17.8cm) 정도 넓어 다리를 뻗을 수 있기 때문이다. 미국의 콘티넨탈 항공사는 비상구 좌석에 대해 추가 요금을 받기로 했다. 이외에도 에어캐나다, 브리티시에어웨이즈, 버진아메리카, 유에스에어웨이즈 등도 승객들이 선호하는 특정 자리에 대해 추가 요금을 받고 있다.

　　비상구 좌석에 앉은 승객은 비상 탈출할 때 객실 승무원을 반드시 도와야 하므로 노약자나 어린이는 탈 수 없다. 또한 국외 항공사 소속 여객기인 경우, 비상 탈출시 의사소통이 되도록 영어를 유창하게 구사할 줄 알아야 한다. 탑승 후 객실 승무원은 이러한 사실을 비상구 좌석 탑승객에게 반드시 확인한다.

　　또한 보잉 747 여객기에서 대형 스크린이 있는 바로 앞좌석은 유아들을 위한 좌석(벽걸이용 간이침대)이 있으며 이 좌석도 미리 예약하지 않으면 확보하기 힘들다. 장거리 여행일 경우 창문 쪽에 좌석을 선택하거나 중앙 부분 좌석의 가운데 부분을 선택한 승객은 화장실에 가기 위해 옆에 있는 사람이 모두 일어나야 한다. 그러므로 이런 불편을 피하기 위해 복도 측에 좌석을 정하는 경우가 무난하다.

B747/A380 : 3-4-3 (□□□-□□□□-□□□)

B777 : 2-5-2 (□□-□□□□□-□□)

A330 : 2-4-2 (□□-□□□□-□□)

여객기 기종에 따른 좌석 배치

항공기의 좌석은 각각 숫자와 알파벳으로 표시되어 있는데 보잉 747인 경우 항공기 조종석을 정면으로 바라보고 좌에서 우로 ABC-DEFG-HJK(3-4-3)로 표시되어 있다. 여기서 H 다음에 I 이어야 하는데 I 좌석은 없고 J 좌석으로 넘어간다. 이것은 I가 숫자 1과 헷갈릴 수 있어 I를 없앤 것이다.

보잉 747의 이코노믹 클래스 60K 좌석은 거의 맨 뒷부분이며 항공기 앞부분을 바라보고 우측 맨 끝 창문 쪽 좌석에 해당한다. 그리고 보잉 747인 경우 29열에서 44열까지 항공기 날개가 있으므로 이 부분의 창문쪽 좌석은 날개가 외부 전경을 가려 아래를 볼 수 없을 뿐만 아니라 엔진과 가까워서 매우 시끄러우니 이 자리는 피하는 것이 좋다. A380은 일반석 33열에서 49열 사이에 날개가 있다. 보잉 777인 여객기의 좌석배치는 2-5-2 좌석으로 되어 있으므로 중앙부분의 가운데 좌석은 피해야 한다. 특히 36열에서 50열까지는 날개가 있는 부분이므로 이 부분도 피해야 할 좌석이다. 여객기를 처음 타

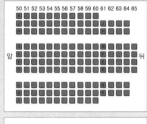

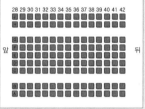

▲ 보잉 747의 좌석　▲ 보잉 777의 좌석

게 되는 경우 창가 쪽에 앉아 이륙하거나 착륙할 때 외부 전경을 구경하는 것도 좋은 경험이 될 수 있다. 창가에 앉는 경우 B747이면 옆에 좌석이 두 개나 있어 불편하지만 B777인 경우 좌석이 하나라 B747보다는 편리하다.

에어버스 330인 여객기의 좌석배치는 2-4-2 좌석으로 되어 있으며 중앙 부분의 가운데 좌석은 피하는 것이 좋고 날개가 있는 부분은 30열에서 44열까지이다. A330의 좌석은 AB-CDEF-GH(2-4-2)로 표시되어 있지만 어떤 항공사는 복도에 알파벳을 부여하여 AB-DEFG-JK로 표시하고 있다.

　장거리 해외여행을 하고자 하는 여행객은 좀 더 편안한 좌석을 확보하기 위해 자주 사용하는 항공사의 마일리지를 가입해 활용하고 항공권을 일찍 구입해 선호좌석을 확보하는 것이 좋다. 항공사의 홈페이지를 통해 예약을 할 때 지정된 선호 좌석을 확보하는 것도 좋은 방법이다. 미리 항공권을 확보하지 못해 좌석을 정하지 못했다면 출발 당일 좀 일찍 공항으로 가서 좋은 자리를 확보하는 방법도 있다. 기종별 좌석배치도로 좋은 좌석과 나쁜 좌석을 알려주는 홈페이지(http://www.seatguru.com)를 참고하는 것도 좋은 방법이다.

여객기 순항속도가
비슷한 이유

대부분의 제트여객기는 초음속 여객기로 특별히 제작하지 않는 이상 아음속(1.0<M)으로 비행해야 하며 순항속도를 마하수(비행기의 속도를 음속으로 나눈 값) M=0.7에서 M=0.85 범위에서 운용하고 있다. 제트여객기는 자동차보다 대략 9배 정도 빠르다. 제트 여객기들은 더 빠르게 날지 못하고 왜 비슷한 순항속도로 날아갈까? 이것은 다음에 제시된 마하수에 따른 항력계수의 변화를 나타낸 그래프가 명확히 보여준다. 제트 여객기의 항력계수는 마하수가 증가해도 거의 일정하게 유지되다가 어느 순간 급격히 증가한다. 따라서 순항속도를 높이는 데 한계가 있기 때문에 비슷한 순항속도로 날아가는 것이다.

비행기의 속도가 임계마하수(critical Mach number, M_{cr}, 날개 윗면에서의 속도가 증가하여 마하수 M=1.0 일 때의 비행기의 속도로 M=1.0보다 작은 마하수이다. 예를 들어, NACA 0012 에어포일의 임계 마하수는 M_{cr} = 0.737이다.)보다 작을 때 그래프를 보면 항력계수는 거의 일정하다는 것을 알 수 있다. 이때 에어포일 전체영역에서 마

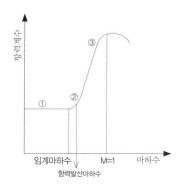

마하수에 따른 항력계수의 변화

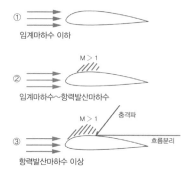

① 임계마하수 이하

② 임계마하수~항력발산마하수

③ 항력발산마하수 이상

항력발산의 물리적 메커니즘

하수는 아음속으로 M〈1.0 이다(그림① 설명).

비행기 마하수 M_∞가 약간 증가하게 되어 M_{cr}(임계마하수)〈 M_∞ 〈 M_{dd}(항력발산마하수 항력계수가 급격히 증가하는 마하수) 영역의 속도를 갖게 되면 날개 윗면의 최소 압력점 근처의 일부 구간이 초음속 영역이 된다(그림② 설명). 이 경우 비행기의 항력계수는 그래프에서와 같이 여전히 작은 값을 나타낸다.

여기에서 비행기의 속도를 약간 높이게 되면 항력계수가 급격히 증가하는 것을 볼 수 있다. 이때 날개윗면의 속도가 초음속이 되면서 충격파가 발생하고 충격파 이후에 압력이 급격히 증가하고 흐름분리(flow separation)가 발생되어 항력계수가 급격히 증가하는 것이다(그림③ 설명). 이와 같이 항력이 급격히 증가하는 비행기의 속도를 '항력발산마하수 (Mdd, drag divergence Mach number)'라 한다. 일반적으로 항력발산마하수는 속도에 따른 항력변화율이 5% 이상 증가하는 마하수로 정의한다. 이러한 항력발산마하수는 임계마하수보다는 크며 M=1.0보다는 작다. 예를 들어, NACA 0012에어포일의 항력발산마하수는 M_{dd} 는 0.808이다.

우측 그림에서와 같이 후퇴날개를 갖는 항공기는 공기흐름 속도(비행속도)가 날개 앞전에 수직인 벡터성분과 평행한 벡터성분으로 나뉜다. 에어포일은 앞전에 수

후퇴각이 없을 때 NACA0012의 임계마하수 0.737
후퇴각이 30°에서 NACA0012의 임계마하수

$$M_{cr, swept} = \frac{0.737}{\cos 30°} = 0.851$$

30° 후퇴각을 갖는 날개의 효과

직으로 자른 단면으로 정의되므로 에어포일이 느끼는 속도는 앞전에 수직한 속도성분이다. 따라서 에어포일 단면에 와 닿는 속도는 공기흐름 속도(비행속도)보다 작아진다. 그러므로 후퇴날개를 갖는 항공기의 임계마하수는 후퇴각이 없는 항공기의 임계마하수보다 더 커진다. 즉 항공기에 후퇴각을 갖는 날개를 장착하면 항력발산마하수를 더 크게 하여 순항속도를 늘릴 수 있다는 말이다. 예를 들어 후퇴각이 15°인 경우 임계마하수는 약 4% 증가하고, 후퇴각이 30°인 경우 임계마하수는 약 15% 증가하며, 후퇴각이 45°인 경우 임계마하수는 41% 증가한다. 그림은 NACA 0012 에어포일에서의 임계마하수 M=0.737이 후퇴각 30°의 항공기인 경우 임계마하수가 M=0.851(15% 증가)로 증가한 것을 보여준다.

비행기의 순항속도는 장시간 동안 정상적인 운항을 지속적으로 유지할 수 있는 속도를 말한다. 이러한 순항순도는 비행기 및 엔진의 종류에 따라 크게 차이가 나지만 일반적인 제트여객기의 순항속도는 엔진의 수명과 경제성을 고려해 결정하므로 항력발산마하수보다 작아야 한다. 이것이 바로 제트여객기의 순항속도가 거의 비슷한 이유다. 예를 들어 보잉747 점보 여객기의 순항속도는 M=0.85, 보잉 767의 순

기종	순항속도 (km/h)	마하수 M (-56℃기준)	최고순항고도 (km)	최대이륙중량 (ton)	좌석수 (엔진수)
B737-800	823	0.78	11.7	79.0	108~177(2)
B747-400	912	0.85	13.7	396.9	416~524(4)
B777-300	905	0.84	13.1	299.4	365~451(2)
B767-400ER	851	0.80	11.4	204.1	245~375(2)
B787	913	0.85	13.1	228.0	210~250(2)
A300-600	833	0.78	12.2	171.0	266(2)
A320-200	828	0.78	12.0	73.5	150~164(2)
A330-300	871	0.82	12.5	230.0	295~335(2)
A380	912	0.85	13.1	569.0	525~644(4)

보잉사와 에어버스사의 대표적인 여객기들의 주요 성능

항속도는 M= 0.80, 보잉 777의 순항속도는 M= 0.84이다. 보잉747과 777인 경우 최대속도는 각각 M=0.92, 0.89까지 낼 수 있지만 조종사들은 빨리가기 위해서 순항속도에서 M=0.01 정도 더 빠르게 가며 아주 빠르게 가야 M=0.02를 초과하여 속도를 증가시키지 않는다. 표는 미국의 보잉사와 유럽의 에어버스사의 대표적인 여객기들의 주요 제원들을 나타낸 것으로 순항속도와 순항고도가 거의 비슷하다는 것을 알수 있다.

제트여객기가 아음속 영역(M<1.0)에서 주어진 순항속도보다 더 높여 비행하지 않는 이유는 경제성 및 구조적인 문제로 인한 한계 때문이다. 여객기의 순항속도를 더 크게 하기 위해서는 처음부터 초음속을 돌파할 수 있는 여객기로 새로 설계하고 제작해야 한다.

최대 마하수 M=2.2까지 낼 수 있는 초음속 여객기 콩코드(Concorde)는 1976년 파리와 런던에서 워싱턴 D.C와 뉴욕 노선에 취항하여 상업비행을 시작했다. 초음속 여객기는 일반적인 아음속 여객기에 비해 날렵하게 생겼으며 구조 강도도 다르다. 그러나 영국의 브리티시항공과 에어프랑스가 경제적인 문제와 소음 공해, 짧은 항속거리(7,250km) 때문에 운항을 중단하기로 결정했다. 브리티시 항공 소속 콩

영국 브리티시 항공사의 초음속 여객기 콩코드
(시애틀 보잉 비행박물관)

코드기는 2003년 11월 26일 영국 런던 히드로 공항을 출발하여 뉴욕에 도착한 것을 마지막으로 역사 속으로 사라졌다. 콩코드 여객기는 마하수 M=2.02(시속 2.124km)의 순항속도로 비행하는데 마하수 M=2.2 이상으로 비행하는 항공기는 공기역학적인 가열로 인해 또 다른 한계점에 봉착하게 된다. 이러한 마하수 이상에서는 일반적으로 사용되는 항공기 재료를 사용할 수 없으므로 추가적인 비용이 필요하다.

이와 같이 일반적인 여객기의 순항속도 M=0.85와 초음속 여객기인 콩코드의 순항속도 M=2.0 사이에 순항속도의 공백이 존재한다. 따라서 대부분의 제트여객기는 초음속 여객기로 특별히 제작하지 않는 이상, 여객기 순항속도는 약 M=0.85를 넘지 않는다. 순항속도가 더 이상 증가하지 않고 맴도는 것은 기술력이 부족해서가 아니라 고유가 시대에 경제성을 따지기 때문이다.

✈ 여객기는 왜 높은 고도까지 올라가서 비행하나

순항고도는 여객기가 대부분의 비행을 하는 고도로 일반적으로 제트 여객기 순항고도는 대략적으로 3만ft 정도지만 실제로 다양한 고도에서 비행을 한다. 순항고도는 비행거리와 항공기 기종에 따라 조금씩 다르며 제트여객기가 실제로 비행하는 순항고도는 대략 2만 5,000ft에서 4만ft 정도다. 순항고도는 여객기가 더 효율적으로 경제적인 비행을 하고 나쁜 기상을 피할 수 있게 해줄 뿐 아니라 다른 항공기와의 공중 충돌 위험을 없애준다.

비행기가 높은 곳에서 날아간 뒤 하늘에 흰색 줄이 남는데, 이것을 '비행운(condensation trail)'이라 한다. 비행운은 대기온도가 영하 38℃ 이하인 8km 이상의 고도에서만 발생하는데 공기 중 수증기가 얼어붙으면서 발생한다. 비행기 엔진에서 뿜어져 나오는 약 700°C의 배기가스가 차가운 공기에 열을 공급하면, 대기에 속해 있던 수증기가 주위의 수증기와 결합해 작은 물방울을 만든다. 이 물방울이 대기의 낮은 온도로 때문에 증발하지 않고 곧바로 얼면서 생긴 작은 얼음 알갱이가 바로 '비행운'이다. 비행운은 바람이 심하게 불거나 상층부 공기의 상대 습도가 낮으면 물방울이 금방 흩어져 사라진다.

수증기 방울인 비행운은 날씨에 따라 남아 있는 시간도 달라지는데, 대기가 건조하면 비행운이 금방 사라지지만, 습

미국 뉴욕주 상공에 발생한
십자형태의 비행운

한 경우에는 비행운이 하늘에 오래도록 사라지지 않는다. 따라서 비행운이 오랫동안 남아 있으면, 공기가 습하고 기압골이 접근한다는 의미로 해석할 수 있다. 즉, 머지않아 비가 내린다는 뜻이다.

　여객기는 비행고도에 따라 주위의 온도, 압력, 밀도 등의 변화에 복합적으로 영향을 받는다. 고도가 증가함에 따라 온도는 낮아져 밀도는 증가하고 압력도 낮아진다. 그러나 압력에 의한 밀도 감소가 온도감소에 의한 밀도증가보다 커서 전체적으로 밀도가 감소한다. 따라서 엔진의 추력은 밀도감소로 인해 엔진 흡입구의 공기량이 감소하여 비례적으로 감소하게 된다.

　항공기는 각기 다른 고도에서 다양한 비행속도로 운항하므로 엔진으로 흡입되는 공기의 상태는 아주 다르다. 다음 쪽의 그래프는 비행속도와 고도에 따른 엔진추력을 변화요인별로 나타낸 것이다. 일례로 제시한 3km 고도에서 추력은 비행속도가 증가함에 따라 항력이 증가하여 감소하게 된다. 이것은 그래프에서 비행속도의 영향으로 거의 직선적으로 감소하는 것을 볼 수 있다. 반면에 추력은 비행속도가 증가함에 따라 엔진 흡입구에서 램효과(엔진의 공기흡입구에 들어오는 공기의 빠른 속도에너지를 유효한 압력에너지로 변화시키는 것)로 인해 가파르게 증가한다. 따라서 제트엔진의 전체추력(실제추력)은 비행마하수 M=0.4까지 약간 감소하다가 그 이후로는 비행속도에 의한 항력보다는 램효과가 커서 증가하게 된다.

　또한 추력은 고도가 높아짐에 따라 온도 감소로 인해 밀도가 증가하여 증가한다. 그렇지만 고도가 증가함에 따라 압력감소(밀도감소)로 인해 추력은 감소한다. 그러므로 제트엔진의 전체 추력은 고

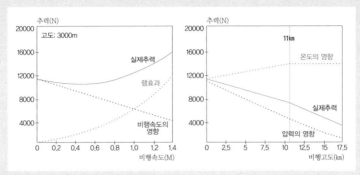
속도와 고도에 따른 엔진 추력의 변화

도가 증가함에 따라 온도에 따른 영향보다 압력에 의한 영향이 커서 감소한다는 것을 알 수 있다.

여기에 여객기가 높은 고도까지 올라가서 비행하는 이유 중 하나가 숨어 있다. 지금까지 설명한 대로라면 높은 고도로 올라갈수록 엔진 추력이 감소한다. 여기서 중요한 점은 고도가 증가함에 따라 압력의 영향이 커서 밀도가 감소한다는 것이다. 왜냐하면 고도가 증가함에 따라 밀도가 감소하여 엔진 추력을 감소시키는 반면에 항공기의 공기저항도 감소시키는 것이다.

이와 같이 대기권에서의 공기는 고도가 증가함에 따라 밀도가 감소하여 엔진의 추력을 감소시키는 대신 공기저항도 감소시킨다. 따라서 여객기는 높은 순항고도에서 비행하는 경우, 항공기의 저항감소로 인해 주어진 속도에서 더 작은 추력으로 비행할 수 있다. 결과적으로, 항공기는 더 높은 순항고도에서 더 효율적이고 경제적으로 비행할 수 있는 것이다.

이외에도 기상은 여객기의 순항고도에 영향을 미칠 수 있는 아주 중요한 요소이다. 비행 도중 조종사는 같은 항로의 다른 항공기의 조종사뿐만 아니라 지상으로부터 기상보고를 받아 난기류를 피할 수 있다. 비행거리 또한 순항고도에 영향을 미치는 요소이다. 짧은 비행거리를 위한 순항 고도는 일반적으로 낮다. 여객기가 1시간 정도 비행하는 경우에는 순항고도에 도달하자마자 강하해야 하기 때문에 3만 5,000ft까지 올라가는 것은 무의미하다. 그래서 설사 고도가 낮아 연료효율이 좋지 않더라도 2만 5,000ft 고도에서 순항한다.

대부분의 상용 항공기는 순항단계에서 연료를 소모하여 가벼워짐에 따라 연료를 절약하기 위해 더 높은 고도에서 비행한다. 이와 같이 장거리 비행에서 순항고도를 여러 번 바꾸는 것을 '단계상승(step climb)'이라 한다. 단계상승 과정은 비행중 항공기의 무게가 감소함에 따라 최적의 고도에서 비행하도록 하는 것이다. 그러나 항공교통 관제상의 이유로 주어진 고도에 머물러야 할 때도 있기 때문에 조종사가 항공교통관제소(ATC)의 허가 없이 더 높은 순항고도를 비행할 수는 없다. 이와 같이 모든 비행에 대하여 특정 항공기 기종과 탑재무게, 무게중심, 공기 온도, 습도, 속도 등을 포함하는 조건에 대한 최적의 순항고도가 있는 것이다.

한편, 상용 여객기는 일반적으로 순항속도에서 최적의 성능을 낼 수 있도록 설계된다. 순항속도는 경제속도보다 약간 빠른 속도를 취한다. 왜냐하면 경제속도는 연료소비율은 낮지만 좀 느려 실용적이지 못하기 때문이다. 그래서 보통 장거리 상용여객기의 순항속도는 대략 475~500노트(830~930km/h) 정도다.

항공기 동체는
왜 S라인으로 생겼나

한국항공대학교 항공우주박물관(경기도 고양시 화전 소재) 야외전시장에는 공군에서 사용하던 전투기 F-5 자유의 투사가 전시되어 있다. 전시된 F-5를 자세히 관찰하면 날개가 부착된 동체 부분이 잘록하게 들어가 S라인처럼 생긴 것을 볼 수 있다. 게다가 연료탱크도 날개 끝에 장착되어 단면적을 증가시키므로 연료탱크 허리를 잘록하게 만든 것을 볼 수 있다. 왜 이렇게 고속 항공기의 동체는 여성의 허리처럼 S-라인으로 생겼을까?

이것은 한마디로 고속으로 비행하는 항공기의 항력을 줄여 동일한 엔진 동력으로 더 빨리 비행을 하거나 더 경제적으로 비행하기 위함이다. 이렇게 고속 항공기 동체를 여성의 허리처럼 S-라인으로 제작하는 것을 '면적법칙(area rule)'이라 한다. 면적법칙은 음속(M=1.0) 부근에서 날개와 동체가 결합된 기체에서 발생하는 조파항력(wave drag, 물체가 천음속 또는 초음속으로 운동할 때 충격파로 인해 발생되는 항력)을 작게 하기 위해 항공기 진

한국항공대학교 야외에 전시되어 있는 F-5 자유의 투사

행방향에 대하여 수직으로 자른 단면적 분포를 연속적으로 완만하게 변화시켜야 하는 것을 말한다.

1950년대 미국 NACA 랭글리의 리차드 휘트콤(Richard T. Whitcomb, 1921~2009)은 초음속 탄환의 단면적 변화가 급격하지 않고 완만하다는 것에 착안해 이것을 천음속 항공기에 적용했다.

휘트콤은 1952년 음속(M=1.0)근처에서 날개와 동체를 분리시키거나 결합하여 항력(zero-lift drag) 증가에 관한 실험을 수행하여 그 결과를 〈NACA 리포트 1273〉에 발표했다. 그는 다음 쪽의 그래프에서 나타낸 바와 같이 천음속 영역에서 세장형 동체(slender body configurations)의 항력계수는 날개(후퇴익)를 부착하지 않는 물체가 날개를 부착한 경우보다 항력계수가 작다는 당연한 결과를 정량적으로 도출했다. 또한 그는 세장형 물체에 날개를 부착한 경우 면적법칙을 적용한 물체와 적용하지 않은 물체의 항력계수를 조사했으며 그 결과 면적법칙을 적용한 물체의 항력계수가 훨씬 작다는 연구결과를 발표했다.

이외에도 그는 후퇴되지 않은 날개(unswept wing)와 삼각날개인 경우 면적법칙을 적용한 비행체의 영양력 항력변화율은 음속근처에서 약 60%까지 감소시킬 수 있음을 보여주었다. 따라서 그는 날개와 동체

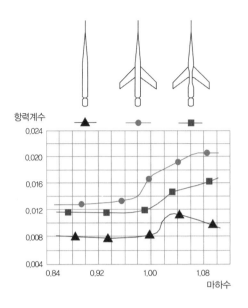

날개 부착 및 동체 형상에 따른 항력계수

를 결합한 비행체의 항력 증가는 음속 근처에서 흐름방향에 수직한 단면적의 축방향 성장(axial development)에 의존된다는 면적법칙을 발견한 것이다.

휘트콤은 항공기가 천음속 영역을 비행할 때 급격한 항력의 증가를 억제하기 위해 항공기 날개와 꼬리가 있는 부분의 단면증가를 보상할 수 있게 단면적을 감소시켰다. 따라서 음속 근처에서 최대항력을 감소시키려면 날개에 의해 추가되는 단면적을 보상하기 위해 S라인 모양 또는 콜라병 모양으로 허리를 잘록하게 제작해야 한다.

이러한 면적법칙은 고속 항공기를 개발하는 데 커다란 기여를 했다. 면적법칙은 1952년 F-102 전투기에 최초로 적용되어 음속을 돌파하는데 큰 기여를 했다. 초기에 면적법칙을 적용하지 않은 F-102는 마하 0.95 이상의 속도를 낼 수 없었다. 그러나 F-102는 NACA의 자문을 통해 면적 법칙을 적용하게 되어 마하수 1.25의 초음속 비행속도를 기록할 수 있었다.

그 당시 조종사들은 면적법칙이 적용된 항공기를 굴곡이 있는 동체 때문에 '날아가는 코카콜라병' 또는 '매릴린 먼로'라는 별명으로 불렀다. 또한 F-4 팬텀 전투기도 면적법칙을 적용하였으며, 최근에 개발된 고속 항공기도 교묘하게 면적법칙을 적용하여 쉽게 눈으로 찾아낼 수

확장된 동체

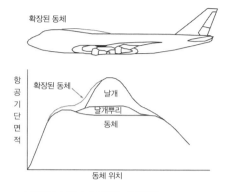

항
공
기
단
면
적

확장된 동체

날개

날개뿌리

동체

동체 위치

면적법칙을 적용한 동체 형상

보잉 747 여객기에 적용한 면적 법칙
(완만한 단면적 변화)

는 없지만 대부분 면적법칙을 적용하고 있다.

 특히 여객기들은 천음속 영역에서 항력이 급격히 증가하는 항력발
산마하수 직전의 속도에서 순항(아음속 항공기로서 최대의 순항속도)하고 있으
며 이 순항속도는 면적법칙을 적용하여 증가될 수 있다. 그 좋은 예
가 보잉 747 여객기로 동체 앞부분 등에 특유하게 생긴 혹(hump)이다.
이 부분은 조종석과 2층 비즈니스클래스 좌석으로 활용되고 있는데,
앞부분 동체의 단면적을 증가시켜 항공기의 길이에 따른 축방향 단면
적 증가를 완만하게 해 면적법칙을 적용한 효과를 준다. 그 결과 보잉
747은 천음속에서 발생하는 조파항력의 증가를 지연시켰기 때문에
다른 여객기보다 조금 더 빠른 순항속도(M=0.85)로 날아갈 수 있는 것
이다. 또한 보잉 747 여객기는 초기 모델에서 동체 2층 부분의 객실을
추가로 넓혀 더욱 더 완만하게 단면적을 증가시킴으로써 천음속에서
발생하는 조파항력의 증가를 지연시켰다.

✈ V자 형태로 날아가는 새

새들이 떼를 지어 날아가는 것을 관찰하면 V자 형태로 날아가는 것을 볼 수 있다. 이것은 새들이 날아가는데 사용하는 에너지를 최소화하여 장거리 이동을 하기 위함이다. 특히 철새들은 비행기 연료와 같은 지방을 몸에 가득 축적하고 에너지를 효율적으로 사용하기 위해서 V자 형태로 장거리 이동을 한다.

새는 상하로 플래핑(flapping)운동을 하면서 날아가는데, 날개 끝의 아래에서 위로 돌아가는 일종의 소용돌이(vortex, 와류)가 발생된다. 이렇게 새의 날갯짓으로 생성된 소용돌이는 날개끝 바깥쪽으로 상승하는 기류를 발생시킨다. 따라서 뒤쫓아 가는 새가 상승기류에 발생하는 곳에 가면 보다 적은 날갯짓으로 날아갈 수 있다. 계속해서 뒤쫓아 가는 새가 앞쪽에 있는 새의 날개 끝의 바깥쪽에 위치해 날아가면 결국 V자 형태가 되는 것이다.

이와 같이 V자 형태로 상승기류를 이용해 날아가는 새들은 단독으로 날아가는 새들에 비해 약 11~14% 정도의 에너지를 아낄 수 있다. 새들이 V자 형태로 떼를 지어 날아갈 때 맨 앞에 날아가는 새는 상승기류를 탈 수 없으므로 가장 힘들게 날개짓을 해야

V자 형태로 날아가는 새들

선행하는 기러기   상승기류   뒤따르는 기러기

새들이 V자로 나는 원리

앞뒤간격이 넓음

앞뒤간격이 좁음

V자 각도에 따른 비행

한다. 따라서 맨 앞자리는 서로 교대하는 것으로 알려져 있다. 새들은 V자 형태로 날아갈 때 V자의 각도가 90°보다 작을 때 앞뒤 간격이 넓지만 V자의 각도가 90°보다 클 경우 앞뒤 간격을 좁혀 상승기류를 효율적으로 이용한다.

붉은가슴도요새는 겨울철에 시베리아에서 아프리카까지 4,000km가 넘는 거리를 거의 쉬지 않고 이동한다. 붉은가슴도요새는 장거리 이동을 위하여 지방을 축적하는데 이때 체중은 거의 평소의 2배 정도가 된다. 그러나 V자 형태로 날아가기 때문에 이와 같은 장거리 비행이 가능한 것이다.

2000년대 들어서 앞서가는 항공기의 날개끝 소용돌이(wing tip vortex)의 상승기류를 이용해 연료소모를 줄이기 위한 편대비행 연구가 진행되기도 했다.

우리가 모르는
비행기 속 숨은 장치 ✈

연장된 앞전

최신 전투기에 장착된 '연장된 앞전(**LEX, leading edge extension**)'은 높은 받음각에서 유용한 공기 흐름을 제공하기 위해 날개 앞에 추가로 붙인 판이다. 또한 스트레이크(**strake**)는 항공기의 동체에 부착된 공기역학적 표면으로 공기흐름을 미세하게 조정하기 위한 것이며 이것이 날개 앞에 장착된 경우, '연장된 앞전'이라 부른다.

LEX는 날개뿌리(**wing root**)의 앞전에서부터 동체를 따라 조종석 근처까지 삼각형 형태로 부착되어 있다. 즉 LEX는 일반적인 날개 앞에 부착된 작은 삼각날개와 같다고 할 수 있다. 직선 수평비행으로 순항할 때 LEX의 효과는 그리 크지 않지만 공중전에서와 같이 높은 받음각에서 기동할 때 LEX는 날개의 윗면에 부착되는 고속 와류(**high-speed vortex**)를 생성해 그 효과는 상당히 크다. 이러한 와류는 베르누이 원리에 의해 날개의 윗면에 낮은 압력을 갖도록 하고 정상적인 실속받음각(stall angle of attack, 양력이 급격히 떨어지는 받음각) 을 지난 이후에도 실속에 들어가지 않고 양력을 발생시킨다.

또한 LEX를 가진 삼각날개는 높은 받음각에서 공력성능을 향상시키는 것으로 알려져 있다. LEX는 날개 안쪽에서는 원추형 와류를 발생시키고 바깥쪽에서는 평상시와 동일한 흐름이 되도록 한다. 따라서 LEX에서 발생한 와류가 삼각날개의 하류(downstream)에 발생한 와류와 상호작용하여 양력을 증가시키

▲ F−18의 LEX에서의 와류 발생(받음각 20°)
▼ 수호이 Su−27의 LEX

고 와류의 붕괴를 억제함으로써 공력 성능을 향상시킨다. 쉽게 설명하면, LEX에 의해 생성된 와류가 공기 흐름이 날개에서 떨어지지 않고 계속 붙어 있도록 하는데 도움을 주는 것이다. F/A-18 호넷(Hornet) 및 수호이(Sukhoi) Su-27은 LEX가 장착되어 있으며 이러한 LEX는 코브라 기동(수평 진행 중 진행 방향과 고도를 바꾸지 않고 동체를 직각으로 세웠다가 수평 자세로 돌아가는 기동)을 하는데 도움을 준다.

플랩

비행기의 양력은 속도의 제곱에 비례하므로 비행기가 순항 비행할 때에는 속도가 빨라 충분한 양력을 얻을 수 있지만, 착륙을 하기 위해 속도를 줄이면 양력도 함께 줄어들어 추락할 수도 있다. 그러므로 비행기는 느린 속도로 비행을 할 때 충분한 양력을 얻을 수 있도록 하는 고양력 장치가 필요하다. 따라서 비행기는 비행하는 속도영역에 따라 상

착륙 시도 중에 플랩을 내린 장면(토론토 공항)   보잉 747 여객기의 플랩

충되는 역학적인 특성을 만족시키기 위해 날개에 고양력장치를 설치하는 것이다.

고양력장치 중 하나인 플랩(flap)은 날개의 뒷전 위치에 장착되어 움직일 수 있도록 제작된 보조 장치다. 고양력장치는 비행기의 최대양력계수를 증가시키고 실속 속도를 감소시키는데 그 목적이 있다. 플랩은 순항비행을 할 때와 달리 이착륙과 같이 고양력이 필요할 때 양력이나 항력을 조절하는 장치다. 따라서 비행기는 플랩으로 날개의 면적을 증가시키고 받음각 증가효과로 고양력을 발생시킴으로써 저속으로 착륙할 수 있는 것이다. 또한 비행기는 플랩을 이용하면 활주로 접근 경사각을 크게 한 상태에서 접근이 가능하여 착륙시 사용한 활주거리가 짧아진다. 이런 경우 조종사는 착륙 후 남은 활주로 길이를 잘 활용해 빨리 주기장으로 이동할 수 있다. 그러나 비행기가 플랩을 사용하지 않으면(no flap landing, 조종사들은 비행훈련 과정에서 플랩을 사용하지 않고 착륙하는 법을 배운다) 접근 경사각이 작고 접지속도도 빨라 착륙 후 활주거리가 길어진다.

다음 쪽의 그림은 저속에서 양력을 증가시키기 위하여 날개에 장착된 뒷전플랩형 플랩(flap)을 내렸을 때 평균캠버선(날개의 윗면과 아랫면의 중심점을 연결한 선)이 뒷전에서 꺾이는 것을 보여준다. 이와 같이 날개의 캠

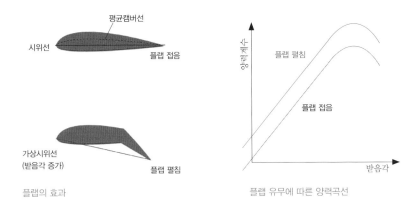

평균캠버선

시위선

플랩 접음

가상시위선
(받음각 증가)

플랩 펼침

플랩의 효과

양력계수

플랩 펼침

플랩 접음

받음각

플랩 유무에 따른 양력곡선

버선이 꺾이면서 가상 시위선을 그려보면 받음각이 증가하는 것을 알 수 있다. 따라서 플랩이 아래로 내려가면 캠버(camber, 평균캠버선과 시위선의 높이 차)가 변화되는 효과로 인해 받음각이 증가하며 이에 따라 양력과 항력이 증가하게 된다. 이와 같은 뒷전플랩형 고양력 장치 이외에 앞전플랩형 고양력장치가 있다. 이것은 그 형태에 따라 평면 앞전플랩(plain leading edge slat), 크뤼거 플랩(Krueger flap), 슬롯 날개(slot wing), 고정 슬랫(fixed slat), 가동 슬랫(movable slat) 등이 있다.

와류발생기

비행기에 발생한 와류(vortex)가 비행기 성능을 향상시키는 효과를 낼 수도 있는데 이러한 방법을 이용한 장치가 와류발생기(vortex generator)다. 와류발생기는 흐름분리를 지연시킬 수 있기 때문에 흐름분리 현상이 발생될 수 있는 비행기의 외부 표면에 장착되어 있다. 이것은 대부분 조그만 직사각형 판(엔진을 둘러싸는 부분인 엔진나셀 윗부분에 대형 와류발생기도 있음)으로 주 날개 윗부분에 수직으로 튀어나온 작은 날개처럼 장착되거나 동체 앞부분에 부착되어 있다. 이러한 와류발생기는 비행기가 순항할 때는 항력을 증가시키기 때문에 유익하지 않지만 비행기가 이·착륙할 때는 흐름분리(flow separation) 현상을 지연시켜 실속(stall)을 방지하고 버피팅(buffeting, 흐름분리에 의해 생긴 난기류가 항공기 후미에 부딪쳐서 발생하는 불규칙한 진동) 현상을 막는 긍정적인 효과를 발휘한다.

비행기가 높은 받음각으로 비행할 때 날개 위의 공기 흐름은 앞전 근처에서 흐름이 분리되고 날개의 양력이 갑자기 줄어들면서 실속(stall)에 들어가게 된다. 공기 흐름이 날개로부터 분리(separation)되었다는 것은 날개 주위의 흐름이 표면마찰로 인해 운동에너지를 잃고 역압력구배(adverse pressure gradient, $\frac{dp}{dx}>0$, 유체입자의 진행방향 앞쪽에 더 높은 압력이 존재하는 경우를 말함)에 의해 흐름이 표면에 부착하지 못하고 표면에서 떨어지는 현상을 말한다. 와류발생기는 경계층 외부의 빨리 움직이는 공기 흐름으로부터 에너지를 경계층 내부 흐름 속으로 유입할 수 있는 와류(vortex)를 발생시킨다.

이러한 와류는 경계층 내부와 외부 공기 사이의 섞임(mixing)을 활발하게 해 경계층 내부에 에너지를 불어넣어 흐름을 유지할 수 있도록 한다. 그리고 흐름분리 가능성을 줄여준다. 이러한 와류발생기는 날개 후방부에 있는 조종면 주위의 안정된 공기 흐름을 유지하기 위하여 날개의 약 1/3 지점에 스팬 방향으로 장착된다. 이것들은 보통 경

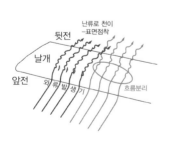

와류발생기 유무에 따른 흐름현상

수직이착륙기 해리어의 와류발생기

계층 두께만큼 높게 만들어졌으며, 약 80%가 직사각형이나 삼각형 형태를 갖고 있다.

경계층 판

후퇴각을 갖는 날개에서의 흐름은 날개길이(span)를 따라 날개끝(wing tip) 방향으로 이동한다(109쪽 그림 참조). 이러한 날개길이 방향 경계층 흐름은 경계층 두께가 두꺼워지면서 공기 흐름이 에너지를 잃게 되어 흐름분리가 빨리 발생하는 결과를 낳는다. 그러므로 후퇴날개나 삼각날개, 테이퍼된 날개 등은 날개끝에서부터 실속이 발생하여 날개 뿌리쪽으로 전파된다. 이러한 날개끝 실속(wing tip stall)은 실속에 들어간다는 경고시간이 짧고 에일러론 작동에 심각한 영향을 미쳐 조종성이 나빠지며 압력중심을 앞으로 이동시켜 기수올림 모멘트를 유발한다.

이러한 날개 끝에서의 흐름분리와 실속을 방지하기 위하여 날개 위에 경계층 판(boundary layer fence)을 장착하여 날개 끝으로 향하는 경계층의 흐름을 막아 경계층이 두꺼워지는 것을 방지하고 있다. 경계층 판은 공기흐름과 평행하게 날개에 수직으로 장착하고 날개 중간부터

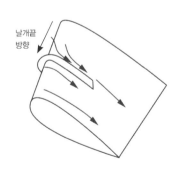

경계층 판

T-59 호크 훈련기의 경계층 판

설치한다. 이러한 경계층 판은 후퇴각이 큰 고속비행기가 저속으로 비행할 때 조종성을 향상시키는데 아주 효과적이다.

트림탭

조종사가 비행기를 상승시키기 위해 조종간을 당겨 엘리베이터를 움직이면 엘리베이터에 어느 한 방향으로 풍압이 걸려 조종간에 상당한 힘이 걸리게 된다. 이와 같이 조종사가 느끼는 조종력을 완화시키기 위해 조종면에 트림탭(trim tab)을 장착한다. 이것은 조종면의 공기흐름과 상호작용하여 조종면의 효율을 증가시킨다.

예를 들어 비행기의 기수를 올리기 위하여 조종간을 당기면 엘리베이터는 위로 움직인다. 이때 조종력을 감소시키기 위해 트림탭을 아래로 움직이면 공기역학적 평형이 발생해 조종간을 놔도 자세를 그대로 유지한다. 이와 같이 조종력을 감소시키는 방법으로 트림탭 이외에 앞전 밸런스(balance)를 사용하기도 한다. 앞전 밸런스는 조종면 힌지(hinge, 경첩) 앞쪽 부분에 위치함으로써 힌지축을 중심으로 조종면과 반대로 움직여 조종력의 감소효과를 유발한다.

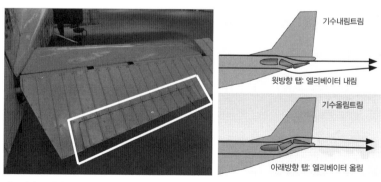

세스나의 트림탭(Trim Tab)

트림탭 작동

기수내림트림

윗방향 탭: 엘리베이터 내림

기수올림트림

아래방향 탭: 엘리베이터 올림

✈ 비행기와 상어, 전신수영복의 관계

1999년 환태평양 수영대회에서 오스트레일리아의 접영 스타인 마이클 클림이 처음으로 전신수영복을 착용했다. 이후 이안 소프와 그랜트 하켓과 같은 수영스타들이 전신수영복을 착용하면서 많은 화제가 되었다. 국내에서도 최첨단 전신수영복을 입은 선수가 수영하는 모습이 TV광고로 방영되기도 했다.

그러나 2009년 7월 이탈리아 로마에서 개최된 세계선수권대회에서 최첨단 전신수영복을 착용한 선수들에 의해 연일 세계기록이 깨지면서 전신수영복 착용에 대해 논란이 일어났다. 수영대회가 본래의 취지를 위한 경기가 아니라 최첨단 수영복 개발 경쟁으로 변질되는 것을 우려한 것이다. 이에 국제수영연맹은 폴리우레탄 전신수영복이 본래의 취지에 어긋난다고 판단, 2010년부터 전신수영복 착용을 전면 금지하고 수영복 재질을 직물로 한정했다. 그리고 수영복 모양을 남자선수인 경우 허리의 배꼽부터 무릎 위까지, 여자선수인 경우 어깨선을 넘거나 목을 덮지 않고 무릎 위까지로 제한했다. 이와 같은 조치로 전신수영복은 역사 속으로 사라졌지만 2000년 이후 2009년까지 갱신된 세계기록은 인정하기로 했다.

전신수영복은 어떻게 물의 저항을 줄일 수 있었을까. 일반적으로 항력은 형상항력(profile drag)을 말하는데, 형상항력은 다시 압력항력(pressure drag 또는 form drag)과 마찰항력(skin friction drag)으로 나뉜다. 물고기들은 물속에서 저항을 줄이도록 수십만 년 동안 진화를 해왔다. 초기 공기역학자들은 압력항력을 감소시키기 위해 날개의 형상을 송

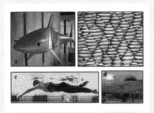

상어표면에서 발견된 리블렛과 그루브

어의 유선형 모양을 본떠 만들었다. 이처럼 비행기의 날개를 물고기 모양의 유선형으로 만들어 압력항력을 줄일 수 있었다.

압력항력을 줄이기 위해 그 형상을 정한 것처럼 자연을 통해 배우고 모방했다. 마찰저항을 줄일 수 있는 몸체 표면을 갖고 있는 대표적인 동물이 상어다. 상어 몸체의 표면을 자세히 보면, 아주 미세한 작은 갈비뼈 모양의 돌기가 있다. 이것을 리블렛(riblet)이라 부르는데 'rib'는 갈비뼈란 뜻이고 'let'은 작다는 뜻을 갖고 있다. 즉 리블렛이란 작은 갈비뼈를 의미한다. 비행기 또한 상어 비늘의 돌기처럼 리블렛의 형태로 비행기의 표면을 만들어서 난류 표면 마찰을 효과적으로 줄일 수 있다.

난류항력 감소를 위한 리블렛 연구는 1970년대 말 미 국립항공우주국 랭글리 연구센터의 연구원 월시가 주도적으로 시작했다. 이어서 1993년 서울대 최해천 교수, 스탠퍼드대 모인(Parviz Moin) 교수와 미항공우주국 에임스연구센터 존킴(John Kim) 등이 리블렛에 의한 항력감소 메커니즘을 규명했다. 제한된 면적을 갖는 리블렛은 리블렛 표면 위로 흐름방향 와류(streamwise vortices)의 위치를 제한하기 때문에 마찰항력을 감소시킨다. 와류(vortex, 볼텍스)는 일종의 회전하는 유동을 말하는데 이것이 벽면 가까이 존재할 때 표면마찰항력은 상당히 증가한다. 작은 돌기처럼 생긴 리블렛이 벽면 가까이에 있는 와류(vortex)를 벽면에서 멀리 떨어지게 하여 표면마찰항력을 감소시키는 것이다. 다시 말하면 리블렛은 표면 전체에 닿던 흐름을 돌출부에만 살짝 닿게 하여 마찰항력을 감소시킨다는 것이다.

세계적 스포츠 용품 제조사 스피도(Speedo)는 상어 비늘처럼 삼각형 돌기가 나 있는 리블렛 원리를 적용해 전신수영복 '패스트스킨(Fastskin)'을 개발했다. 패스트스킨 수영복은 진행방향과 동일하게 미세한 삼각형 모양의 리블렛을 수영복 배 근처에 설치했다. 그 이유는 리블렛 홈의 방향이 진행방향과 45° 이상 벗어나게 되면 항력감소 효과가 없어지기 때문이다.

비행기에 리블렛의 실제적인 적용은 2000년대 들어서 3M사에서 개발한 삼각형 형태의 리블렛 필름을 비행기 표면에 부착하여 항력감소를 얻은 사례다. 1986년 미국립항공우주국은 V-그루브(groove, 홈)의 리블렛 필름을 리어제트(Learjet)에 적용하여 표면마찰항력을 최대 8%까지 감소시켰다. 또한 리블렛 필름을 이용하여 동체 표면마찰을 약 6% 정도 감소시킬 수 있다고 했다. 1989년 에어버스사는 리블렛 필름을 A-320 표면의 75%를 적용하여 1~2%의 연료를 절약할 수 있었다.

특히 에어버스 A340은 표면마찰 항력이 다른 여객기보다 높아서 48% 정도를 차지하고 있다. 에어버스 A340에 V-그루브 리블렛 필름을 적용하여 전체 항력 중 약 2%의 감소 효과를 보았다. 또한 리블렛 필름을 통해 항력감소를 연구하는 과학자들은 최대 13%의 표면마찰항력을 줄일 수 있다는 연구결과를 〈네이처〉에 발표했다.

캐세이퍼시픽항공사의 A340은 과거에 홍콩에서 캐나다 토론토까지 비행하기 위해 앵커리지에서 연료를 급유하여야 했다. 그러나 리블렛 필름을 비행기의 30% 면적에 부착하여 항력을 감소시켜 토론토까지 논스톱 비행이 가능하게 되었다. 에어버스 A340에

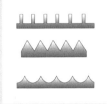

일반적인 리블렛의 형태   캐세이 퍼시픽 A 340 날개 리블렛 적용

서 약 2% 정도의 항력감소는 약 2.4톤에 해당되는 무게가 줄어드는 효과다.

비행기가 비행 중일 때 실제로 적용되는 리블렛의 간격은 $25\,\mu m$에서 $75\,\mu m$ 정도인데 사람의 머리카락의 두께가 약 $70\,\mu m$ 정도이니 어느 정도 크기인지 짐작할 수 있다. 이러한 리블렛은 그 크기가 아주 작아 먼지가 쌓이거나 이물질이 끼면 그 효과가 급격히 감소하므로 청소를 자주 하거나 2~3년에 한 번씩 교체해야 하는 단점이 있다.

최근에는 연료절약과 CO_2 배출가스를 감소시키기 위하여 층류제어(laminar flow control)를 통하여 표면마찰을 줄이는 연구를 하고 있다. 이것은 날개주위 흐름을 제어하여 층류(공기입자가 흐름방향을 흩트리지 않고 질서정연하게 흐르는 것)를 유지시켜 마찰저항을 줄이는 방법이다. 혼다젯(Honda Jet)과 같은 후퇴각이 작은 소형 비행기는 자연층류 제어(Natural Laminar Flow Control, 비행기 형태에 따라 공기가 부드럽게 흘러가도록 층류를 제어함) 개념을 도입하여 층류흐름을 유지할 수 있다. 그러나 높은 레이놀즈수와 후퇴각이 큰 대형 여객기(A320)는 복합층류제어(Hybrid Laminar Flow Control, 자연적이고 능동적인 방식을 결합한 층류 제어) 개념을 적용해야 마찰저항을 줄일 수 있다.

비행기의 브레이크, 착륙장치 ✈

여객기를 타고 여행을 하다보면 어떤 경우는 하드랜딩(hard landing, 경착륙)을 해 여객기가 '쿵'하고 착지하는 소리를 들을 수 있는가 하면, 소프트랜딩(soft landing, 연착륙)을 해 언제 착륙했는지조차 모를 때도 있다. 하드랜딩은 여객기가 급격하게 강하하여 최대 1.8G(중력가속도)까지 승객들에게 충격을 주며 착륙하는 것을 말한다. 물론 너무 심하게 하드랜딩을 하면 비행기가 손상을 입었는지 정비부서에서 점검을 받아야 한다. 비행기가 하드랜딩을 하면 활주로에서 활주하는 시간을 줄여 활주로를 빨리 비워줄 수 있다. 또한 비가 와서 활주로가 미끄러운 경우 활주거리를 줄이기 위해 일부러 하드랜딩을 한다.

한편 소프트 랜딩은 안정감 있게 착륙하지만 활주거리가 길어 비행기가 활주로에 머무는 시간이 길어진다. 따라서 조종사는 활주로의 길이, 날씨, 활주로 사용시간 등을 고려하여 하드랜딩 또는 소프트랜딩을 선택해야 한다.

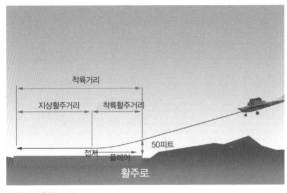

착륙거리

지상활주거리　착륙활주거리

50피트

접지　플레어
활주로

비행기의 착륙과정

비행기의 착륙거리는 공중착륙거리와 지상활주거리를 합한 거리로 장애물 고도부터 접지순간까지의 거리를 '공중 착륙거리'라 하고,

접지 후 정지할 때까지의 거리를 '지상 활주거리'라 한다. 여기서 장애물 고도는 피스톤기인 경우 50ft(15m)이고, 제트기인 경우 35ft(10.7m)다. 비행기가 착륙하기 위해 활주로를 진입하는데, 직선강하 비행경로를 진입구간이라 하며 수평비행자세로 바꾸기 위한 곡선비행 경로를 '플레어(Flare)'라 한다.

접지속도(touch down speed)는 비행기가 활주로에 접지하는 순간의 비행속도를 말하는데, 접지속도를 느리게 하면 착륙거리를 단축시킬 수 있다. 그래서 고양력장치인 플랩을 써서 날개면적을 증가시키고 가상 받음각도 증가시키는 것이다. 일반적으로 접지속도는 실속속도의 1.2~1.3배 정도인데, 정풍이 부는 경우 착륙거리를 단축시킬 수 있다. 비행기가 착륙할 때 활주로에 접지하여 지상 활주하는 거리를 뉴턴의 가속도의 법칙을 사용하여 정리하면 다음과 같다.

$$S_{GL} = \frac{w}{2g} \frac{V_{TD}^2}{F_m}$$

식에서 지상 활주거리는 비행기의 중량 w, 접지속도 V_{TD}의 제곱에 비례하고, 평균감속력 F_m에 반비례한다. 따라서 지상 활주거리를 짧

게 하기 위해서는 접지속도를 작게
하는 것이 아주 중요하다. 그러나 비
행기가 접지하는 순간까지 공중에 떠
있어야 하므로 비행기의 최저속도는
제한을 받게 된다. 즉 조종사는 비행
기 무게로 인해 접지속도를 작게 하
는 데 한계가 있다.

그러면 지상 활주거리를 짧게 하기
위하여 무게를 줄이는 방법이 있다.
여객기가 태평양을 건너 연료를 거의
소모하여 중량을 줄인 상태에서 착륙

▲ 캐나다 토론토 공항에 착륙중인 여객기
▼ 착륙시 작동 중인 스피드 브레이크

하는데는 문제가 없지만 연료를 가
득 채우고 이륙하자마자 착륙을 해야 하는 상황이 발생하면 착륙하중
을 초과하게 된다. 그래서 이륙한지 얼마 안 되는 여객기는 응급환자
가 발생하면 착륙을 위해 지정된 장소에 항공유를 버려 무게를 줄이
는 방법을 사용한다.

지상활주거리를 줄이기 위해 가장 좋은 방법은 비행기에 제동을 걸
어 평균감속력 F_m을 크게 하는 것이다. 이러한 방법을 위해서 비행기
는 엔진 역추력을 내는 장치를 작동하거나 비행기의 양력을 감소시키
고 항력을 증가시키기 위해 스포일러(spoiler, 양력을 감소시키는 장치), 에어브
레이크(air break, 항력을 증가시키는 장치), 드래그슈트 등을 사용한다. 스포일러
는 비행기가 활주로에 접지 후 양력으로 인해 무게가 지면에 충분히
작용하지 않으므로 착륙바퀴의 브레이크가 제대로 작동하지 못한다.
따라서 접지 후 스포일러를 작동하여 양력을 줄여야 브레이크 효과를 극대화할 수 있다. 한편 스포일러는 착륙 접근 중에 양항비를 감소시키거나 선회시 역요우(adverse yaw)를 방지하기 위해 공중에서 사용되기도 한다.

비행기 역추력장치(thrust reverser)는 엔진추력을 0으로 하거나 배기가스의 방향을 역방향으로 변경하여 비행기의 제동력을 얻는 장치다. 역추력장치는 활주로에 접지한 직후 비행기 속도가 빠를 때 그 효과가 크다. 따라서 조종사는 접지 후 바로 스포일러 또는 에어브레이크를 가동하고 역추력장치를 작동시켜 비행기 속도를 80˜60노트(시속 148~111km) 정도로 감속한다. 그리고 조종사는 역추력장치를 원상태로 조작한 후 착륙장치 브레이크를 사용한다. 만약 비행기 속도가 크게 감소한 후까지 역추력장치를 그대로 놔두면 배기가스가 엔진의 흡입구에 재흡입되어 재흡입 실속(reingestion stall)을 일으킬 수 있다.

일반적으로 터보팬 엔진 여객기의 역추력장치는 엔진의 중앙부분에서 분사되는 배기가스를 그대로 배출되도록 놔두고 바이패스되는 공기를 블록도어(block door)로 막아 비행기 진행방향으로 배출하는 방식을 사용한다. 이때, 추력은 역방향으로 변환되는데 역방향 추력은 전체

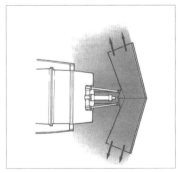
활주거리를 줄이기 위한 엔진 역추력 장치

포커 70의 역추력장치

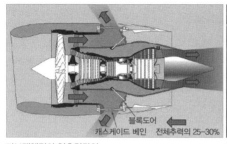
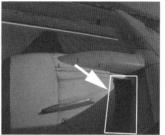

블록도어
캐스케이드 베인   전체추력의 25~30%

터보팬엔진의 역추력장치   B737의 역추력장치 가동(엔진 중간 부분 열림)

추력의 25~30%가 된다. 여객기가 활주로에 접지한 후 큰 엔진 소리가 나는 것은 사진의 B737 역추력장치와 같이 엔진의 중간 부분이 열리면서 바로 바이패스되는 공기를 앞쪽으로 분출시키기 때문이다.

여객기가 활주로에 접지하자마자 날개윗면에 누워 있던 판을 세우는 것을 관찰할 수 있다. 이것이 바로 스포일러로 양력을 크게 감소시키고 항력을 증가시키기 위함이다. 그렇지만 공중에서는 일부만 스포일러로 작동된다. 물론 비행기 바퀴에 제동을 가하여 착륙거리를 짧게 하는 것은 당연한 일이다. 한편 에어브레이크는 비행 조종면의 일종으로 스포일러와 달리 항력을 증가시켜 속도를 낮추는 역할을 한다. 스포일러와 에어브레이크는 조절 장치가 결합되어 있고 속도를 줄이는 역할도 일부 같아 하나의 장치로 착각하는 경우가 종종 있다.

드래그슈트는 '제동 낙하산(braking parachute)'이라고도 하는데 착륙 후 지상활주거리를 줄이기 위하여 비행기 뒷부분에서 낙하산처럼 펼치는 것을 말한다. 고속 비행기는 착륙할 때 고양력장치를 사용한다고 해도 날개 면적이 작아서 착륙하기 직전에 접지속도가 클 수밖에 없다. 그래서 고속 비행기는 착륙 후에 활주거리가 상당히 길어지게 된다. 드래그슈트는 F-4 팬텀이나 F-5 자유의 투사, 록히드 마틴의

▲ 활주로 접지 후 작동한 스포일러
▼ 록히드 SR-71 드래그슈트(drag chute)

SR-71, F-117A 등과 같은 군용기에 사용되고 있다. 특히 드래그슈트는 활주로가 젖었거나 눈이 와 미끄러운 상태일 때 아주 효과적이다. 실수로 공중에서 드래그슈트를 작동시키면 아주 위험할 수 있는데, 이때는 즉각 공중에서 드래그슈트를 분리시켜 제거해야 한다.

여객기는 착륙 후 드래그슈트가 퍼질 때 승객이나 기체에 충격을 줄 수 있고 정지 후 드래그슈트를 처리해야 하는 문제가 있어 드래그슈트를 사용하지 않는다.

새, 수학적 법칙에 따라 작동하는 기계

레오나르도 다 빈치는 1505년 새를 해부한 결과를 발표한다. "새는 수학적 법칙에 따라 작동하는 기계이며, 그 모든 운동을 인간 능력으로 구체화할 수 있다." 다 빈치가 발표한 논문은 사람들에게 하늘을 날 수 있다는 꿈과 희망을 심어 주었다. 이후 수백 년 동안 사람들은 새가 날개 치는 모습을 보며 하늘을 나는 꿈을 키웠다. 그러나 새가 나는 모습에 어떤 비행 원리가 숨어 있는지는 잘 몰랐다.

지구상에는 약 1만여 종의 새가 분포하며, 그 크기와 특성에 따라 다양하게 분류된다. 새의 날개는 앞발이 변형된 형태로 척추동물의 앞발이나 인간의 팔과 자주 비교된다. 새의 날개는 두 부분으로 나뉜다. 안쪽날개(inner wing)는 어깨와 팔꿈치를, 나머지 바깥날개(outer wing)는 손에 해당한다. 새는 이와 같은 진화를 통해 곤충에 비해 상대적으로 자유로운 움직임을 갖게 되었다. 이런 장점을 활용해 새는 날개 주위 유동장의 변화에 대해 능동적이며 적극적으로 대처할 수 있게 되었다.

날갯짓은 어깨를 중심으로 상하 방향으로 움직이는 플래핑 운동(flapping motion)과 날개축을 중심으로 회전하는 회전 운동(rotation motion), 손목을 꺾는 동작과 비슷한 폴딩 운동(folding motion) 등의 세 가지가 어우러진 운동이다. 이 가운데 날갯짓의 대부분은 플래핑 운동인데, 이것은 새가 추력을 내는 가장 주요한 방법이다. 또한 새의 날개는 각 스트로크(stroke, 한 번 날개 치기)마다 날개 축을 중심으로 회전운동을 수반하는데, 내전(pronation, 날개를 숙이는 회전운동)과 외전(supination, 날개를 들어 올리는 회전운동)이 함께 이루어진다. 위의 운동을 모두 포함하는 날갯짓을 패더링 운동(feathering motion)이라 하는데, 비행에서 적절한 양력과 추력을 생성하는 가장 중요한 운동이다.

위아래로 날개를 퍼덕거리는데, 어떻게 앞으로 전진하는 힘이 나오는 걸까? 이 문제에 대해서는 다양한 설명이 존재하는데, 물리적으로 가장 쉽게 접근할 수 있는 방법이 상대 받음각을 활용한 해석법이다. 다운스트로크(downsroke, 아래로 내려긋기)를 수행하면 날개에 작용하는 상대풍(relative wind)은 비행 방향에서 불어오는 것이 아니라, 날갯짓 운동과 합쳐져 새의 아래쪽에서 불어오는 효과가 나타난다. 이 때문에 양력은 전진 방향으로의 힘이 포함되어 나타나고, 이를 통해 새는 추력을 얻는다. 반면 업스트로크(upstroke, 위로 들어올리기)의 경우, 새는 다운스트로크에서 얻은 공력을 최대한 손실하지 않도록 날개를 접으면서 업스트로크를 한다. 새는 이 과정을 지속적으로 반복하면서 비행을 한다.

새는 종류에 따라 날개의 크기와 형태가 다른데, 이는 날갯짓에 의해 나타나는 유동장도 차이가 있음을 암시한다. 새의 날개를 통해 이뤄지는 유동장은 비행속도에 따라, 크게 두 가지로 분류할 수 있다. 새가 날갯짓을 하면 날개 주변에 있는 공기가 아래쪽으로 밀려 쏟아지는데, 이 유동을 '내리흐름(downwash, 비행 중 날개에 의해 아래로 내리미는 공기)'이라 한다. 새가 빠르게 비행할 경우, 내리흐름은 작게 나타난다. 전진 비행속도가 빠르면, 날개에서 받는 양력도 충분해지기 때문이다. 반면 새가 상대적으로 느리게 비행할 경우, 내리흐름은 커진다. 이 경우 새의 밑면으로 공기가 빠르게 밀

려 내려오는데, 이때 도넛과 같은 형상의 와류(vortex ring)가 반복적
으로 나타난다. 다시 말해 새는 작용반작용의 법칙(law of action and
reaction)에 의해 공중에 뜨는 것이다.

그리고 새는 비행 중에
도 날개를 오므렸다가 펴
는 동작을 반복하는데,
이를 스패닝 운동(spanning
motion, 여기서 가장 큰 비중을 차지
하는 것은 날개를 접는 운동이다.)
이라 한다. 이 스패닝 운
동을 통해 앞면 면적(frontal
area)을 조절해 항력을 조
절할 수 있다. 결국 스패

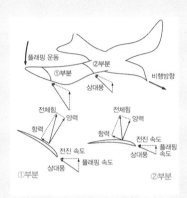

새의 날갯짓에 의한 추력의 생성 방법

닝 운동을 통해 더욱 적극적인 비행이 가능하다는 뜻이다. 매가
사냥하는 모습을 상상해 보자. 사냥을 위해 앞면 면적을 크게 줄
여 항력을 감소시키고 빠르게 강하하다 먹이를 낚아채는 순간 날
개를 크게 펼쳐 급정지를 하는 것을 알 수 있다.

또한 새는 각각의 생활습성에 따라 기하학적 평면 형태가 다른
날개를 갖고 있으며, 이에 따른 비행 방식도 다르게 나타난다. 고
양력 날개 형태를 갖는 매(매과)는 땅에서 사냥을 하며 살아가는 대
표적인 맹금류로 날개 끝이 갈라져 있다. 이러한 형태는 날개 끝
에서 발생하는 날개끝와류(wing tip vortex)를 줄여 전체적인 항력을
감소시킨다. 따라서 매의 날개는 큰 가로세로비를 갖는 날개와 유
사한 공기역학적 특성을 지닌다. 신천옹이나 군함새 등 바다 위에

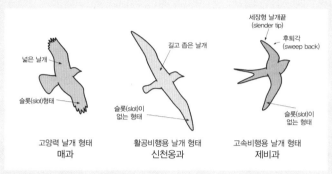

넓은 날개

슬롯(slot)형태

고양력 날개 형태
매과

길고 좁은 날개

슬롯(slot)이
없는 형태

활공비행용 날개 형태
신천옹과

세장형 날개끝
(slender tip)

후퇴각
(sweep back)

슬롯(slot)이
없는 형태

고속비행용 날개 형태
제비과

날개형태에 따른 새의 분류

서 오랫동안 비행하면서 물고기를 사냥하는 큰 새(신천옹과)는 주로 끝이 갈라져 있거나, 길고 가는 형태를 갖는다. 이러한 형태의 날개는 가로세로비와 날개의 면적이 크기 때문에 장시간 활공이 가능하다. 반면 제비나 칼새처럼 상대적으로 몸집이 작은 새(제비과)는 중간 크기의 날개를 갖고 부메랑처럼 스팬 방향으로 휘어진 날개 형태를 하고 있어 매우 민첩하게 비행할 수 있다. 그래서 공중에서 비행하는 곤충을 사냥할 수도 있으며, 순간적으로 제자리 비행을 하는 등의 높은 기동력을 발휘한다.

그동안 새에 관련된 대부분의 연구는 동물학(zoology)을 주축으로 수행되었으며, 상대적으로 새의 비행원리에 대한 연구는 미진했다. 최근 초소형 비행체의 등장과 함께 새의 날갯짓을 모방하여 공학적으로 활용하고자 하는 연구가 다각도로 진행되고 있다. 국내에서도 날갯짓 비행체의 자동제어를 통해 로봇화 하는 기술을 개발하고 있다.

3부 자연법칙을
따르는 비행기

뉴턴 VS 아인슈타인 ✈

스물셋 젊은 나이의 아이작 뉴턴(Isaac Newton, 1643~1727)은 다양한 호기심에 매혹되어 대부분의 시간을 고향에서 보내고 있었다. 만유인력과 미적분학, 색깔에 대한 이론 등 자신의 주요업적의 바탕이 되는 생각들을 대부분 이때 하게 된다. 사과가 떨어지는 것을 보고 만유인력의 법칙을 떠올렸다는 유명한 일화도 이 즈음이다.

　물론 관찰만으로 만유인력의 수식을 만들어 낸 것은 아니다. 뉴턴은 사과가 밑으로 떨어지는 것은 어떤 힘이 끌어당기기 때문이라고 생각했다. 그리고 그 생각을 확장해서 태양과 달은 떨어지지 않는데, 사과는 왜 떨어지는가에 대한 해답을 얻어낸 것이다. 뉴턴은 달이 당기는 힘도 지구 표면에 미칠 것이고 태양은 지구와 너무 먼 거리에 있어 지구 표면에 미치는 힘이 적을 것이라고 생각했다.

　뉴턴은 만유인력의 법칙을 관찰뿐만 아니라 케플러 법칙을 통해 알아냈다. 그는 두 물체 사이에는 잡아당기는 인력이 작용하는데, 물체의 질량과 관계가 있을 뿐만 아니라 거리의 제곱에 반비례한다는 사실을 수학적으로 이끌어냈다. 또한 그는 일찍이 수학에서 이항정리를 시작으로 무한급수까지 진전시켰으며 유율법(method of fluxions, 미분법에 관한 용어로서 뉴턴이 기하학을 바탕으로 발견한 순간적인 변화량을 구하는 방법을 말함)을 발견하고 이것을 구적 및 접선 문제에 응용했다.

한편 핼리혜성의 발견자로 널리 알려진 에드먼드 핼리(Edmond Halley, 1656~1742)는 로버트 후크(Robert Hooke, 1635~1703)와 함께 역제곱 법칙(두 물체 사이에 작용하는 힘이 거리의 제곱에 반비례한다는 법칙)을 이론적 근거로 해서 행성의 운동 문제를 해결하기 위해 노력했으나 어려움을 겪고 있었다. 그러던 중 1684년 8월 핼리는 뉴턴이 역제곱 법칙을 근거로 행성의 운동 문제를 해결했다는 소식을 듣고 케임브리지를 방문했다. 뉴턴은 핼리에게 하나의 증명을 보여주었다. 그의 증명을 본 핼리는 깊은 감동을 받고는 뉴턴에게 이런 생각과 법칙을 많은 사람들이 공유할 수 있도록 출판을 권했다. 핼리의 추천을 받은 후 뉴턴은 〈운동에 관해서〉라는 소논문으로 자신의 연구 성과를 발표하려고 하였다. 그러나 왕립학회로부터 출판 허락을 받은 뒤, 보다 자세한 내용을 책에 담기로 마음먹었다. 이후 뉴턴은 1년 반 동안 집필에 전념한다. 그렇게 발표된 책이 《자연철학의 수학적 원리(Philosophiae Naturalis Principia Mathematica)》(1687) 일명 '프린키피아(Principia)'다. 라틴어로 쓰인 이 책은 이후 근대 이론물리학의 기초가 되었다.

당시 사람들도 행성 운동과 연관된 힘이 거리의 제곱에 반비례한다는 사실은 어렴풋이 알고 있었지만, 수학적으로는 손 대지 못하고 있었다. 그러나 뉴턴은 이 문제를 해결하고 유명한 '만유인력의 법칙'을 확립했다.

항공우주공학 분야에서 뉴턴의 최대 업적은 역시 '고전역학'이다. 고전역학은 비행기가 날아가는 현상을 시뮬레이션할 수 있는 이론적 토대를 제공했다. 고전역학의 완성판이라고

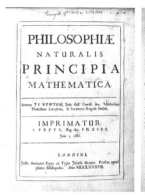

1687년 발간된 뉴턴의 프린키피아

불리는 '프린키피아'는 3부로 구성되어 있으며, 간단한 유율법의 설명부터 역학의 원리, 인력의 법칙과 응용, 태양과 행성의 운동에 따른 조석의 변화 등에 이르기까지 체계적으로 전개된다. 특히 이 책의 앞부분에는 관성의 법칙(뉴턴의 제1법칙), 힘과 가속도에 관한 운동 법칙(뉴턴의 제2법칙), 작용–반작용의 법칙(뉴턴의 제3법칙) 등 뉴턴의 유명한 '운동의 3법칙'이 등장한다.

뉴턴은 지상의 물체와 천체의 운동을 통합함으로써 만유인력의 법칙을 발견하고 동시에 역학 체계를 3가지 법칙으로 전개했다. 뉴턴은 가설과 실증, 분석과 종합 등의 과정을 통해 체계적으로 인식함으로써 역학이 근대과학으로 성립되는데 큰 공헌을 한다. 이후 역학은 많은 실험과 현상에 대한 적용으로 정당성을 획득하고 19세기에 비로소 체계적으로 정비된다. 그래서 자연현상이 모두 역학적 법칙에 의거하여 결정된다는 역학적 자연관을 만들었고 후세에 커다란 영향을 끼친다. 이로써 뉴턴은 근대 이론과학의 아버지가 되었다.

뉴턴은 프린키피아에서 '절대공간'과 '절대시간'이라는 개념을 도입했다. 고전물리학에서 시간과 공간은 독립적으로 존재하며 서로에게 영향을 미치지 않는다. 뉴턴은 절대공간에 정지해 있는 관측계는 등

뉴턴과 아인슈타인

속도 운동을 하는 관성계(역학법칙이 동등한 기준계)와 동일하다고 보았다. 이는 빠른 속도로 움직이는 지구와 정지해 있는 지구가 같은 물리법칙이 성립한다는 의미다.

예를 들어, 일정한 속도로 비행하는 여객기 안에서 밖을 보면 구름이나 다른 지형지물이 스쳐지나가기 때문에 날아가는 속도를 느낄 수 있다. 그러나 굳이 밖을 쳐다보지 않는다면 비행기 안에서 정지한 것과 똑같이 느낄 수 있다. 지구가 빠른 속도로 자전하고 있지만 우리는 속도를 못 느끼고 사는 것처럼 말이다. 그리고 300㎞의 속도로 달리는 기차 안에서 같은 방향을 100㎞의 속도로 달리고 있는 자동차를 보면, 마치 그 자동차가 200㎞의 속도로 뒤쪽을 향해 달리는 것처럼 보인다. 이것은 우리가 일반적으로 경험할 수 있는 현상이며, 고전물리학의 이론과 잘 들어맞는다.

그러나 뉴턴의 이론은 알베르트 아인슈타인(Albert Einstein, 1879~1955)이 발표한 '상대성이론'에 의해 타격을 입는다. 아인슈타인의 상대성이론은 기존 고전물리학의 시간과 공간에 대한 해석이 완전히 다르다. 뉴턴은 시간과 공간을 서로 독립적이고 절대적인 요소라 생각했지만, 아인슈타인은 시간과 공간이 서로 분리될 수 없다고 생각했다. 아인슈타인은 1905년 발표한 특수상대성이론에서 어느 관측계에서나 빛의 속도는 다 똑같고, 이 때문에 시간은 상대적이라고 생각했다. 빛의 속도가 변하지 않는다는 것을 보이기 위해서는 다른 좌표 변환식이 필요했다. 그래서 아인슈타인은 '서로 등속도로 움직이는 모든 좌표계에서 같은 물리법칙이 성립되고 서로 다른 상태에 있는 관측자가 측정한 물리량은 달라야 한다.'는 특수상대성 원리를 성립하기 위해 4차원 시공간개념을 찾아낸 것이다. 그래서 아인슈타인은 빛의 속도가 일정하다는 것을 지키기 위해 과감하게 물리량을 희생시킨 것이다. 아인슈타인은 빛의 속도로 비행하는 항공기에서 빛의 속도로 날아가는 미사일을 발사할 경우, 미사일의 속도는 빛의 속도보다 2배 빠른 것이 아니라 다시 빛의 속도가 되도록 수정한 것이다. 이와 같이 빛의 속도로 날아가는 것은 전혀 경험할 수 없기 때문에 실제 생활에서는 느낄 수 없다.

2011년 9월 유럽입자물리연구소(CERN)는 '중성미립자(뉴트리노)'가 빛보다 더 빠르다고 발표했다. 세른(CERN, Conseil Européen pour la Recherche Nucléaire)은 스위스 제네바 인근 입자가속기(LHC)에서 730㎞ 떨어진 이탈리아의 그란사소(Gransasso)까지 중성미립자를 발사하여 속도를 3년 동안 1만 5,000번이나 측정했다. 그 결과 세른은 중성미립자가 빛보다 60나노 초(10억분의 60초) 빠르다고 발표하여 100여 년 동안 절대적인 진리로 여겨졌던 것을 아인슈타인의 상대성이론을 뒤흔들었다. 빛의 속도는 초당 2억 9,979만 2,458m이고 중성미립자는 초속 2억 9,979만 8,454m로 측정된 것이다. 이와 같이 빛의 속력 장벽을 깬 결과는 앞으로 많은 과학자들이 지속적으로 검증하고 연구를 수행하겠지만 물리학계에서는 빛의 장벽이 깨졌다고 생각하지 않는 분위기다.

특수상대성이론은 등속도로 운동하는 관성계에서만 성립한다는 한계가 있다. 그래서 아인슈타인은 중력과 가속도가 같다는 등가원리를 이용하여, 1916년 다시 일반상대성이론을 발표한다. 이것은 가속도를 갖는 계에도 일반적으로 적용되는 이론으로 특수상대성이론을 확장·일반화한 것이다. 질량이 없는 빛과 질량을 가진 물체가 중력에 의해 휘어진 공간을 통과하는 경우, 모두 휘어진다는 내용이다. 일반상대성이론은 두 물체 사이의 원격작용에 의해 작용하는 힘이라고 설명하는 중력이론(뉴턴)의 한계를 넘어 휘어진 시공간의 곡률에 의해 빛도 휘어진다는 것이다. 따라서 질량이 큰 태양 근처를 지나는 빛은 질량이 없는 시공간을 통과할 때보다 많이 휜다는 말이다. 1919년 아서 에딩턴(Arthur Stanley Eddington, 1882~1944)은 개기일식(태양이 달의 그림자에 완전히 가려지는 현상) 때 태양 근처를 지나는 별의 사진을 찍어 태양이 없는 밤에 찍은 사진과 비교하였다. 그 결과 태양에 가까운 별일수록 빛이 많이 휜다는 아인슈타인의 이론을 검증했다.

아인슈타인의 상대성이론과 뉴턴 고전물리학은 서로 다른 시공간을 이용해 대상을 해석하는 동역학으로 서로 다른 체계다. 그러나 고전물리학이나 상대성 이론이나 빛에 비해 훨씬 느리게 운동하는 경우와 질량을 가진 물체를 기술할 때는 아무런 차이가 없다. 아음속이든 초음속이든 날아가는 비행기는 빛에 비해 속도가 아주 느리고 중력을 받는 물체이므로 뉴턴의 물리법칙을 따르게 된다. 어쨌든 우리는 여전히 뉴턴의 고전물리학이 지배하는 세계에 살고 있다.

✈ 갈릴레이의 낙하실험과 종단속도

'갈릴레이의 마지막 제자'로 알려진 빈센초 비비아니(Vincenzo Viviani, 1622~1703)가 쓴 《갈릴레이 전기》에 따르면, 근대역학의 기초를 세운 이탈리아의 천문학자 갈릴레오 갈릴레이(Galileo Galilei, 1564~1642)는 '피사의 사탑'에서 무게가 다른 두 개의 공을 떨어뜨리는 낙하실험을 했다고 한다.

갈릴레이가 피사의 사탑에서 낙하실험을 했다는 기록이 없어서 비비아니가 꾸며낸 이야기이라는 설도 있지만, 어쨌든 갈릴레이는 1파운드와 10파운드의 공을 높이 55m의 탑에서 떨어뜨려 낙하실험을 한 후, '지표면 위의 같은 높이에서 자유 낙하하는 물체는 질량과 무관하게 동시에 떨어진다.'고 주장했다. 무거운 물체가 먼저 떨어진다는 기존의 학설을 뒤집는 새로운 학설이었다. 공기의 저항을 무시할 경우, 같은 시간 동안에 자유낙하하는 물체의 운동거리는 물체의 질량과 관계없이 시간의 제곱에 비례한다는 것이다. 이와 같이 질량과 무관하게 동시에 떨어진다는 갈릴레이의 주장은 공기의 저항을 고려하지 않는다면 타당하다. 그러나 실제로는 표면적이 같더라도 질량에 따라 낙하속도는 차이가 난다.

예를 들어, 피사의 사탑에서 반지름은 15㎝로 동일하지만 납과 나무로 만든 공을 동시에 떨어뜨리면 어느 것이 먼저 떨어질까? 납으로 만든 공은 가속도가 크기 때문에 나무로 만든 공보다 약 3m 정도 더 빨리 떨어진다. 어떤 물체가 공기나 물과 같은 유체를 통과할 때, 물체는 항력을 받아 운동이 지연되기 마련이다. 공이 처음 떨어지는 순간, 공에 작용하는 공기 저항력은 0이다. 만

피사의 사탑

약 중력이 공기 저항력보다 더 큰 경우, 알짜 힘(net force)이 아래로 작용해 가속도가 증가한다. 물체의 낙하 속도가 증가함에 따라, 공기 저항력 역시 속도와 함께 증가한다. 공이 낙하하다가 어느 속도에 이르면 공기 저항력이 공의 중력과 같아져 알짜 힘은 0이 된다. 이후 공은 일정한 속도로 떨어지며 공기 저항력도 더 이상 증가하지 않는다. 이 일정한 속도를 '종단속도(terminal velocity)'라고 한다. 종단속도는 물체의 항력과 무게의 관계를 나타내는 것으로, 물체가 떨어질 때 속도가 증가하다가 일정한 속도에 도달하면 더 이상 증가하지 않는 최대속도를 말한다.

질량이 큰 납으로 만든 공은 질량이 작은 나무로 만든 공에 비해 더 큰 종단속도를 갖는다. 다시 말해 납으로 만든 공이 나무로 만든 공보다 종단속도가 빠르기 때문에 먼저 떨어진다는 의미다.

낙하산을 펴지 않고 떨어지는 경우, 사람의 종단속도는 대략 시속 240km에 육박한다. 한편 빗방울은 떨어지면서 부서지지 않고 구의 형태를 유지하려면 5mm 이상이 될 수 없다. 직경 5mm의 빗방울의 종단속도는 약 10.8m/sec 정도다. 그러므로 지상에 떨어지는 빗방울의 최대속도는 대략 11m/sec 정도다. 빗방울이나 우박이 피해를 입히지 않도록 종단속도가 존재하는 것도 과학의 원리인 셈이다.

비행기에 적용되는
자연법칙

모든 항공기는 자연법칙을 준수하면서 날아가기 때문에 자연법칙(질량 보존의 법칙, 선형 운동량 보존의 법칙, 에너지 보존의 법칙)으로부터 유도된 일반방정식(연속 방정식, 운동량 방정식, 에너지 방정식)을 풀면 공기역학적 현상, 양력과 항력 등을 해석할 수 있다. 항공기가 날아갈 때 항공기 주위에 발생하는 유동 성질(압력 P, 밀도 ρ, 온도 T, 속도 V)을 일반방정식으로 풀어 유동장의 모든 점에서 계산하면 항공기 표면에서 일어나는 유동 성질의 분포를

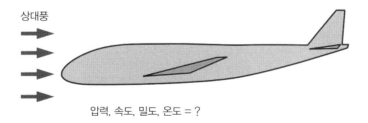

상대풍

압력, 속도, 밀도, 온도 = ?

항공기에 작용하는 유동성질

알 수 있다. 그러면 항공기에 작용하는 힘(양력, 항력)이나 모멘트(물체를 회전시키기 위한 원인 또는 원인이 되려고 하는 힘), 항공기 표면 온도 등을 계산할 수 있다.

비행기가 날아갈 때 비행기 주위의 공기밀도는 변하지만 속도가 시속 370㎞(마하수 M=0.3)보다 느린 경우에는 밀도의 변화율이 5%보다 작아 밀도의 변화를 무시해도 된다. 이 경우 밀도와 온도의 변화가 작아 미지수로 생각하지 않고 일정한 상수로 간주할 수 있다. 따라서 소형 비행기와 같이 속도가 느린 경우 비행기주위 흐름의 미지수는 P(압력), 속도벡터 $\vec{V}(u, v, w)$ 등 4개가 된다. 이를 해석하기 위해서는 총 4개의 방정식이 필요하며 이것은 연속방정식과 운동량방정식(3차원인 경우 3개)만 있으면 된다. 즉 밀도의 변화를 무시하는 비압축성 흐름에서는 에너지방정식과 완전기체의 상태방정식(P=ρRT, 분자간의 힘이 존재하지 않는 완전기체를 효과적으로 기술하는 데 사용되는 식)을 사용하지 않고 연속방정식과 운동량방정식만으로 해석이 가능하다. 이렇게 밀도의 변화를 무시하고 해석한 결과는 실제 밀도를 고려하여 해석한 결과와 크게 다르지 않다.

공기 흐름을 지배하는 자연법칙(질량 보존의 법칙, 선형 운동량 보존의 법칙, 에너지 보존의 법칙)은 전 세계의 공통어, 수학으로 표현된다. 따라서 수학적으로 표현된 일반방정식은 비행기가 날아갈 때 발생하는 공기역학적 흐름 현상을 지배하는 자연법칙으로 나타낸 것이다. 뉴턴의 선형 운동량 보존법칙($F = m\vec{a}$)은 자연법칙처럼 사용하지만, 엄밀히 따지면 자연법칙이 아니라 힘을 정의하는 법칙이다. 아무튼 이러한 자연법칙으로부터 일반방정식의 유도과정은 이공계 고등교육 과정을 살펴보면 쉽게 찾아볼 수 있다. 하지만 운동량 방정식(나비어-스톡스 방정식)과 같은 비선형 편미분방정식(미지 함수가 여러 가지 변수를 갖는 함수일 때 미지 함수의 편도함수를 포함하는 방정식)은 연구 논문을 뒤져야 할 정도로 어렵다. 일반방정식의 해는 경계 조건에 따라 무궁무진하다. 따라서 공기 흐름을 연구하는 공기역학자들은 어떠한 유동 문제에도 적용할 수 있는 일반방정식을 특정 유동 문제에 적용하여 해석한다.

이와 같이 물체에 작용하는 양력, 항력 같은 힘과 모멘트, 표면 열전달 등을 구하는 것이 이론 유체역학의 하나다. 특정한 형태를 갖는 비행기에 대해 실험하지도 않고 방정식을 수치적으로 풀어 계산할 수 있다는 것이다. 보잉747과 같은 특정한 여객기가 날아갈 때 여객기에 작용하는 힘과 모멘트, 열전달 등의 현상을 알기 위하여 특정 비행기에 대한 경계조건(비행기 형태, 비행조건 등)을 만족하는 방정식의 해를 구하면 된다.

그러면 실제 문제로 들어가서 생각해보자. 보잉747 및 에어버스380 등과 같은 커다란 비행기가 날아갈 때 발생하는 양력과 항력을 실제로 띄워보지 않고 구할 수 있다. 베르누이 방정식과 오일러 방정식을 거쳐 1845년에 유도된 나비어-스톡스 방정식(Navier-Stokes equation, 점성유체의 운동량방정식)을 풀면 비교적 정확한 답을 구할 수 있는 것이다. 수학적으로 매우 복잡한 나비어-스톡스 방정식을 손으로 풀기란 불가능에 가깝다. 그래서 컴퓨터로 계산한다. 미국 매사추세츠 주 케임브리지에 위치한 클레이수학연구소(CMI, Clay Mathematics Institute)는 2000년도에 수학의 난제 7가지를 뽑아 문제마다 100만 달러의 상금을 걸었다. 그중 하나가 나비어-스톡스 방정식이다.

나비어-스톡스 방정식은 초기 조건과 경계 조건으로 주어진 유체에 관한 연립미분방정식의 일반해를 구하는 문제다. 나비어-스톡스 방정식은 전산유체역학 기법을 이용한 근사해를 써야 겨우 풀 수 있다. 지금도 그런데 1800년대 중반, 비행기도 없던 시절에 비행기가 날아가는 현상을 시뮬레이션하는 나비어-스톡스 방정식을 어떻게 유도했을까? 비행기 주위의 흐름 해석 문제는 뉴턴의 운동법칙으로부터 시작된다.

뉴턴은 1687년 그의 저서인 '프린키피아'에서 힘과 가속도에 관한 뉴턴의 제2법칙($F=m\vec{a}$)을 유도한다. 이것이 바로 비행기가 날아갈 때 적용할 수 있는 가장 근본적인 물리적인 법칙이다. 대기 속을 비행하는 비행기는 등속도 운동을 하거나 가속도 $\vec{a}$를 갖고 움직인다. 등속도 운동을 한다면 $\sum \vec{F} = 0$을, 가속도가 있으면 $F=m\vec{a}$를 적용할 수 있어 어떤 운동이든 뉴턴의 제2법칙(가속도의 법칙)을 적용할 수 있다.

스위스의 천재 수학자 다니엘 베르누이(Daniel Bernoulli, 1700~1782)는 뉴턴의 제2법칙이 발표되고 51년이 지난 1738년, '베르누이 방정식'을 발표한다. 베르누이 방정식은 유체역학에서 가장 오래되고 영향력 있는 공식이다. 방정식을 유도한 그도 베르누이 방정식이 21세기 유체공학 및 비행기에 그렇게 폭넓게 적용될지 몰랐을 것이다. 다니엘의 기체 운동에 대한 생각은 그의 저서 《유체역학(Hydrodynamics)》(1738)에 잘 나타나있다.

다니엘 베르누이는 네덜란드 그로닝겐에서 출생했으나 사망할 때까지 대부분의 시간을 스위스의 바젤에서 보낸다. 그는 수학자와 물리학자, 철학자가 많이 배출된 명문가에서 태어났다. 아버지 요한 베르누이(Johann Bernoulli, 1667~1748)는 미적분학, 미분방정식, 최속강하선(cycloid) 등의 연구에서 큰 업적을 남겼다. 그리고 아버지의 형 자코브 베르누이(Jakob Bernoulli, 1654~1705)는 적분조건을 만들어 냈다. 다니엘 베르누이의 형과 동생도 수학자이자 물리학자였다.

수학자 자코브는 동생 요한을 수학자로 이끈 스승이지만, 둘이 갈등이 아주 심했다. 자코브는 동생 요한이 자신보다 훌륭한 학자로 인정받는 것이 못마땅했다. 그래서 자신이 재직하던 바젤대학에 요한이 교수로 임용되는 것을 방해했다. 그래서 요한은 어쩔 수 없이 네덜란드 그로닝겐대학(University of Groningen)에 자리를 잡는다. 이

베르누이

때 다니엘이 태어났다. 그러나 얼마 지나지 않아 자코브가 결핵으로 사망하자, 요한은 형을 대신해 바젤대학으로 자리를 옮겼다.

요한 베르누이는 수학자는 가난하다면서 다니엘이 비즈니스를 공부하기 바랐다. 그러나 다니엘은 수학을 공부하고 싶다며 거절했다. 하지만 요한은 다니엘에게 재차 수학 대신 의학을 공부하라고 조언한다. 결국 다니엘은 아버지 요한에게 개인적으로 수학을 배우는 조건으로 아버지의 요청을 수락한다. 베르누이는 15세에 대학을 졸업하고 16세에 석사학위를 취득한 후, 본격적으로 의학 교육을 받는다. 21살에 의학교육을 마친 다니엘은 바젤대학의 교수직에 두 번이나 지원하지만 모두 실패한다. 그러다가 1724년 러시아 여왕 캐서린 1세의 초청을 받은 다니엘은 상트페테르부르크과학아카데미의 수학 교수로 초빙되어 간다. 다니엘은 이때부터 본격적으로 수학 분야에 관심을 가지고 책을 쓰기 시작했다.

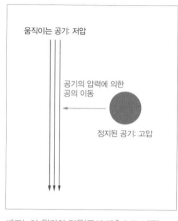

움직이는 공기: 저압

공기의 압력에 의한
공의 이동

정지된 공기: 고압

베르누이 원리의 적용(공이 좌측으로 이동)

베르누이 방정식은 압력과 속도에 관한 관계식으로 유체의 속도가 증가하면 운동에너지가 증가하고 압력이 감소한다는 의미를 나타낸 것이다. 베르누이 방정식은 뉴턴의 제2법칙($F = m\vec{a}$)을 적용한 오일러 방정식보다 먼저 발표되었다. 베르누이는 발표 당시 오일러 방정식을 모르고 있었다. 이는 베르누이가 뉴턴의 제2법칙을 사용하지 않고 에너지보존법칙을 사용해 유도했다는 의미다.

1700년대 당시에는 유체의 마찰로 인한 점성(서로 붙어 있는 부분이 떨어지지 않으려는 성질로 형태가 변화할 때 나타나는 유체의 저항을 말함)현상을 전혀 알지 못했다. 당연히 방정식에도 고려하지 못했다. 프랑스의 수학자 달랑베르(Jean Le Rond d'Alembert, 1717~1783)는 1744년도에 마찰이 없는 대칭형 물체의 항력은 0이 되어야 한다고 밝혔다. 그러나 실제로는 점성이 있기 때문에 항력이 작용한다. 이를 '달랑베르의 패러독스(d'Alembert's paradox)'라고 한다. 그는 유체역학 분야에 처음으로 미분방정식을 도입하여 이후 연구에 초석이 되었다.

그의 연구는 "수학의 모차르트"라 불리는 스위스의 천재 수학자, 레온하르트 오일러(Leonhard Euler, 1707~1783)에 의해 확장된다. 오일러는 스위스 바젤에서 태어났지만, 삶의 대부분을 러시아 상트페테르부르크와 독일 베를린에서 보냈다. 그는 대수학, 해석학, 기하학, 확률론, 위상수학 및 그래프 이론 등 다양한 분야에서 중요한 발견을 했다. 그는 많은 현대 수학적 용어와 표기법, 특히 함수의 개념과 같은 수학적 해석을 도입해 현재 사용하고 있는 수학 기호를 창안한 사람이다.

또한 그는 역학, 광학, 음향학, 천문학 분야에서도 800여 편의 논문을 발표하는 등 두각을 나타냈다.

그의 아버지 폴 오일러 역시 당시 유명한 수학자였다. 또 다니엘 베르누이의 아버지, 요한 베르누이와 친구였다. 두 집안의 관계는 돈독했으며 요한은 오일러에게 수학을 가르치는 스승이 되었다. 오일러는 베르누이의 집을 드나들면서 다니엘과 가깝게 지낸다. 오일러는 다니엘 베르누이보다 7살 어리지만 친구처럼 가깝게 지냈으며 유체역학 분야에서 그로부터 많은 영향을 받았다.

상트페테르부르크과학아카데미에 수학 교수로 초빙되어 간 다니엘 베르누이는 함께 간 형 니콜라스가 맹장염으로 죽자, 그 자리에 오일러를 추천한다. 피터 대제에 의해 설립된 상트페테르부르크과학아카데미는 러시아의 교육을 개선하고 서부 유럽과 과학 격차를 줄이려 했다. 하지만 러시아 정부의 검열 등에 염증을 느낀 다니엘 베르누이가 다시 스위스 바젤로 돌아가자, 오일러는 그의 자리를 이어받는다.

1741년 오일러는 러시아의 혼란과 비우호적 태도에 싫증을 느껴 14년 동안 지낸 상트페데르부르크를 떠나 독일 베를린아카데미에 자리를 잡는다. 오일러는 베를린아카데미에 상당한 공헌을 했음에도 불구하

레온하르트 오일러

베르누이, 오일러, 나비어 스톡스 방정식 간의 관계

고 1766년 반 강제적으로 베를린을 떠났다. 그는 다시 상트페데르부르크로 돌아가 17년 동안 그의 여생을 보냈다.

오일러는 1755년 파리아카데미에 〈유체 운동의 일반법칙들(General laws of the motion of fluids)〉이라는 논문을 제출하고 유체에 작용하는 힘과 운동에 대한 관계식을 발표한다. 이것이 바로 현대 유체역학의 출발점으로 평가받는 '오일러의 운동방정식(Euler's equation of motion)'이다. 뒤이어 오일러는 유체의 운동방정식을 기술한 논문을 1757년 〈베를린아카데미 프로시딩(Proceedings, 학술회의나 심포지엄 등에 발표된 논문들을 묶어서 발간한 책자)〉에 발표했다. 점성이 없다고 가정한 비점성 유체 흐름에 뉴턴의 제2법칙을 적용해 유도한 것이다. 오일러 방정식에서 밀도가 일정하다고 가정하고 적분하면 베르누이 방정식과 같아진다. 다시 말해 오일러는 이미 발표된 베르누이 방정식을 포함할 수 있는 방정식을 유도한 것이다. 당시에는 유체의 점성현상을 알지 못했기 때문에 당연히 비행기 주위의 점성흐름현상을 완벽하게 풀 수 있는 방정식은 없었다.

1821년 구조역학을 전공한 프랑스의 엔지니어 앙리 나비어(Henri Navier, 1785~1836)는 일반 탄성론을 수학적으로 응용할 수 있는 형태로 공식을 만들었다. 그리고 이듬해 비압축성인 점성유체에 대한 운동방정식으로 확장하여 과학아카데미에 논문을 발표했다. 나비어는 유체 내에서의 마찰에 의한 전단응력(shear stress, 물체의 어떤 면에서 서로 어긋나는 변형이 발생할 때, 그 면에 평행인 방향으로 작용하여 버티는 힘으로 전단응력의 예로 마찰력을 들 수 있음.)에 대해 정확히 파악하지 못했지만 유체내의 분자들 간에 작용하는 힘을 고려해서 오일러의 공식들을 보완했다.

스톡스(George Stokes, 1819~1903)는 아일랜드에서 태어난 영국의 수학물리학자로 1843년도에 첫 번째 논문으로 비압축성 유체의 정상운동 및 유체운동의 몇 가지 사례를 발표한다. 그는 유체 운동에서 점성이론을 일일이 따져가는 법을 알아냈지만, 이미 나비어가 이 문제를 다뤘음을 뒤늦게 알게 된다. 스톡스는 다시 자신이 창작한 논문임을 입증하기 위해 나비어와는 다른 가정들을 추가해 자신의 이론을 강화한다. 1845년 드디어 스톡스는 동점성계수를 도입하여 〈탄성고체의 거동 및 평형상태, 그리고 유체운동의 내부마찰의 이론에 관하여(On the theories of the internal friction of fluids in motion, and of the equilibrium and motion of elastic solids)〉(Trans. Camb. Phil. Soc., 8, pp. 287~305, 1845)라는 제목의 연구논문을 발표한다. 그는 마찰이 없다고 가정한 오일러의 공식을 점성유체에 대한 전단응력(shear stress)을 고려·수정해서 나비어-스톡스 방정식을 완성했다.

스톡스는 점성유체에 대한 나비어-스톡스 방정식을 완성하여 비행기가 날아가는 현상을 시뮬레이션 할 수 있는 역사적인 공식을 만들었다. 나비어와 스톡스는 각각 1822년과 1845년에 방정식을 유도했으니 1903년에 처음 등장한 동력 비행기 플라이어호의 모습을 비롯하여 각종 비행기의 모습을 전혀 보지 못했다. 그러므로 나비어와 스톡스는 자신들의 방정식이 비행기가 날아가는 현상을 컴퓨터 시뮬레이션 할 때 적용될 것이라고는 꿈에서조차 생각하지 못했을 것이다.

이와 같이 비행기 주위에 발생하는 흐름현상을 해석할 때 근본이 되는 방정식은 1687년 뉴턴의 제2법칙부터 시작하여, 1738년 베르누

나비어

스톡스

이 방정식과 1755년 오일러 방정식을 거쳐 1845년 완벽한 나비어-스톡스 방정식으로 완성됐다. 이렇듯 자연법칙으로 유도된 방정식을 역사적으로 살펴보면 그 시대에 알려진 수학의 발전 배경에 따라 차근차근 유도될 수밖에 없다는 것을 알 수 있다.

이러한 나비어-스톡스 방정식에서 점성 항을 제거(점성효과가 작을 때 제거 가능함)하면 비점성 방정식인 오일러 방정식이 된다. 여기서 비압축성이라 가정(비행 마하수가 0.3보다 작을 때 가정 가능함)하여 밀도를 상수로 놓고 적분하면 베르누이 방정식이 된다. 당시 베르누이는 오일러 방정식과 나비어-스톡스 방정식을 모르고 있었다. 이러한 베르누이 방정식의 가정과 물리적 의미는 다음과 같이 요약할 수 있다.

첫째, 베르누이는 1738년 당시 고전역학을 뉴턴과 달리 에너지개념을 사용하여 방정식을 유도하였지만 상기 식은 유체흐름에 대해 뉴턴의 제2 법칙인 $F = m\vec{a}$를 적용한 결과로 볼 수 있다. 둘째, 베르누이 방정식은 흐름이 유선을 따라 흐를 때 다른 두 점 사이의 유동성질에 관한 관계식이다. 셋째, 압축성 흐름에서는 밀도가 상수가 아닌 변수로 취급되어야 하므로 베르누이 방정식은 압축성유체 즉 고속흐름에 적용할 수 없다. 마지막으로 베르누이 방정식은 점성이 없는 비점성 흐름과 밀도가 일정한 비압축성 흐름에만 적용할 수 있는 식이다.

이와 같은 베르누이 방정식의 가정과 물리적 의미를 무시하고 사용하면 베르누이 방정식은 전혀 맞지 않는다. 하지만 실제 흐름현상에서도 마하수가 M=0.3보다 느려 비압축성이라 가정할 수 있고 날개의 받음각이 크지 않아 점성효과가 거의 나타나지 않을 경우에는 베르누이 방정식도 적용할 수 있다. 이 경우 유동문제를 복잡한 나비어-스톡스 방정식을 풀지 않고 간단한 베르누이 방정식을 풀어서 쉽게 해결할 수 있다. 물론 이때 베르누이 방정식으로 해결된 결과는 당연히 복잡한 나비어-스톡스 방정식으로 풀어서 나온 결과와 일치한다.

나비어-스톡스 방정식은 수학적으로 풀기 곤란한 비선형 편미분 방정식(Nonlinear Partial Differential Equation)이기 때문에 오랫동안 유체역학의 문제를 해결하는데 제대로 활용되지 못했다. 그러나 20세기 중반 이후 컴퓨터가 획기적으로 발전하면서, 나비어-스톡스 방정식을 수치적으로 해석하는 전산유체역학 기법으로 근사해(approximate solution)를 구할 수 있게 되었다. 비행기 주위의 모든 점에서 유동 성질(압력, 밀도, 속도, 온도)을 컴퓨터로 수치적으로 계산하면, 비행기 표면에 작용하는 유동 성질을 구해 활용할 수 있게 되었다는 의미다.

✈ 달랑베르의 패러독스

비점성(점성이 없음), 비압축성(밀도가 일정함)으로 가정한 유체 내에서 일정한 속도로 운동하는 물체는 저항력을 받지 않는다. 실제 물체 주위의 흐름을 계산할 때, 점성과 압축성을 고려해서 나비

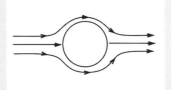 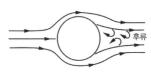

비점성인 경우 원통주위의 흐름(항력=0)   점성인 경우 원통주위의 흐름

어–스톡스 방정식을 풀어야 한다. 비점성, 비압축성을 가정하면, 운동방정식은 베르누이 방정식으로 간단해진다. 이러한 경우 상하 좌우 대칭인 2차원 원통(circular cylinder)에 작용하는 힘은 0이다. 그림과 같이 양력도 0이고 항력도 0이다. 그러나 실제 유체에서는 점성으로 인해 후류와 함께 항력이 작용한다.

달랑베르는 1744년에 논문을 통해서 2차원 대칭형 물체를 통과하는 비점성, 비압축성 흐름에 의한 항력이 0이라고 밝혔다. 그러나 원통에서 항력이 0이라는 사실은 경험적 사실과 다르다. 이것을 '달랑베르의 패러독스(d'Alembert's paradox)'라 부른다.

그는 여러 가지 방법으로 이 문제를 분석하려 했으나 끝내 점성이 항력에 미치는 영향은 밝혀내지 못했다. 그는 마찰이 없는 상태, 즉 비점성을 가정한 운동량방정식을 사용하였기 때문에 그가 계산한 항력이 0이 되는 것은 지극히 당연했다. 그러나 역설적으로 달랑베르의 패러독스는 훗날 유체역학의 발전에 지대한 공헌을 한다.

비행기,
머리부터 발끝까지 ✈

비행기는 각 기종에 따라 각종 부위 및 명칭이 조금씩 차이가 나지만 일반적으로 날개, 동체, 꼬리날개, 그리고 엔진 등으로 이루어져 있다. 비행기는 새와 물고기처럼 공기저항을 작게 받도록 유선형을 하고 있다. 아래 그림은 일반적인 고정익(fixed wing) 비행기를 구성하는 부분의 명칭을 나타낸 것이다.

수직꼬리날개
(수직안정판)
러더
에일러론
플랩
엘리베이터
수평꼬리날개
(수평안정판)
오른쪽 날개
왼쪽 날개
동체
엔진나셀

비행기의 구성품 명칭

날개는 비행기를 공중에 뜨게 하는 양력을 발생시키는 부분이며, 기체의 중량을 지탱하는 중요한 구실을 한다. 또한, 비행기의 성능에 부합되도록 다양한 크기와 모양을 갖추고 있으며 날개에 걸리는 하중을 견딜 수 있도록 튼튼하고도 가벼운 구조로 제작된다. 비행기 날개는 날개보(spar), 리브(rib), 보강재인 스트링거(stringer) 및 외피(skin) 등과 같은 주요부재들로 구성된다. 날개 내부에는 연료탱크가 있어 연료를 보관할 수 있으며 날개 외부에는 엔진을 장착할 수 있는 나셀(nacell), 외부 부착물을 연결하는 파일론(pylon), 양력을 감소시키는 스포일러(spoiler), 조종면인 에일러론(aileron), 고양력장치인 플랩(flap), 착륙장치(landing gear) 등이 장착되어 있다.

날개는 그 모양에 따라 직선익, 후퇴익, 테이퍼익, 델타익 등으로 구분한다. 직선익은 직사각형 모양의 날개로 날개 끝부분에서 실속현상이 발생하지 않아 저속에서 안정성이 좋은 장점이 있다. 그러나 직선익은 동체와 연결되는 날개뿌리 부분이 구조적으로 취약해 제1차 세계대전 이후 자취를 감추었다. 그러나 최근 합금기술의 발전으로 직선익을 튼튼한 구조로 제작할 수 있게 되어 저속에서의 기동성을 확보하기 위해 A-10과 같은 공격기에서 활용하고 있다.

후퇴익은 직선익에 후퇴각을 주어 고속에서의 공력 특성을 향상시킨 날개로 대부분의 비행기가 후퇴익을 택하고 있다. 그러나 이런 날개는 날개끝에서부터 실속이 발생하기 때문에 이를 방지하기 위해 경계층판을 장착하거나 날개뿌리와 날개끝의 장착각을 다르게 하기 위해 비틀림을 주기도 한다. 테이퍼익은 타원익과 직선익 날개의 특성을 절충한 날개로 저속에서는 물론 초음속에서도 공력 특성이 우수하다. 따라서 테이퍼익은 F-18, F-22와 같은 최신예 전투기는 물론 C-130

과 같은 수송기에서도 주익
으로 활용되고 있다.

델타익(삼각날개)은 삼각형
태의 날개로 큰 후퇴각 때
문에 초음속 비행영역에서
우수한 성능을 발휘할 수
있다. 또한 델타익은 근본
적으로 큰 테이퍼를 갖는

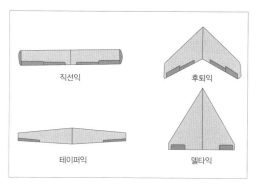

날개모양에 따른 분류

후퇴각의 형상으로 후퇴각의 공기역학적 장점을 살리고 구조적인 단
점을 극복하기 위해서 고안된 형태다. 그러나 델타익은 저속에서 기
동성이 떨어지고 이착륙속도가 큰 단점이 있어 이를 보완해야 한다.
그래서 델타익은 카나드(canard, 비행기의 주날개 앞부분에 장착한 작은 날개)를 함께
채택하는 경우가 많다. 라팔과 유로파이터와 같은 초음속 전투기가
대표적인 예다.

비행기 동체는 승객을 태우거나 운반해야 할 물건을 싣는 곳으로
탑승객이나 화물이 출입할 수 있는 문이 있다. 대형 여객기의 경우 동
체는 앞부분, 중앙부분 및 뒷부분으로 분리되어 있다. 또한 여객기가
1만 5,000ft 이상의 높은 고도에서 비행하기 위해서는 객실의 압력을
외부압력보다 높게 만들어야 한다. 동체의 일부를 밀폐하고 여압실
(pressurized cabin)로 만들어 승객들이 호흡할 수 있도록 하는 것이다. 기
존 여객기들의 동체는 작은 알루미늄 판을 동체에 이어붙였지만, 최
신 보잉787과 같은 여객기는 첨단 소재인 탄소복합재를 이용해 동체
를 제작한다. 보잉787의 객실 창문 크기는 B767의 창문보다 65% 크게
제작되었는데, 여기에 사용된 탄소복합재가 기존 재료에 비해 강도가

우수하기 때문이다. 또한 동체에 적용한 탄소복합재는 부식이 잘 일어나지 않고 객실 내부의 습도를 더 높여 쾌적한 환경을 제공하는 장점도 있다.

꼬리날개는 수평꼬리날개와 수직꼬리날개로 이루어지며 이곳에 엘리베이터(elevator)와 러더(rudder)로 불리는 조종면이 장착되어 있다. 꼬리날개는 비행기의 안정성을 유지시키며, 기수를 들거나 숙이는 피칭(pitching) 운동과 좌우로 움직이는 요잉(yawing) 운동 등을 안정적으로 할 수 있게 한다. 수평꼬리날개는 동체에 장착된 수평안정판이 있으며 뒤전부 날개보(spar)에 힌지(hinge)로 엘리베이터가 연결되어 있다. 수직꼬리날개는 동체에 고정되어 있는 수직안정판과 힌지로 연결된 러더가 있으며 조종사는 이를 이용하여 요잉 운동을 할 수 있다.

비행기의 심장과 같은 역할을 하는 엔진은 비행기가 전진운동을 할 수 있도록 추진력을 발생시키는 장치다. 비행기가 뜨기 위해서는 양력이 필요한데, 양력은 날개를 전진시켜 얻을 수 있다. 비행기는 전진운동에 따라 항력이 발생하므로 이를 극복하고 지속적으로 전진하기 위해서는 추력을 발생시키는 엔진이 필요하다. 소형 비행기의 엔진은 프로펠러를 회전시켜 추력을 얻는 왕복기관을 주로 사용하며 대형 비행기 엔진은 터보프롭이나 터보팬과 같은 가스터빈기관을 사용한다.

비행기의 조종

비행기의 날개와 꼬리날개의 뒷부분에는 조종사가 움직일 수 있는 에일러론(aileron), 엘리베이터(elevator), 러더(rudder) 등과 같은 조종면이 장착되어 있다. 조종사는 조종간(또는 조종휠)으로 조종면을 움직여서 비행기를 자신이 원하는 방향으로 비행한다. 에일러론(aileron)은 비행

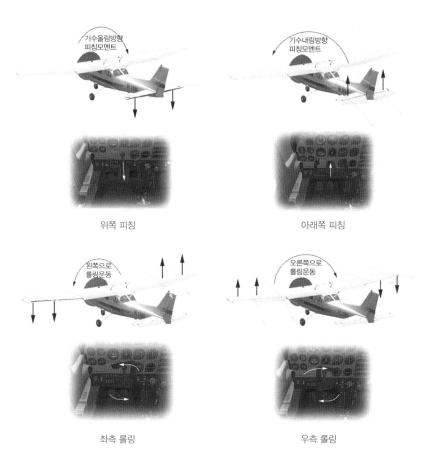

위쪽 피칭

아래쪽 피칭

좌측 롤링

우측 롤링

기가 좌·우로 기울어지는 롤링(rolling) 운동을 제어하며, 엘리베이터 (elevator)는 상승 또는 강하 비행을 하기 위해 비행기의 기수를 들거나 숙이는 피칭 운동을 제어한다. 또한 러더는 비행기의 요잉 운동을 제어하는 역할을 하며, 날개뿌리(wing root) 쪽에 부착된 플랩(flap)은 비행기가 이·착륙할 때 양력을 증가시키는 고양력 장치 역할을 한다.

비행기 조종은 기본적으로 에일러론, 엘리베이터, 러더로 이용하는데 여기서 에일러론과 엘리베이터는 조종간 또는 조종 휠에 연결되어 있고 러더는 페달로 연결되어 있다. 조종사는 조종 휠을 조종사 몸 쪽

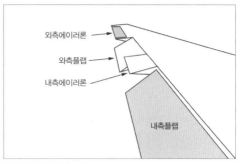

외측에이러론

외측플랩

내측에이러론

내측플랩

공중에서 작동 중인 스포일러　　　　외측 및 내측 에어러론

으로 잡아당겨 상승하거나 앞으로 밀어 강하할 뿐만 아니라 자동차처럼 좌우로 움직여 좌우방향으로 요잉 운동을 할 수 있다.

조종사가 조종 휠을 뒤로 잡아 당겼을 때 엘리베이터는 위로 올라가고 이것은 꼬리날개 윗면의 곡률을 줄여 아래쪽으로의 힘을 작용시킨다. 따라서 비행기의 기수는 위로 올라간다. 만약 조종사가 조종휠을 누르게 되면 비행기의 기수는 아래로 내려가게 되는데 이러한 운동을 피칭운동이라 한다.

조종사가 조종휠을 왼쪽으로 움직이면 왼쪽 날개의 에일러론은 위로 움직이고 오른쪽 날개의 에일러론은 아래로 움직여 좌측으로 경사지게 된다. 조종 휠을 크게 좌측으로 움직이면 왼쪽 날개에 있는 플라이트 스포일러(flight spoiler)도 위로 올라오게 된다. 이러한 에일러론과 스포일러의 효과는 날개 주위의 흐름 형태를 변화시킨다.

조종사가 조종휠을 왼쪽으로 움직여 왼쪽 에일러론이 위로 올라가면 날개 윗면의 곡률이 줄어들어 양력을 감소시킨다. 한편 오른쪽 날개의 내려간 에일러론은 날개의 곡률을 증가시켜 양력을 증가시킨다. 따라서 왼쪽 날개는 아래로 내려가고 오른쪽 날개는 양력 증가로 인해 위로 올라가게 된다. 이를 통해 왼쪽으로 롤링운동이 이루어진다.

그렇지만 조종사가 조종휠을 크게 왼쪽으로 움직이면 오른쪽 날개의 에일러론이 내려가면서 오른쪽 날개의 항력이 증가하므로 오른쪽으로 요우 현상이 일어나게 된다. 이를 역 요우(adverse yaw)라 한다. 이때 왼쪽 날개에 있는 플라이트 스포일러도 같이 움직여 왼쪽 날개의 항력을 증가시켜 오른쪽으로 움직이는 역 요우를 방지하는 것이다.

조종사가 왼쪽 페달을 앞으로 누르게 되면 러더는 왼쪽으로 움직이게 되고 수직꼬리날개는 오른쪽으로 작용하는 힘이 생겨 기수는 왼쪽으로 움직이게 된다. 이러한 운동을 요잉 운동이라 한다. 또한 조종사가 추력레버(thrust lever)를 앞으로 밀면 엔진의 연소실에 연료량이 증가해 엔진의 추력도 커진다. 반대로 추력레버를 뒤로 당기면 엔진 추력은 감소하게 된다. 비행기가 활주로에 접지한 후 활주거리를 줄이기 위해 역추력을 사용하는 경우 추력레버를 아이들(idle)까지 줄이고 역추력 레버를 위로 잡아당기면 된다.

일반적으로 비행기는 주 날개와 꼬리날개를 갖고 있는데, 비행기의 무게를 지탱하는 양력은 주로 주 날개에서 발생하며 꼬리날개는 비행기의 안정성을 유지하는 역할을 한다. 비행기가 순항 중에 갑자기 돌풍이 불어 비행기가 기수올림 자세를 갖는다면 수평꼬리날개가 떠받쳐 기수내림 모멘트를 발생, 기체를 안정시킨다. 또한 수직꼬리날개는 비행기가 돌풍으로 우측으로 요잉운동을 하는 경우 수직꼬리날개가 좌측 요잉운동을 유발하여 비행

비행기의 무게중심에 관한 피칭모멘트

받음각 > 트림상태의 받음각

무게중심의 모멘트계수=음의 값

무게중심의 모멘트계수=양의 값

받음각 < 트림상태의 받음각

정적으로 세로 안정

받음각 > 트림상태의 받음각

무게중심의 모멘트계수=양의 값

무게중심의 모멘트계수=음의 값

받음각 < 트림상태의 받음각

정적으로 세로 불안정

기는 원래의 안정된 자세로 돌아가게끔 한다. 이와 같이 꼬리날개는 비행기 안정성에 있어 중요한 역할을 한다. 만약 여객기가 순항 중에 꼬리날개가 부러지면 안정성을 유지하지 못하고 추락하여 대형사고로 연결될 것이다.

피칭운동에 대한 안정성인 세로 안정성(longitudinal stability)은 가로축(Y축)을 중심으로 회전하는 피칭운동(pitching motion)에 대한 안정성을 말하며, 받음각과 피칭모멘트의 관계를 나타낸다. 안정성은 시간에 관계없이 일정한 정안정성(static stability)과 시간에 따라 변하는 동안정성(dynamic stability)으로 구분한다. 따라서 세로 정안정성(longitudinal static stability)은 비행기의 무게중심에 작용하는 힘과 모멘트가 평형상태를 벗어난 후 원래의 평형상태로 회복하려는 초기 경향성을 말한다.

예를 들어 모든 비행기는 트림상태(trimmed condition, 평형상태)로 비행하다가 교란(disturbance)으로 인한 피칭모멘트가 발생하면 원래상태로 돌아가려는 피칭모멘트가 작용한다. 여기서 트림상태란 비행기가 힘의 균형을 유지하고 있는 조건으로 비행기에 조종력을 가하지 않고 비행기의 속도나 고도 등을 유지할 수 있는 상태를 말한다.

만약 비행기가 트림상태인 α_e 자세에서 교란에 의해 기수올림(nose up) 모멘트가 발생하였을 때, 기수내림(nose down) 모멘트가 발생해야 안정성이 있다. 또한 트림상태인 α_e 자세에서 교란에 의해 기수내림의 피칭모멘트가 발생했을 때는 기수올림의 모멘트가 발생해야 안정성을 획득할 수 있다. 이러한 경우 받음각과 피칭모멘트의 관계를 나타내는 직선의 기울기가 음(-)의 값을 갖는 경우이며, 이러한 상태를 비행기의 세로 안정성이 '안정하다'라고 한다.

이와 같이 꼬리날개는 비행기 안정성에 있어 아주 중요한 역할을 하지만 가끔 꼬리날개가 없이 날개만 있거나 동체와 주날개만 있는 비행기도 볼 수 있다. 꼬리날개가 없는 비행기는 캠버가 있는 날개단면에서 받음각을 증가시키면 양력중심이 앞으로 이동해 불안정한 효과가 나타난다. 꼬리날개가 없는 항공기는 어떻게 안정성을 유지할까 하는 의문이 생긴다.

제2차세계대전 당시 꼬리날개가 없는 비행기는 독일의 메서슈미트 Me 163 코멧 전투기, 제2차세계대전 후 드 하빌랜드사의 실험용 비

무게중심의 모멘트계수=0

트림상태의
받음각

평형상태(trimmed condition)

초음속 전략 폭격기 B-58 허슬러

행기 DH 108 스왈로우(Swallow) 등과 같은 비행기다. 이러한 비행기는
무게를 줄이고 항력을 감소시키는 데는 유리하지만 안정성을 갖도록
제작하기 상당히 어려웠다. 따라서 꼬리날개 없는 비행기는 무게중심
과 공력중심의 거리를 잘 맞추어 안정성을 확보하고 엘레본(Elevon, 엘
리베이터와 에일러론을 합친 장치)으로 피치 자세를 바꾸어 조종했지만 실패하
기 일쑤였다. 제2차세계대전 후 초음속기에 삼각날개를 부착하면서
F-102, 미라지 III, 미라지 2000, B-58 허슬러, 콩코드기 등과 같은 꼬
리날개 없는 비행기가 등장했다. 최근에 만들어진 꼬리날개가 없는
비행기(tailless aircraft)인 전익기(flying wing)는 날개 끝(tip)과 날개 뿌리(root)
사이의 비틀림(twist), 에어포일 뒷전 부분이 살짝 올라간 리플렉스 캠
버(reflexed camber) 등을 갖는 날개를 사용해 안정성 문제를 해결하고
있다.

✈ 비행기가 뒤집어져도 날 수 있을까?

날아가는 물체는 주위에 흐르는 공기에 의해 힘을 받는다. 보통은 운동을 방해하는 힘(항력)을 주로 받지만, 에어포일과 같이 유선형으로 잘 설계된 물체는 진행방향에 수직으로 작용하는 힘, 양력을 유발한다.

에어포일(airfoil)은 스팬(span, 구조물, 날개 등에서 지점과 지점 사이의 거리를 나타내는 말)이 무한대이기 때문에 x-y평면의 에어포일 형태로만 변하는 2차원 유동이 형성되는 날개 단면을 말한다. 후퇴각이 있는 날개의 경우, 앞전(leading edge)에 수직 방향으로 날개를 자른 단면을 말한다. 에어포일(airfoil)은 날개 단면(wing section), 날개꼴(airfoil), 익형(wing section), 2차원 날개(two-dimensional wing) 등으로 불린다. 2차원 에어포일은 실제 날개와 달리 날개뿌리(wing root)와 날개끝(wing tip)이 존재하지 않는다. 에어포일은 x-y 평면으로만 변하며 x-y 평면에 수직인 z축으로는 무한대까지 항상 같은 모양을 갖기 때문에 무한 날개(infinite wing)라고도 한다. 이러한 2차원 에어포일은 날개의 양력 및 항력, 모멘트를 발생시키는 역할을 수행한다. 반면 날개는 비행기에 부착된 날개를 말하며 날개 끝에서 와류가 생겨 3차원 유동이 형성된다. 날개 끝이 있고 길이가 유한해 유한 날개(finite wing)라고 말한다. 이러한 날개는 비행기를 공중에 뜨게 하는 힘, 즉 양력을 발생시키는 장치다.

일반적인 날개의 단면(wing section)을 나타내는 에어포일은 다음 쪽 그림에서와 같이 대체로 평평하지만, 윗면은 약간의 곡면을 이루고 있다. 다음은 에어포일의 모양과 명칭, 그리고 받음각 정의

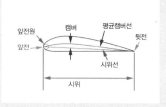

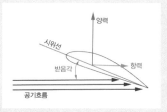

에어포일의 모양과 명칭   에어포일의 받음각 정의

를 나타낸 그림이다.

　이처럼 날개에 의해 양력이 발생하는데 뒤집어져 날면 양력을 잃고 추락하지 않을까? 이 질문에 대한 답은 "거꾸로 비행해도 떨어지지 않는다"다. 상하 비대칭 에어포일(NACA 4412)과 대칭 에어포일(NACA 0012) 중에서 비대칭 에어포일인 NACA 4412가 6°의 받음각을 갖고 있을 때, 예를 들어 설명해보자.

　비대칭 에어포일(NACA 4412)의 비행자세에서 위쪽 그림은 정상적인 자세의 에어포일이고, 아래쪽 그림은 거꾸로 뒤집어져서 비행하는 에어포일을 나타낸 것이다. NACA 4412 에어포일인 경우 받음각 6°일 때, 미국 NACA 에어포일 공력 데이터로부터 양력계수가 1.02임을 알 수 있다. 그러나 에어포일이 거꾸로 6°인 자세에서는 정상적인 자세에서의 받음각이 -6°인 경우와 동일하며 이 경우의 양력계수는 에어포일 공력 데이터로부터 -0.22이다. 정상적인 자세에서의 양력계수가 음(-)의 부호를 갖는 경우 양력이 아랫방향으로 작용한다는 의미이며 거꾸로 비행하는 비행기에는 윗 방향으로 양력계수가 +0.22로 작용하게 된다. 따라서 비행기는 우측 하단 그림에서와 같이 거꾸로 뒤집어져서 비행을 하더라도 양력이 발생된다. 물론 거꾸로 뒤집어져서 비행하는 비행기는 정상적

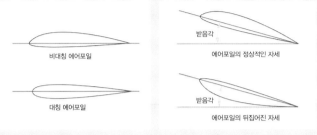

비대칭 에어포일

대칭 에어포일

받음각
에어포일의 정상적인 자세

받음각
에어포일의 뒤집어진 자세

비대칭 에어포일 및 대칭 에어포일   비대칭 에어포일 비행자세

인 받음각 자세인 경우보다 작은 양력계수 값을 갖는다.

특히 자주 뒤집어져서 비행하는 곡예기의 날개는 대칭 에어포일로 제작된다. 이것은 곡예기가 거꾸로 뒤집어져서 비행해도 정상적인 자세에서의 양력계수와 마찬가지로 크게 작용되도록 한 것이다.

패트리샤 패티 웨그스태프(Patricia 'Patty' Wagstaff, 1951~)는 여성이지만 미국 국립 곡예비행 선수권대회에서 세 번이나 우승했다. 그녀는 곡예비행 선수권대회에 출전할 때 Extra 260 곡예기를 사용했다. Extra 260 곡예기의 날개는 거꾸로 뒤집어져 비행해도 양력계수가 크게 작용하도록 대칭 에어포일(NACA 0012)로 제작됐다. 그녀가 사용했던 곡예기는 워싱턴 D. C. 내셔널 몰의 스미스소니언 항공우주박물관 2층에 조종복 그리고 트로피와 함께 전시되어 있다.

비행의 혁신,
제트엔진 ✈

터보제트기관과 같은 제트 추진 엔진은 압축기, 연소실, 터빈 등 3가지 기본요소로 구성되어 있다. 제트 엔진은 연료를 연소시켜 배출하므로 배기구의 공기속도는 흡입구에 비해 빠르며 이러한 흡입구와 배기구의 속도 변화는 운동량(momentum, 물체의 질량과 속도의 곱으로 나타내는 물리량)의 증가를 유발한다. 그 결과 후면과 전면 사이의 압력 차이로 인해 추력이 발생한다. 엔진 내부와 외부의 실제 힘의 분포는 엔진 설계와 작동조건에 따라 변하는데 이것을 모두 고려한다는 것은 간단한 문제가 아니다. 따라서 엔진을 가로지르는 총운동량의 변화와 압력 차이를 결정하여 편리하게 총 추력을 알 수 있다. 제트 엔진의 추력은 속도에 따라 선형적으로 증가하므로 저속에서의 추력은 아주 작다.

프로펠러 추진 항공기에서 추력은 프로펠러 깃의 앞면과 뒷면의 압력차이로 인해 유발된다. 프로펠러는 하류에 더 빠른 슬립스트림(slipstream, 프로펠러의 전진속도보다 빠른 프로펠러 후면 기류를 의미함)을 만들며 이로 인한 운동량의 변화율이 전체 추진력을 나타낸다. 정지 상태에서의 실험에 의하면, 프로펠러와 제트 항공기가 같은 추력을 발생시키기 위해서는 제트기가 대략 5배나 빨리 슬립스트림에 에너지

캐나다 다이아몬드 사의 프로펠러 항공기

를 전달해야 하므로 많은 연료를 소모한다. 이와 같이 프로펠러 항공기가 저속에서 경제적인 것은 근본적으로 프로펠러 항공기가 제트기보다 많은 양의 공기를 유입할 수 있고 항공기 후방에서의 슬립스트림 속도가 제트기의 제트 속도보다 작기 때문이다. 프로펠러 추진 항공기의 추력은 저속에서 아주 크며 속도가 증가해도 추력은 크게 증가하지 않는다. 그러므로 저속의 아음속 항공기인 경우 제트 엔진에 비해 프로펠러 엔진의 효율이 훨씬 좋다. 제트 엔진의 출현으로 프로펠러가 가치가 없고 수준이 낮은 항공기라는 생각은 잘못된 것이다. 프로펠러 추진 항공기는 저속에서 우수한 성능을 가지므로 오랫동안 사라지지 않을 것이다.

제트 엔진을 개발한 프랭크 휘틀(Frank Whittle, 1907~1996)은 1928년 일찍이 피스톤 엔진으로 프로펠러를 돌려 고속으로 비행하기에는 한계가 있다는 것을 알았다. 그는 높은 고도에서 고속으로 비행할 수 있는 새로운 엔진이 필요하다고 생각했다. 그래서 덕트(duct) 속의 팬(fan)을 통해 고속 제트 유동을 만들어 냈다. 또한 몇 년 동안 각고의 노력 끝에 터빈으로 팬을 돌릴 수 있었다. 터빈과 팬 사이에 연소기를 위치시키고 터빈을 통해 배기된 가스가 고속의 제트 흐름을 만들어 낸다. 그 당

시 엔진 전문가들은 휘틀의 아이디어로는 새로운 제트 엔진이 구동될 수 없다는 회의적인 반응을 보였다.

그러나 휘틀은 제트추진에 가스터빈을 이용하는 연구를 수행해 제트 엔진의 근본적인 개념을 기술한 논문을 작성했다. 이러한 연구 결과로 제트 엔진에 대해 특허를 신청했으며, 1932년 제트 엔진 설계에 관한 최초의 특허를 획득했다. 그는 1934년부터 1937년까지 영국 케임브리지대학에서 기계공학을 공부할 수 있는 기회를 얻었고 제트 엔진을 개발하기 위한 자금을 지원해줄 사람도 만났다. 그는 1936년 파워제트 회사(Power Jets Ltd.)를 설립했으며, 영국 톰슨-휴스턴(British Thomson-Houston) 사의 지원으로 제트 엔진을 제작했다.

1941년 5월 15일 영국 최초의 터보제트를 장착한 글로스터 사의 E28/39(여기서 28은 스물여덟 번째 실험을, 39는 1939년을 의미함)가 완성되어 크랜웰에서 처녀비행에 성공했다. 그래서 제2차 세계대전이 끝나기 전에 영국 공군에 제트기 편대가 창설되어 실전에 배치되었다.

그러나 실제 세계 최초의 제트항공기는 독일 하인켈사의 He178로 영국 글로스터 사의 E28/39보다 2년이나 먼저 개발되었다. 1935년 한스 폰 오하인(Hans von Ohain, 1911~1998) 박사는 항공기용 가스 터빈 엔진을 개발하기 시작했으며 그는 에른스트 하인켈(Ernst Heinkel) 사와 협력해 1937

글로스터 사의 E28/39

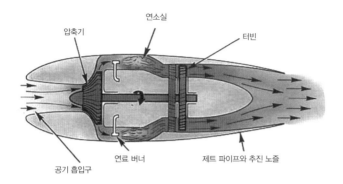

압축기　　　　연소실　　　　　　터빈

공기 흡입구　　　연료 버너　　　제트 파이프와 추진 노즐

프랭크 휘틀이 개발한 W-1 터보제트 엔진

년 HeS-1엔진 개발에 성공했다. HeS-1엔진은 수소 연료를 사용했으며 지속된 연구 끝에 가솔린 연료 엔진을 개발했지만 원심력을 이용한 압축기의 크기가 너무 큰 단점이 있었다. 엔진 단면을 작게 만들기 위해 원심력으로 공기를 압축하지 않고 다단으로 터빈 반대쪽에 설치한 압축기를 이용해 공기를 압축했다. 그는 거듭된 연구 끝에 출력 5kN의 HeS-3을 He178에 장착하여 1939년 8월 27일, 세계 최초로 제트 비행에 성공했다.

　가스터빈엔진 중에서 터보제트 엔진은 가장 기본적인 형식의 엔진이며 작은 엔진 흡입구에 적은 양의 공기를 빠른 속도로 배기가스를 배출시킴으로써 추력을 얻는다. 이에 비하여 터보팬 엔진은 큰 엔진 흡입구에 대량의 공기를 통과시키고 비교적 느린 속도의 공기를 배기가스로 배출하여 추력을 발생시킨다. 이러한 터보팬 엔진은 공기량을 늘려 일부는 터보팬 엔진 압축기로 들어가고 일부는 대기 중에 그대로 배출되도록 한 것이다.

　터보팬 엔진은 터보제트 엔진(터보팬엔진의 개발로 터보제트엔진은 거의 사용하지 않

터보팬엔진을 장착한 T-50 고등 훈련기

음)의 개량형으로 엔진 추력을 증대하기 위해 배기노즐의 출구 속도를 증가시키는 것보다 훨씬 더 효율적인 엔진입구의 팬을 지나는 공기량을 증가시키는 방법을 사용한 것이다. 또한 터보프롭 엔진도 터보제트 엔진이라 볼 수 있는 기본적인 가스터빈기관에 프로펠러를 장착하여 공기량을 증가시키고 배출속도를 느리게 하여 추력을 얻는다. 대한민국공군의 중등훈련기 KT-1은 바로 이 터보프롭엔진을 장착하였다.

공기량을 증가시키기 위해 바이패스비(bypass ratio, 엔진 중심부 주위 팬으로 흘러나가는 공기의 질량을 엔진의 중심으로 들어가는 공기 질량으로 나눈 것을 의미함)를 증가시키면 추력은 증가하겠지만 엔진입구가 커지면서 항력이 증가하는 단점이 있다. 그러므로 전투기는 엔진입구를 크게 할 수 없어 F-15, F-16, T-50 등과 같은 비행기에서는 저바이패스비 터보팬엔진을 쓴다. 대부분의 여객기는 엔진입구가 아주 큰 고바이패스비 터보팬엔진을 사용한다. 보잉 747에 장착된 PW4000 엔진은 4.8~5.1의 고바이패스비를 채용한 터보팬 엔진이다. 또한 에어버스 380은 엔진 어라이언스(Engine Alliance)의 GP7200 엔진이나 롤스로이스 사의 Trent 900 터보팬 엔진을 장착하는데, 이 엔진은 8.7의 초고바이패스비를 채용하고 있으며 추력도 8만 파운드로 아주 크다.

✈ 프로펠러, 항공기의 칼날

항공기에 장착된 프로펠러는 여러 개의 블레이드를 갖고 있는데 블레이드 수에 따라 추력이 달라지기 때문에 최상의 추력을 낼 수 있도록 그 수를 조절하고 있다. 왕복 엔진이든 가스터빈기관이든 큰 엔진 동력을 갖는 기관일수록 블레이드 수가 많다. C-130 계열의 수송기를 예를 들면 최초 양산형인 C-130A는 T-56계열 엔진에 블레이드가 3개인 프로펠러를 장착했다. 그러나 C-130B는 좀 더 강력한 추력을 갖는 T-56-A-7엔진으로 교체하면서 4개 블레이드를 갖는 프로펠러로 바꾸고 항속거리를 늘리고 구조물도 보강했다. 또한 기존 C-130을 대폭 업그레이드 한 C-130J 슈퍼 허큘리스는 블레이드 5개를 갖는 프로펠러를 장착해 항공기 추력을 증가시키면서 블레이드 수를 증가시켰다.

대부분의 소형 항공기의 블레이드 수는 2~3개 정도이고 대형 폭격기나 수송기는 4개이거나 그 이상을

▲ 블레이드 수가 3개인 시러스 SR22
▼ 안토노프 AN-70의 프로펠러(블레이드 수 14개)

보유하고 있다.

예를 들어 세스나와 같이 추력이 작은 소형항공기인 경우 프로펠러의 블레이드 수는 2개이며, 민수용 다목적 소형 항공기인 시러스 SR22(Cirrus SR22)인 경우 블레이드 수는 3개이다. 국내에서 제작한 공군의 중등훈련기인 KT-1과 같이 추력이 좋거나, CN-235 및 C-130B, 러시아의 An-12 수송기와 같은 중형 항공기의 블레이드 수는 4개이다. C-130J 슈퍼 허큘리스의 블레이드 수는 5개이며, G-222를 개량한 C-27J 중형 수송기 및 캐나다 봄바르디어사 데쉬 8-Q400 쌍발 터보 프롭 여객기의 블레이드 수는 6개이다.

또는 유럽의 최신형 A400M 수송기는 4대의 엔진이 장착되었으며, 각 엔진에 곡선형 블레이드 수가 8개인 프로펠러가 있다. 1994년 첫 비행을 한 러시아의 안토노프 AN-70은 동축반전식(서로 반대 방향으로 회전하는 프로펠러 2쌍을 사용하는 방식)으로 한축에 8개와 6개의 블레이드가 장착된 프로펠러 2쌍이 돌아가고 있으니 하나의 엔진에 장착된 블레이드 수는 총 14개이다. 이와 같이 중·대형 항공기에서는 프로펠러의 블레이드 수는 4개 이상이며, 프로펠러 하나의 회전원판에 사용된 블레이드의 최대 수는 8개이다.

프로펠러 항공기의 블레이드는 여러 가지 요소(블레이드 각, 블레이드 수, 블레이드 길이, 프로펠러 회전수)를 고려해서 엔진 성능을 최대한 발휘할 수 있도록 해야 한다. 즉 엔진 동력이 커질수록 블레이드 수는 많아지지만, 최상의 추력을 내기 위해서는 적정한 블레이드 수를 찾아야 한다는 뜻이다.

569톤, 대형 여객기를
띄우는 힘 ✈

첫 동력비행을 성공한 지 100여 년이 지난 오늘날까지도 과학자와 엔
지니어들은 어떻게 항공기의 날개가 양력을 발생시키는지를 두고 맹
렬히 논쟁한다. 다양한 해석이 나올 뿐만 아니라 '어떤 이론이 가장
정확한 것인지'가 이 논쟁의 핵심이다. 일반적으로 양력이 어떻게 발
생하는지 잘 알려져 있지만, 양력 발생의 원리는 매우 복잡하고 이미
알려진 것과 전혀 다른 원리가 숨어있다.

먼저 양력을 설명하는데, 가장 기본적인 이론은 기체나 액체와 같
은 유체를 통과하는 물체의 표면에 전체적으로 압력과 전단응력(shear
stress, 물체의 어떤 면에서 서로 어긋나는 변형이 발생할 때 그 면에 평행인 방향으로 버티는 힘으로
마찰력을 예로 들 수 있음)이 작용한다는 사실이다. 이러한 결과로 발생하는
물체에 작용하는 공기역학적인 힘은 표면의 압력과 전단응력의 종합
적인 효과다. 양력은 상대풍(relative wind, 또는 자유류)에 수직 방향으로 작
용하는 힘의 성분이고, 항력은 상대풍에 평행방향으로 작용하는 힘의

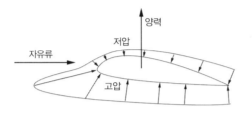

에어포일 주위의 공기 흐름

성분이다. 표면 압력은 주로 양력 방향으로 작용하는 반면, 전단응력은 항력의 방향으로 작용한다. 따라서 양력은 에어포일 윗면의 압력이 아랫면보다 낮아서 발생하는 힘이다. 그러면 왜 날개 윗면은 압력이 낮고 아랫면은 높은지를 설명해야 한다.

이에 대한 설명은 간단하다. 이른바 질량보존의 법칙(연속방정식)과 뉴턴의 제2법칙(운동량 방정식)에 따른 결과다. 항공기 날개에 양력을 발생시키는 원리는 다양한 의견이 있으나 질량보존법칙과 뉴턴의 제2법칙이 가장 근본적인 원리이며, 이에 대한 설명은 다음과 같다.

우선 에어포일 주위의 공기 흐름이 그림의 상단과 같이 흐른다고 할 때 공기 흐름은 흐름관(stream tube)처럼 크게 A와 B 두 흐름으로 나뉜다. A흐름관은 에어포일 표면의 윗면을 흐르는 것이고, B흐름관은 아랫면을 흐르는 것이다. A흐름관은 에어포일 쪽으로 흐르다가 에어포일 위쪽을 장애물로 느끼게 되면, A흐름관은 장애물을 피해서 움직인다. 그래서 A흐름관은 에어포일의 앞부분을 지나게 됨에 따라 공기층이 짓눌린다(곡률이 있는 곳에서는 구심압력이 작용함). 이러한 경우 에어포일 앞부분은 질량보존의 법칙에 따라 속도가 증가한다.

질량은 생성되거나 소멸되지 않고 보존된다는 질량보존의 법칙에 따라 유체가 면적이 줄어든 곳을 지나려면, 반드시 속도가 빨라진다. A흐름관에서 가장 짓눌리는 곳은 에어포일의 두께가 가장 두꺼워지기 전의 바로 앞부분이다. 공기흐름이 이 부분을 지나면서 흐름관은 다시 두꺼워지고 속도는 감소한다. 즉 윗면을 따라 흐르는 공기는 급격한 곡면을 지나야 하므로, 이곳을 따라 흐르도록 잡아당기는 구심력 때문에 압력이 낮아진다. 따라서 속도가 최대가 되는 위치는 에어포일이 가장 두꺼워지기 바로 직전인 a에 해당된다.

B흐름관은 에어포일의 아랫면을 지나간다. B흐름관은 A흐름관에 비해 덜 굽어져 있어 공기의 흐름을 덜 방해한다. 그래서 B흐름관은 에어포일을 지날 때 A흐름관만큼 많이 짓눌리지 않아 B흐름관 속도는 A흐름관의 속도보다 느리다. 따라서 질량보존의 법칙 때문에, 윗면을 지나는 공기 흐름의 속도는 아랫면을 지나는 속도보다 더 빨라진다.

앞쪽 그림에서 화살표의 길이와 방향은 압력의 크기와 작용방향을 나타내며, 부압(-)이 아니라 정압(+)을 나타낸다. 이것은 에어포일에 작용하는 부압(대기압보다 낮은 압력으로 진공상태를 나타내는 용어)에 임의의 압력을 더했기 때문이지만, 이를 적분한 합성력(resultant force)은 마찬가지다. 에어포일 윗면의 흐름속도는 아랫면보다 평균적으로 빠르며, 결과적으로 윗면의 압력은 낮고 아랫면 압력은 높다.

이제 스위스의 수학자 다니엘 베르누이가 에너지 법칙을 이용해 유도한 베르누이 방정식을 대입해 보자. 베르누이 방정식($P+\frac{1}{2}\rho V^2$=일정)은 비점성(inviscid, 점성이 전혀 없는 가상적인 유체 흐름) 및 비압축성(incompressible, 밀도가 변하지 않고 일정한 흐름) 흐름에 적용할 수 있는 식으로, 유체흐름에서 정압(*P*, static pressure, 유체의 흐름에 평행으로 놓인 평면을 가정한 경우 그 면을 수직으로 작용하는 압력)과 동압($\frac{1}{2}\rho V^2$, dynamic pressure, 움직이고 있는 유체의 운동 에너지에 의해 나타나는 압력을 말함)의 합은 일정하다는 것이다. 이러한 베르누이 방정식은 전압(P_0, total pressure, 운동하고 있는 유체의 동압과 정압을 더한 압력)과 같다는 내용을 담고 있다. 때문에 베르누이 방정식은 속도가 증가하면 동압이 증가하므로 반드시 정압이 감소한다. 이와 같이 베르누이 방정식은 동압과 정압의 총합이 일정하므로 동압이 증가하면 정압이 감소한다는 것이다.

이러한 현상은 밀도가 일정하지 않고 변하는 압축성 흐름에서도 마찬가지다. 비점성 운동량방정식인 오일러 방정식은 $dp = -\rho V dV$ 과 같은 수식으로 표현할 수 있다. 여기서 속도가 증가할 때 dV는 양의 값을 가지므로 수식에서 압력 dp는 음의 값을 가져 감소하게 된다. 따라서 베르누이 효과는 속도가 증가할 때 압력이 감소하는 현상이라 말할 수 있다. 다시 말해 베르누이 방정식과 오일러 방정식은 뉴턴의 제2법칙의 특정한 경우에 대한 설명인 셈이다. 이미 앞에서 설명했듯 에어포일 윗면의 속도는 아랫면의 속도보다 빠르고 베르누이 효과로 인해 에어포일 윗면의 압력은 아랫면의 압력보다 더 낮다.

날개 앞전의 바로 다음 흐름인 날개의 20~30%인 곳에서 왜 대부분 양력이 생성되는지 그 이유를 이미 앞에서 설명했다. 앞전의 바로 다음 흐름인 에어포일의 앞부분 윗면의 압력이 최소로 감소한다. 따라서 대부분의 양력은 이 에어포일의 앞쪽에서 발생하는 것을 알 수 있으며, 에어포일의 모양이 유선형인 것은 뒷부분에서 흐름분리가 발생하는 것을 방지하는 기능을 한다. 이처럼 질량보존의 법칙에서 뉴턴의 제2법칙으로 연결되는 설명은 날개에 양력을 발생시키는 가장 근본적인 자연법칙이다.

에어포일 윗면에서 속도가 증가하는 이유에 대해 문헌에서조차 잘

못 설명하는 경우가
가끔 있다. 유체가
정지된 물체를 지나
가면 윗면을 지나가
는 흐름과 아랫면을
지나가는 흐름으로
나뉘며, 두 흐름은

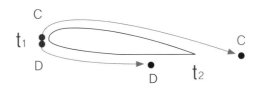

에어포일 윗면을 지나가는 흐름과 아랫면을 지나가는 흐름

뒷전에서 반드시 만난다고 생각한다. 따라서 에어포일의 윗면 길이가
아랫면보다 길기 때문에 윗면에서 더 빨리 움직여야 뒷전에서 만날
수 있다는 것이다. 즉 캠버가 있는 에어포일에서 긴 길이의 윗면을 따
라 흐르는 공기가 짧은 길이의 아랫면을 따라 흐르는 공기보다 더 빠
르게 이동해야 한다는 의미다.

그러나 이러한 설명은 실제와 일치하지 않는다. 경험적인 방법이나
전산유체역학의 계산을 통해 관찰해 보면, 상기 그림에서처럼 아랫면
의 유체가 뒷전에 도착하기 전에 윗면을 지나는 유체는 뒷전을 지나
멀리 이동해 있다. 시간이 t_1일 때는 유체 C, D가 에어포일 앞전에 같
이 위치하다가, C는 윗면으로 D는 아랫면으로 나뉜다. 시간이 지나
t_2일 때 C는 뒷전을 지나지만 D는 아직도 뒷전에 도착하지 못한다.
소형 항공기 세스나 150의 날개를 예를 들면, 윗면의 길이와 날개 아
랫면 날개길이와 2%밖에 차이가 나지 않는다. 즉 흐름이 뒷전에서 만
난다면, 속도는 2% 정도 차이가 나야 한다는 뜻이다. 그러나 실제 날
개 윗면과 아랫면 흐름속도는 30% 정도 차이가 난다. 즉 윗면의 흐름
속도가 훨씬 빨라서 뒷전에서 절대로 만날 수 없다.

날개의 윗면이 밑면보다 더 굽어 있으므로 양력이 위쪽으로 생긴다

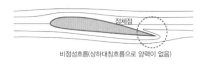

정체점

비점성흐름(상하대칭흐름으로 양력이 없음)

에어포일

쿠타조건

점성흐름(양력발생)

날개 주위를 흐르는 흐름

는 이론은 날개 윗면과 아랫면을 흐르는 공기가 동일한 시간 동안에 흐른다고 가정한 것으로 분명히 잘못된 설명이다. 실제로 날개 윗면과 아랫면의 속도 차이는 압력이 높은 곳에서 낮은 곳으로 흘러가듯 압력차에 의하여 발생한다고 주장할 수도 있다. 베르누이 방정식은 비점성에 기초한 방정식이므로 점성에 의해 날개 뒷전에서 매끄럽게 흐른다는 '쿠타 조건(Kutta condition)'을 제대로 설명할 수 없다. 비점성 흐름에서는 날개 뒷전에서 매끄럽게 흐르지 않고 날개 아랫면에서의 흐름이 날개 윗면으로 돌아 올라가기 때문이다.

실제 양력 발생에 대한 근본적인 설명은 아니지만, 양력 발생에 대한 또 다른 설명이 있다. 그러나 이것은 양력 발생의 원인이라기보다는 양력이 발생해 나타나는 효과로 보는 편이 더 정확하다. 바로 고전적 공기역학인 '양력의 순환이론(circulation theory of lift)'이다.

날개 주위의 흐름은 앞부분 정체점(stagnation point, 공기흐름이 전면의 한 점에서 완전히 멈추어져 속도가 0이 되는 곳)을 기준으로 위아래로 나뉘어 흘러 다시 뒷전 근처 정체점에서 만난다. 위 그림에서와 같이 비점성 흐름인 경우, 날개 아랫면을 따라 흘러온 유체는 날카로운 뒷전을 돌아 날개 윗면에서 정체된다. 이때 날개 뒷전의 곡률은 무한히 커져서 이 점을 돌아가는 속도 역시 무한히 커진다. 이러한 흐름은 포텐셜 흐름(potential flow, 유체의 점성, 압축성, 유체입자의 회전성 등 세 가지 효과를 모두 무시한 이상적인 유동을 말함)

인 경우에만 가능하다. 이러
한 경우 날개 주위에 시계 방
향으로 회전하는 순환 흐름
(circulation flow)은 존재하지 않
고 날개 윗면과 아랫면이 서
로 대칭적인 분포를 이룬다.
따라서 양력도 발생하지 않는
다. 실제 점성 흐름에서는 우

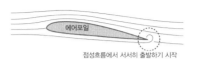

점성흐름에서 서서히 출발하기 시작

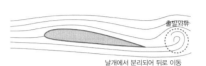

날개에서 분리되어 뒤로 이동

날개가 움직이기 시작하면서 발생한 출발와류

측 그림에서와 같이 날개가 아주 느리게 출발하는 경우에 비슷한 현
상을 볼 수 있다.

날개가 빠르게 움직이기 시작하면 날개 표면에 점성 마찰에 의해 경
계층이 형성되며 날개 뒤쪽으로 갈수록 경계층이 성장해 점성 마찰의
영향은 커진다. 이 때문에 공기 입자가 갖는 운동량은 감소하며, 날개
뒷전 근처는 역압력구배(adverse pressure gradient, $\frac{dp}{dx}>0$, 유체입자의 진행방향 앞쪽
에 더 높은 압력이 존재하는 경우를 말함) 구간이므로 아랫면의 공기 흐름이 윗면의
압력을 이겨내고 날개 뒷전을 돌아 날개 윗면에 도달하지 못한다. 따
라서 날개 위아래로 나뉘어 흐른 공기 흐름은 날개 뒷전에 접해서 흘
러나오게 된다. 이와 같이 공기 흐름이 뒷전에서 갑작스런 변화 없이
부드럽게 접해서 흐르는 것을 '쿠타조건'이라 한다. 실제 점성 흐름에
서 날개가 서서히 움직이기 시작하면서 발생한 출발와류(starting vortex)
는 표면으로부터 분리되고 날개 뒤로 이동하면서 점점 커져 후류 방
향으로 흘러간다. 이와 같은 실제 점성유체의 날개주위의 흐름은 포
텐셜 흐름에 시계 방향으로 회전하는 순환(circulation) Γ 를 부여하면,
수학적으로 유용한 결과를 얻을 수 있다. 이와 같이 점성에 의해 형성

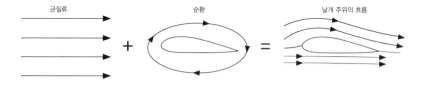

균질류   순환   날개 주위의 흐름

균질류와 순환흐름의 중첩

된 출발와류는 날개 후방에서 반시계방향으로 회전하며 후류 속으로 사라져 버리고, 이에 대응하는 시계방향의 순환을 날개주위에 발생하게 한다. 날개주위의 순환은 날개 주위 비점성 흐름의 대칭을 깨뜨리고 결국 윗면과 아랫면의 압력과 속도 차이를 유발한다. 날개에 작용하는 양력은 출발와류를 형성시키는 점성에 의해 발생된다고 말할 수 있다.

양력의 순환 이론은 고전적인 공기역학으로 에어포일을 주위 흐름의 실제 물리적 성질을 수학적으로 정확하게 표현한다. 날개 주위의 흐름을 위 그림과 같이 균질흐름(uniform flow)과 순환 흐름을 중첩하여 나타낼 수 있다. 그러니까 날개주위의 흐름에서 가상적으로 일정한 크기의 속도를 빼면 날개주위를 시계방향으로 회전하는 흐름을 만들 수 있다는 것이다. 실제로 날개주위에서 시계방향으로 회전하는 순환흐름을 볼 수 없는 것은 순환흐름이 균일한 흐름과 합쳐져 흐르기 때문이다.

순환 흐름을 통해 날개의 윗면에서는 빠른 속도를, 아랫면에서는 느린 속도를 발생시켜 양력이 위쪽으로 발생한다는 것을 알 수 있다. 날개를 지나는 실제 흐름은 날개의 뒷부분 즉 뒷전에서 윗면과 아랫면을 지나온 공기 흐름이 큰 방향의 변화 없이 매끄럽게 접해서(쿠타조건) 흐른다. 이렇게 에어포일 주위 흐름이 뒷전에 접해서 흐르는 경우, 흐름의 대칭성을 찾아 볼 수 없다. 그러므로 날개 윗면과 아랫면 사이에 평균압력의 차인 양력을 발생시키는데, 이것이 바로 양력의 순환이론의 중요한 포인트다. 고전 공기역학에 해당하는 순환이론은 갑자기 받음각이 증가하여 양력이 급격

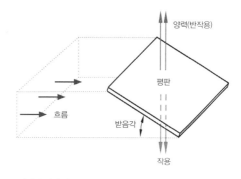

경사된 평판에서 아랫방향의 모멘텀 변화율

히 증가하는 경우에 적용하기 곤란하며 실제 공기에 적용하기에도 무리가 있다. 그러나 유용한 수학적 결과를 제공한다.

또 다른 설명은 양력이나 추진력이 뉴턴 물리학에 기초한 공기질량의 가속과 반작용력(뉴턴의 3법칙 중 작용 반작용의 법칙)에 의해 생성된다는 것이다. 이 설명은 윗면이 굽어진 날개가 거꾸로 뒤집혀지더라도 자유류(freestream) 방향에 대해 기울어지기만 하면 양력이 발생한다고 추정할 수 있다. 날개는 날개 주위의 평균 속도벡터를 아래쪽으로 기울어지게 하듯이 공기흐름을 기울어지게 한다. 즉 날개는 공기에게 아랫방향의 모멘텀을 주어 흐름을 아래쪽으로 미는 힘을 작용하게 한다. 뉴턴은 경사된 평판에 수평으로 공기흐름이 부딪치면 평판의 바로 앞에서 공기가 차단되어 아래쪽으로 꺾인다고 생각했다. 또 양력은 아래쪽의 모멘텀 변화율과 같은 크기로 위쪽으로 발생하고, 후방으로 모멘텀 감소량만큼 항력이 발생한다. 뉴턴은 점성과 끝단에서의 손실 등을 고려하지 않았기 때문에 실제와 다른 결과를 낳는다.

뉴턴은 양력을 계산할 때, 표면 접착 효과를 나타내는 '코안다 효과(Coanda effect, 천장이나 벽면 근처에 분출된 공기 흐름이 그 면에 빨려서 부착하여 흐르는 경향을 말함)'를 고려하지 못했다. 따라서 실제 날개는 뉴턴이 계산한 양력보다

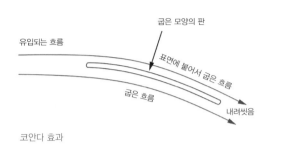

굽은 모양의 판

유입되는 흐름

표면에 붙어서 굽은 흐름

굽은 흐름

내려씻음

코안다 효과

더 큰 양력이 발생된다. 뉴턴의 생각대로 양력을 계산하면, 필요 이상으로 거대한 날개가 달린 비행기를 제작해야 한다.

세스나와 같은 프로펠러 항공기는 프로펠러로 공기를 뒤로 가속시켜 앞으로 추진하는 힘을 얻는다. 또한 헬리콥터는 로터가 회전하면서 공기 질량을 아래로 가속시켜 그 반작용력으로 뜨는 것이다. 따라서 고정익 비행기는 날개에 의해 공기 질량이 아래로 가속되어, 그 반작용력으로 양력이 발생한다.

루마니아 공기역학자 앙리 코안다(Henri Coandǎ, 1886~1972)는 공기가 어떤 면에 부딪히면 흐름이 굽게 될 뿐만 아니라 볼록한 면을 따라 표면에 붙어서 흐른다는 것을 발견했다. 또한 평판 주위를 흐르는 흐름은 평판의 표면뿐만 아니라 인접한 공기도 같이 표면에 부착되어 굽는다. 따라서 표면에서 작용하는 코안다 효과로 인해 공기 질량은 뉴턴이 생각했던 것보다 훨씬 많아지고 윗면과 아랫면의 압력차를 발생시켜 양력을 크게 증가시킨다.

또한 비행기가 비행할 때 날개 앞전에 '올려흐름(upwash)'이 존재하는데, 공기가 아래쪽으로 움직이면서 날개 윗면에 감소된 압력 때문에 발생한다. 앞전에서의 올려흐름은 앞으로 나아가는 날개나 평판에 의해 차단되고 차단된 공기흐름이 날개 윗면의 압력을 더 낮춰 양력을 발생시킨다.

항공기가 자체 무게를 이겨내고 일정한 고도를 유지하기 위해 날개로 차단된 공기가 밑으로 흘러야 하며, 그 반작용력으로 양력을 얻는다. 양력은 아래쪽 공기의 모

올려흐름
빈 공간을 채움
후행 소용돌이
올려흐름
뉴턴의 작용 반작용

▲ 뉴턴법칙에 기초한 양력 발생 원리

멘텀 변화율과 그 크기가 같으며, 방향은 반대다. 양력의 발생 과정은 아래쪽으로 움직이는 공기 흐름 때문에 빈 공간(날개 위쪽)을 메우기 위해 반복 이동하는 공기의 순환에 의하여 채워진다. 따라서 날개 앞부분의 공기 흐름은 날개 아랫면에 형성된 높은 압력과 윗면의 감소된 압력 때문에 위쪽으로 반복해서 이동한다. 이와 같이 반복된 재순환은 날개 위쪽의 감소된 압력과 날개 아래쪽의 증가된 압력에 의해 이루어진다. 이러한 뉴턴의 제3법칙인 작용-반작용법칙으로부터 반작용이 양력이 된다는 재순환(recirculation) 이론은 실제 양력의 효과를 말하는 것이다. 날개의 압력분포 자체가 양력의 근본적인 이유이기 때문에 질량보존법칙과 뉴턴의 제2법칙이 가장 근본적인 설명이라고 볼 수 있다.

누구나 한 번쯤은 착륙하기 위해 천천히 접근하는 거대한 여객기를 보면서 '저런 무거운 비행기가 어떻게 뜨지?' 하는 의문을 품는데 이제 어느 정도 의문이 해결되었으리라 생각된다.

한편 웨이브 라이더(wave rider, 파승기)와 같이 극초음속기는 지금까지 설명한 양력발생 메커니즘이 좀 다르다. X-43과 같은 극초음속기의

동체(또는 날개) 윗부분은 자유류(freestream, 비행물체 전방에서 비행속도만큼 흐트러지지 않은 상태로 다가오는 흐름을 말함) 방향과 같은 방향으로 평편하게 하고 극초음속기의 아랫부

▲ 다른 양력 발생 메커니즘을 갖는 X-43A 극초음속기

분에 경사충격파가 발생하게 하는 구조로 제작된다. 극초음속기의 양력은 아랫부분에 충격파가 발생하면서 압력이 증가하여 발생되는 것이다. 극초음속기는 날개뿐만 아니라 동체에서도 아랫부분에만 경사충격파를 발생시켜 높은 압력을 발생하게 하여 양력을 얻는 것이다.

이제까지 양력 발생 원리에 대해 설명한 내용을 정리해보자. 날개 윗면과 아랫면을 흐르는 공기가 동일한 시간 동안에 흘러야 한다고 가정하고 비점성 유체에만 적용할 수 있는 베르누이 이론으로만 설명한 양력 발생의 원리는 실제 점성 흐름에서 발생하는 현상과 다르다. 또 포텐셜 유동에서 균질류에 순환(circulation)을 중첩하여 설명하는 순환 이론은 실제 점성 흐름 속을 날아가는 항공기에 직접 적용하기에 억지가 있다. 뉴턴의 제3법칙을 근거로 재순환(recircuration)으로 해석한 양력 발생의 원리는 공기가 아래로 가속된 결과로 날개 주위 공기와의 상호작용에 따른 양력의 효과를 나타낸 것이다. 그러므로 양력 발생의 근본 원리는 날개 윗면 속도가 아랫면 속도보다 더 증가한다는 질량보존법칙과 윗면의 압력이 아랫면 압력보다 낮다는 뉴턴의 제2법칙이라 할 수 있다.

✈ 뉴턴의 "운동의 3법칙"

1687년 뉴턴은 《자연철학의 수학적 원리》 또는 '프린키피아'라는 근대 이론 물리학의 기초가 되는 책을 라틴어로 출판했다. 이 책에는 관성의 법칙(뉴턴의 제1법칙), 힘과 가속도에 관한 운동 법칙(뉴턴의 제2법칙), 작용-반작용의 법칙(뉴턴의 제3법칙) 등 뉴턴의 유명한 '운동의 3법칙'이 포함되어 있다.

뉴턴은 지상의 물체와 천체의 운동을 통합함으로써 만유인력의 법칙을 발견하고 동시에 역학 체계를 3가지 법칙으로 체계적이고 이론적으로 전개했다. 뉴턴은 가설과 실증, 분석과 종합 등 체계적으로 인식하는 방법을 적용함으로써 역학이 비로소 근대과학으로 성립되는 데 큰 공헌을 했다.

뉴턴의 제1법칙

뉴턴의 제1법칙인 관성의 법칙은 물체에 다른 외부 힘이 작용하지 않는다면 정지해 있는 물체는 계속 정지해 있으려고 하고 운동 중인 물체는 계속 같은 방향 및 속도로 운동하려고 한다는 것이다. 예를 들면 버스가 급출발할 때 뒤로 쏠리는 현상은 정지한 승객이 계속 정지해 있으려는 관성 때문에 발생하는 것이다. 또한 버스가 급정거 할 때 승

버스가 갑자기 출발할 때

버스가 갑자기 멈출 때

버스 손잡이와 승객에 작용하는 관성력

객들이 앞으로 쏠리는 현상도 마찬가지로 계속 운동하려는 관성 때문이다.

아리스토텔레스는 물체가 정지해 있는 것이 가장 자연스러운 상태이며, 물체가 움직이려면 어떤 다른 원인이 필요하다고 생각했다. 그는 움직이는 물체가 마찰력에 의해 속도가 감소하게 되므로 관성의 성질을 제대로 파악하지 못했다. 그러나 갈릴레이는 공이 비탈면을 굴러 내려온 후 다른 비탈면을 거슬러 올라가며 마찰이 없다면 정확하게 같은 높이에 올라간다고 생각했다. 또한 비탈면을 내려온 공이 다른 쪽에 비탈면이 없는 수평면이라면 공은 수평면을 따라 무한히 굴러갈 것이라고 생각했다. 그러므로 갈릴레이는 관성뿐만 아니라 마찰의 개념도 깨우쳤던 것으로 볼 수 있다.

이와 같이 외부의 힘이 작용하지 않는 한 물체가 일정한 속도로 계속 움직이려는 성질이 있다는 발상의 전환은 물리학의 역사에 있어 아주 중요한 발견임에 틀림없다. 지구상에서 관성의 성질은 마찰력에 의해 가려지기 때문이다.

갈릴레이는 관성의 존재를 인식하고 여러 역학적인 현상을 깨우치는 데 그쳤지만 뉴턴은 그동안의 운동역학 현상을 수학적인 모델로 집대성했다. 이러한 관성의 수치적인 측정량은 질량(mass)으로 뉴턴 역학에서 관성은 외부 힘에 대해 저항하는 정도를 나타낸다. 물체에 외부 힘이 가해지지 않으면

일정한 속도로 움직이는 비행기(추력=항력)

뉴턴의 관성의 법칙

그 물체는 운동 상태를 바꾸지 않고 정지해 있거나 등속 직선운동을 한다는 것이다.

뉴턴이 제2법칙인 $\vec{a} = \dfrac{\vec{F}}{m}$에서 질량(m)이 크면 가속도가 작아지고 질량이 작으면 가속도가 커진다. 따라서 질량은 관성이 크고 작음을 나타내는 양이라 할 수 있으므로 관성질량이라 부른다. 뉴턴의 제1법칙을 수학적으로 표현하면 $\vec{F}=0$일 때, $\dfrac{d\vec{v}}{dt}=0$이라 표현할 수 있으며 뉴턴의 제2법칙의 특수한 상황이라 말할 수 있다. 힘을 받아 가속도 운동중인 관찰자가 정지된 물체를 보면 정지된 물체가 가속도 운동하는 것처럼 착각할 수 있다. 측정에 의해서는 서로 다른 두 물체 중에서 어떤 물체가 정지해 있는지 가속도 운동을 하는지 분별할 수 없다. 그래서 가속도 운동을 하는 관찰자는 정확한 기준이 없어 뉴턴의 운동법칙을 적용할 수 없다. 이것은 관성의 법칙으로 기준계가 마련되어 해결된다. 정지해 있거나 또는 받는 힘의 합력이 0인 경우를 기준으로 잡으면 된다. 따라서 관성의 법칙에 의해 $\vec{F}=0$인 물체가 등속도 운동을 하는 것처럼 관찰되는 기준계(관성 좌표계)가 마련된 것이다. 관성좌표계를 이용하여 뉴턴의 운동법칙을 적용할 수 있다.

빙상 쇼트트랙 계주

뉴턴의 제2법칙

뉴턴은 1687년 힘과 가속도에 관한 뉴턴의 제2법칙인 $\vec{F}=m\vec{a}$ (힘=질량×가속도)를 유도한다. 빙상대회 쇼트트랙 계주에서 달리던 선수는 앞에서 천천히 가면서 기다리는 선수를 밀어주어 출발을 돕는다. 이와 같이 물체를 더 빠르게 가속시키기 위해서는 더 큰 힘을 주어야 한다. 이러한 자연현상을 통해 뉴턴은 $\vec{F}=m\vec{a}$ 라는 힘을 정의하는 가속도의 법칙을 알아낸 것이다. 뉴턴의 제2법칙은 물체가 힘을 통해 운동량을 교환한다는 의미가 내포되어 있는 법칙이다.

이것의 물리적 원리는 "물체에 선형 운동량(linear momentum)의 시간에 대한 변화율은 물체에 작용하는 모든 힘의 합과 같다."라는 선형 운동량 보존의 법칙이다. 이것은 비행기가 날아갈 때 적용할 수 있는 가장 기본적이고 핵심적인 물리적인 법칙이다. 공기 속을 비행하는 항공기는 등속도 운동을 하거나 가속도 $\vec{a}$ 를 가지고 움직인다. $\vec{F}=m\vec{a}$ 에서 가속도가 없으면 $\sum\vec{F}=0$ 가 되고, 가속도가 있으면 $\vec{F}=m\vec{a}$ 를 적용할 수 있어 어떤 운동을 하던 뉴턴의 제2법칙인 가속도의 법칙을 적용할 수 있는 것이다. 따라서 뉴턴의 제2법칙은 가속도가 없을 때 해당하는 뉴턴의 제1법칙을 포함하고 있으며, 정지해 있거나 움직이거나 상관없이 뉴턴의 제3법칙인 작용과 반작용의 법칙도 포함하고 있다.

뉴턴의 제3법칙

뉴턴의 제3법칙인 작용과 반작용의 법칙은 어떤 물체 A가 다른 물체 B에 힘을 작용시키면 물체 B도 그 물체에 같은 크기의 힘을 반대 방향으로 작용한다는 것이다. 예를 들어 공기가 가득 찬 풍선을 잡고 있다가 놓으면 공기가 빠져 나오면서 풍선은 반대방향으로 날아가는데 이것이 바로 작용과 반작용의 법칙이며 로켓의 기본원리다. 따라서 로켓은 모든 힘에는 같은 크기의 힘이 반대방

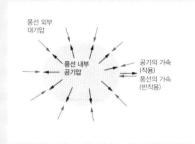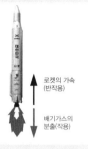

로켓의 추진원리

향으로 작용한다는 뉴턴의 제3법칙인 작용과 반작용의 법칙에 의해 날아가는 것이다. 우주발사체는 활주로 없이 수직 방향으로 이륙하므로 자체 무게보다 추력이 커야 이륙할 수 있다. 보통 우주발사체의 추력 대 중량비(엔진에 의해 추진되는 추력과 무게의 비)는 1.5~2 정도로 엄청난 추력을 갖는다.

또 다른 예로 겨울철에 눈이 쌓인 빙판길에서 헛바퀴만 돌아 자동차가 출발할 수 없는 경우가 있다. 자동차는 바퀴의 회전운동이 바닥을 밀면서 발생하는 반작용력으로 앞으로 전진한다. 자동차는 도로가 고정되어 있는 상태에서 바퀴의 마찰력으로 도로를 미는데 노면이 얼어붙어 그 마찰력이 작으면 타이어가 헛돌아서 앞으로 전진할 수 없게 된다. 따라서 자동차는 눈이 쌓인 빙판길에서 마찰력이 작아져 출발할 수 없는 것이다.

추락,
빙글빙글 돌다 ✈

비행기가 느린 속도로 움직이면서 높은 받음각(high angle of attack) 자세를 취하면 비행기는 갑자기 양력을 잃고 떨어지게 된다. 왜 이런 현상이 발생하는 걸까?

비행기가 날아갈 때 날개 윗면의 전방에서 공기흐름은 날개표면을 따라 흘러가지만 날개 윗면의 후방에서는 날개의 표면마찰로 인해 점점 운동에너지를 잃게 되고 속도는 감소하게 된다. 또 날개 주위의 공기흐름은 흐름방향으로 갈수록 '역압력구배'에 의해 공기 흐름이 표면을 따라 흐르지 못하고 날개 표면에서 떨어지는 현상이 일어난다. 이를 '흐름분리(flow separation)'라 한다.

다음 그림은 일반적인 비행기 날개 주위의 압력분포를 나타낸 것으로 날개 윗면에서의 공기 흐름은 압력이 감소(부압이므로 그림 상에는 증가하는 것으로 나타냄)하다가 증가하는 것을 볼 수 있다. 이와 같이 날개 윗면에서 흐르는 공기는 압력이 점점 감소하다가 압력 최소인 위치를 지난

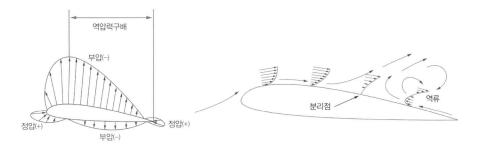

날개 주위의 압력분포   날개 표면을 흐르는 경계층 속도 분포

후 흐름방향으로 갈수록 압력이 점점 증가하는 역압력구배 영역을 흐르게 된다. 공기흐름은 압력이 높은 곳에서 낮은 곳으로 움직이므로 역압력구배 영역에서 공기흐름이 방해를 받는다. 따라서 날개 윗면에서의 흐름은 표면마찰로 인해 에너지를 잃은 상태에서 전방에 높은 압력을 만나 표면을 따라 흐르지 못하고 떨어져 분리된다. 상기 그림은 날개 표면을 흐르는 경계층의 속도분포를 나타낸 것으로 경계층이 흐름방향으로 가면서 압력이 높아져 역방향으로 흐르는 것(공기흐름이 역방향으로 흐르면 이미 공기흐름이 날개 표면에서 분리되는 것을 알 수 있음.)을 보여준다.

이와 같은 날개 윗면에 흐름분리가 발생하면 날개 윗면에 형성되었던 상당히 큰 부압(negative pressure, 대기압보다 낮은 압력으로 진공상태를 나타내는 용어) 분포가 붕괴되어 양력이 급속히 떨어지는데 이러한 현상을 '실속(stall)' 이라 한다.

다음 쪽에 이어지는 그림은 받음각에 따른 분리점(separation point)을 나타낸 것으로 받음각이 증가하면 분리점이 날개 앞전 쪽으로 이동하게 된다. 낮은 받음각에서의 흐름은 후류두께가 얇으며 뒷전 근처에서 분리되는 것을 볼 수 있다. 최대양력계수를 나타내는 받음각에서의 흐름분리 현상은 대략적으로 날개 중간 이후 위치에서 분리되며

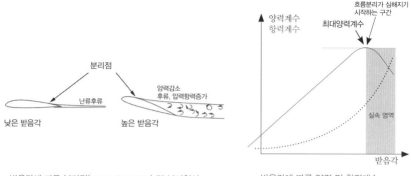

받음각에 따른 분리점(separation point) 및 분리현상 　　받음각에 따른 양력 및 항력계수

이때의 받음각이 실속이 시작되는 받음각에 해당된다. 그러나 이보다 높은 받음각에서의 분리점은 날개 앞전 부근으로 이동한다. 이러한 경우 날개 윗면 대부분은 후류(wake) 속에 잠겨 양력은 떨어지고 항력은 급격히 증가하는 실속상태에 빠진다. 따라서 비행기가 최저속도보다 더 느린 속도로 비행하거나 받음각을 너무 크게 높이면 비행기 무게보다 양력이 작아져 추락하게 된다는 의미다.

비행기는 실속이 발생할 경우 양력만 급속히 떨어지는 것이 아니라 항력이 크게 증가하는 등 여러 가지 징후가 나타난다. 비행기가 실속현상에 진입하면 날개에서 분리된 와류들(vortices)이 비행기의 날개 표면에 영향을 주어 버피팅(buffeting)현상이 발생한다. 이런 현상은 날개 표면에서 분리 현상이 발생하면 일어나는 진동현상이다.

일반적으로 비행기는 실속에 진입되는 순간 조종사에게 신호를 준다. 예를 들어 세스나와 같은 소형 비행기나 고속의 전투기는 실속 경보음으로 알려주지만, 여객기는 조종휠이 흔들리게 하는 스틱 쉐이커(stick shaker)로 실속영역에 접어들었음을 알려 준다.

비행기의 무게중심(center of gravity)이 공기역학적 중심(aerodynamic center, 받음각이 변하더라도 피칭모멘트 값이 변하지 않는 위치를 말함)보다 앞쪽에 위치할 때 엘리베이터의 효율이 증대되므로 대부분의 비행기는 무게중심이 공기역학적 중심보다 전방에 위치하도록 제작되어 있다. 공기역학적 중심은 비행기 속도가 감소할 때 전방으로 이동하는 특성을 가지고 있다. 그래서 실속(stall) 과정에서 저항의 증가로 속도가 감소하면 엘리베이터의 효율이 감소한다. 또한 비행기는 실속이 발생하는 경우 기수내림 현상이 발생한다. 비행기가 실속되었다는 것은 날개에서 비행기의 중량을 지탱할 수 있을 만큼의 양력을 발생시키지 못한다는 것이다. 대부분의 비행기는 무게중심이 공기역학적 중심보다 앞쪽에 위치하므로 비행기의 앞쪽 무게로 인해 기수가 먼저 떨어지는 현상이 발생하는 것이다.

실속은 발생하는 양상에 따라 앞전실속(leading edge stall), 뒷전실속(trailing edge stall), 얇은 에어포일 실속(thin airfoil stall) 등으로 구분한다. 앞전실속(leading edge stall)은 날개 앞전 근처에서부터 급격히 흐름이 분리되며 이 분리된 흐름이 다시 날개의 윗면에 부착하지 않고 발생하는 실속이다. 이것은 날개의 두께 시위비가 약 9 ~ 12%인 경우에 발생하며 일반적으로 실속이 급격하게 발생한다. 뒷전실속(trailing edge stall)은 날개 뒷전부분에서 윗면의 흐름 분리점이 앞전 쪽으로 이동하면서 실속이 진행되는 형태로 날개의 두께시위비가 15% 이상인 경우에 발생하며 이 경우 실속은 천천히 발생한다.

그리고 얇은 에어포일 실속은 날개 앞전 바로 뒤에서 흐름이 분리된 후 그 하류에서 다시 날개 면에 재부착(reattachment)하고 받음각이 증가함에 따라 재부착점이 후퇴하면서 발생하는 실속을 말한다. 이러한 실속은 두께-시위비가 약 6%이하인 얇은 에어포일과 앞전이 둥근 에어포일에서 발생한다.

그리고 비행기는 실속 이후에 양쪽 날개의 양력과 항력의 차이로 인하여 롤링(rolling) 및 요잉(yawing) 현상이 동시에 일어나 빙글빙글 돌면서 떨어지는 현상이 발생되는데 이를 스핀(spin)이라 한다.

비행기는 실속받음각 보다 큰 받음각에서 실속에 의해 비행기 앞부분부터 떨어지게 된다. 이때 양쪽 날개가 균형을 잡고 똑같이 떨어지지는 않고 어떤 원인에 의해서 한쪽으로 기울어져 떨어지게 된다. 더 떨어진 날개는 롤링 각속도 성분과 상대풍 속도와의 벡터적인 합성에 따라 받음각이 증가하게 되며, 올라간 날개는 받음각이 감소하게 된다.

만약 비행기가 실속이 일어나 우측날개가 좌측날개보다 먼저 떨어지면 내려간 우측날개의 받음각이 좌측날개의 받음각보다 크게 된다. 다음 그림에서와 같이 실속 이후의 비행기의 양력계수는 받음각이 증가함에 따라 감소하여 우측 날개의 양력계수(내려간 날개)가 작아져 우측으로 롤링하게 된다. 그리고 비행기의 항력계수는 실속 이후에 받음각이 증가함에 따라 항력계수는 급격히 증가한다. 우측 날개의 항력계수는 증가하고 좌측 날개의 항력계수(올라간 날개)는 감소하여 우측으로 요잉 운동을 하게 된다. 따라서 비행기는 내려간 날개 쪽으로 롤링 및 요잉운동이 동시에 발생하여 빙글빙글 나선운동을 하며 떨어지게 된

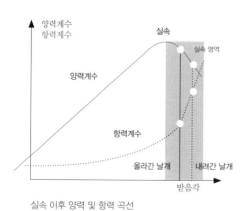

실속 이후 양력 및 항력 곡선

다. 이러한 비행기의 스핀 현상은 실속 이후의 받음각에서 발생하며, 조종면들은 날개나 동체의 후류에 잠기기 때문에 조종 효율이 크게 감소한다. 특히 주날개 끝부분 뒷전부분에 장착된 에일러론(aileron)은 후류에 잠겨 정상적인 효과를 내지 못한다.

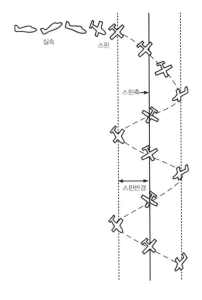

실속에서의 스핀

조종사들은 스핀 회복 특성이 좋은 훈련기나 시뮬레이터로 스핀에 들어간 상태에서 항공기를 조작하는 법을 배운다. 그런데 전투기는 여객기에 비해 기동성이 좋은 대신 안정성은 떨어진다. 그래서 전투기는 실속에서 스핀으로 들어가는 조작이 금지되어 있다. 1969년 우리나라 공군에 도입되어 40년 이상 사용한 F-4D 팬텀은 스핀에 들어가게 되면 대부분 추락하고 만다. 그러나 1977년부터 도입되기 시작한 개량형인 F-4E 또는 1989년 미국 공군으로부터 인도 받은 RF-4C에서는 잘못된 조작으로 스핀에 들어간 경우에도 회복 조작을 통해 스핀에서 벗어난 경우도 있다고 한다.

✈️ 속도가 모양을 결정한다

비행기의 양력, 즉 뜨는 힘은 속도의 제곱에 비례한다. 그러므로 최대이륙중량 397톤의 B747과 569톤의 A380 점보 여객기도 속도가 빠르면 얼마든지 뜰 수 있다.

따라서 무게가 무거운 비행기는 이륙하는 경우 공중에 부양하기 위해 속도를 빠르게 해야 하므로 지상 활주하는 거리가 길어진다. 착륙하는 경우 공중에 떠 있기 위해서는 속도가 커야 하므로 접지하는 속도가 빠르게 되어 착륙거리도 길어진다.

비행기 속도가 느린 상태에서 양력을 크게 하기 위해서는 날개를 크게 제작하는 방법이 있다. 글라이더이거나 소형 항공기인 경우 느린 비행기이므로 비행기를 띄우기 위해서는 날개를 크게 해야 한다. 그러므로 글라이더이거나 소형 항공기인 경우는 날개의 가로세로비(aspect ratio)가 약 7~14 정도로 매우 크다. 그러나 전투기와 같이 속도가 빠른 비행기는 가로세로비가 3.0 또는 3.5 정도로 아주 작다. 날개가 작아도 속도가 빨라 공중에 떠 있기 충분한 양력을 얻을 수 있기 때문이다.

실제로 비행훈련 과정에서 초급 과정의 소형 항공기(Cessna-172R, T-103)를 조종하다가 속도가 빠른 중급 과정의 훈련기(KT-1)를 조종하면 이륙하는 순간, 비행기가 붕 뜨는 느낌을 받는다. 이것은 중급 과정의 비행기가 초급 과정의 비행기보다 훨씬

가로세로비가 큰 글라이더

속도가 빠르기 때문에 속도감뿐만 아니라 뜨는 힘도 느낄 수 있기 때문이다.

비행기 에어포일(날개를 앞전에 수직으로 자른 단면)의 두께 및 모양은 비행기의 설계요구(design requirement) 조건에 따라 다르게 설계한다. 에어포일의 형태는 날개의 형태, 비행기용도, 비행속도 등에 따라 변하므로 다음과 같은 함수 f로 표현할 수 있다.

에어포일의 형태 = f(날개의 형태, 비행기용도, 비행속도 등)

일반적으로 아음속으로 비행하는 소형 항공기나 글라이더는 저속으로 비행하므로 에어포일이 두꺼워야 더 큰 양력을 얻을 수 있다. 그러나 초음속 비행기는 고속에서 공기저항을 작게 하기 위해 비교적 얇은 에어포일을 사용한다. 또 느린 소형 항공기는 직사각형 날개 형태로 날개의 후퇴각이 없지만 전투기처럼 속도가 빠른 비행기는 날개의 후퇴각이 상당히 크다. 고속 비행기는 속도가 빨라 충분한 양력을 얻을 수 있으므로 저항을 줄이기 위해 후퇴각을 주는 것이다. 후퇴각을 갖는 비행기는 천음속 영역에서 항력발산 마하수를 크게 해주고 항력을 감소시키는 효과가 있다. 그러나 후퇴각으로 인해 날개가 겪는 속도가 줄어들면서 양력곡선 기울기가 줄어들고 최대양력의 손실을 유발하게 된다. 또한 후퇴익 비행기의 양항비는 동일한 크기의 직선익 비행기보다 작다. 후퇴각에 따라 줄어든 양력을 보상하기 위해서는 날개의 크기를 늘려야 하고 이로 인해 중량도 늘어나게 된다. 그래서 후퇴날개를 부착한 비행기는 직선날개를 갖는 비행기보다 착륙속도가 더 빠르다.

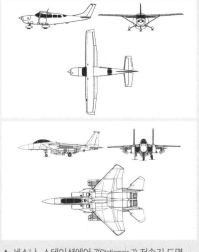

초음속 전투기라
도 속도 제로 상태에
서부터 활주로를 이
륙해 저속비행을 해
야 하므로 저속 특
성이 너무 나빠도
안 된다. 따라서 일
부 전투기에서 후퇴
각을 조절할 수 있
는 가변익을 도입하
는 것도 저속에서의
공력 특성을 향상시

▲ 세스나 스테이션에어 7(Stationair 7) 저속기 도면
▼ F-15 고속기 도면

키고 고속에서는 후퇴각을 주어 공력 특성을 좋게 하기 위함이다.
물론 가변익 비행기는 날개의 후퇴각을 조절하기 위한 기계적인
장치로 인한 무게 증가를 비롯하여 이로 인한 구조적인 문제점,
효율성 등이 고려된 후 제작되어야 한다.

날개의 가로세로비는 날개의 스팬과 평균 시위(chord)의 비를 말
한다. 만일 날개 스팬이 10m이고, 시위길이가 1m이면 가로세로
비는 10이 된다. 가로세로비가 큰 경우 큰 양항비를 가지므로 글
라이더와 같이 무동력 비행기나 정찰기와 같이 긴 비행거리와 비
행시간을 목적으로 한 비행기에 적용된다. 그러나 초음속으로 비
행하는 경우 가로세로비가 작은 것이 일반적이다. 이것은 속도가
빠른 비행기가 날개가 너무 크면 저항이 커지고 구조적으로도 내
구성이 떨어지기 때문이다.

4부 지상으로 내려온
항공기술

하늘을 나는
자동차 ✈

'하늘을 나는 자동차(Flying Car)'는 우리 생각보다 훨씬 오래 전부터 만들기 시작했다. 1910년대 초기부터 제작을 시도했으며, 1917년에는 글렌 커티스(Glenn Curtiss, 1878~1930)가 세계 최초의 하늘을 나는 자동차인 오토 플레인(Auto plane)을, 1937년에는 왈도 워터맨(Waldo Waterman, 1894~1976)이 애로바일(Arrowbile)을, 1946년에는 로버트 풀턴(Robert Fulton, Jr., 1909~2004)이 에어피비언(Airphibian)을, 1949년에는 몰턴 테일러(Moulton Taylor, 1912~1995)가 에어로카(Aerocar) 등을 만든 것으로 알려져 있다. 이러한 하늘을 나는 자동차들은 개발·제작 후 비행기로 CAA(Civil Aeronautics Administration, 현재의 미국연방항공국)의 인증을 받았다. 당시에 이들 '하늘을 나는 자동차'는 '자동차'로써 인증이 요구되지 않아 받을 필요가 없었다. 실제 수요도 없어서 대량생산 체제를 갖추지 않아 고작 몇 대만 제작되었다.

그중 몰턴 테일러는 1949년도에 미국 워싱턴 주 시애틀에서 남쪽으로 206㎞ 떨어진 롱뷰에 에어로카(AEROCAR Co.)를 설립하고 비행기 자동차 '에어로카'를 개발했다. 에어로카 모델1(4개의 모델 제작) 가운데 하나는 1956년도에 제작한 '스위니(Sweeney)'로 라이코닝 항공기 엔진(Lycoming airplane engine)에 의해 가동되었다. 이러한 에어로카는 실제 사용하기 위해 제작된 것으로 날개, 후방동체, 프로펠러 등을 포함하는 비행 모듈과 연결된다. 최근에 생산된 '에어로카2000'은 1950년대에 몰턴이 제작한 에어로카의 최신 버전으로 미국연방항공국(FAA, Federal Aviation Administration)의 규정에 적합하도록 제작되었다.

'하늘을 나는 자동차'를 개발하는 방법은 두 가지 방법이 있다. 하나는 미국운수부(DOT, Department of Transportation), 환경보호국(EPA, Environmental Protection Agency), 미국연방항공국 등 3개의 기관의 규정에 부합하는 하나의 시스템을 개발하는 것이다. 당연히 자동차와 비행기를 결합해 하나의 시스템으로 개발하는 작업이기에 엄청난 비용과 고도의 기술이 필요하다. 또 다른 방법은 몰턴 테일러처럼 DOT와 EPA로부터 이미 검증된 자동차를 이용해 '비행기 자동차'를 개발하는 것이다. 이 방법은 FAA에 의해 검증된 자동차에 비행모듈은 추가로 장착하는 것으로 개발하는 비용이 상대적으로 저렴하다.

최근 미국의 테라푸기어(Terrafugia)라는 벤처회사가 비행기 자동차를 개발해, 비행하는 데 성공했다. 이 회사는 트랜지션(Transition®)이라는 자동차와 비행기 기능을 모두 갖춘 2인승 경량 스포츠 비행기를 개발했다. 트랜지션은 후방에 프로펠러가 장착된 '미는 형(pusher type)'의 프로펠러 항공기로 조종석에서 간단한 조작으로 날개를 30초 미만에 펼치거나 접을 수 있도록 설계되었다. 이 비행기의 최대 이륙중량은 약 650㎏이며 날개길이(wingspan)는 8m, 전체길이는 6m다. 순항속도는 시

하늘을 나는 자동차 트랜지션   2009년 3월 초도비행을 하는 트랜지션

속 185㎞(115mph)이고 실속속도는 시속 83㎞(51mph), 항속거리는 787㎞ 다. 연료는 자동차와 마찬가지로 일반 주유소에서 주유가 가능하며 약 87리터 정도 급유할 수 있다.

트랜지션은 2008년 7월 위스콘신 주 오슈코시(Oshkosh) 에어쇼에서 모델을 전시했으며 2008년 후반기부터 동력시험을 시작했다. 트랜지션은 지상고속주행 시험에서 시속 161㎞까지 안전하게 도달한 후 2009년 3월 초도 비행을 성공적으로 마쳤으며 2009년 여름에 집중적으로 비행시험을 수행했다. 이러한 하늘을 나는 자동차는 순항비행 중에 고장이 나거나 급격히 기상이 악화된 경우에 근처 활주로나 개활지에 바로 착륙해 점검하거나 날개를 접고 목적지를 향해 도로를 주행할 수 있는 장점이 있다.

트랜지션은 제작 및 시험을 거쳐 2010년 6월 미국연방항공국의 특별승인을 얻었으며, 2012년부터 일반 구매자에게 판매하기 시작했다. 이에 따라 미국연방항공국은 2004년 경량 스포츠 항공기 면허를 신설해 약 20시간 정도 비행교육을 받으면, 면허를 획득할 수 있도록 했다. 트랜지션은 자동차와 비슷하게 설계한 2인 좌석과 출입문이 있으며 트렁크에 스키, 낚시 도구, 골프 클럽 등을 적재할 수 있도록 설계했다. 가격은 기본사양인 경우 대략 279,000달러(3억 2천만 원) 정도다.

테라푸기어의 트랜지션의 출현으로 공상과학 영화에서나 볼 수 있었던 하늘을 나는 자동차가 현실로 다가왔다. 국내에서도 2010년 개인용 비행기(PAV, Personal Air Vehicle) 개발을 위한 선행연구를 마쳤으며, 20년간 장기 과제로 추진할 계획이다. 이러한 자동차 비행기는 도로교통 및 항공관제 체계, 활주로 및 이착륙, 도로주행시 엔진소음, 자동차 및 항공기 인증, 조종기술 및 면허, 사고발생시 처리 등 많은 문제점들을 안고 있다. 그러나 개인용 비행기를 개발하기 위한 자율비행 기술, 교통 및 관제체계, 승객보호기술, 고장감지기술, 소음과 공해감소, 경량화 등의 기술을 확보하여 문제점을 해결한다면 도어 투 도어(Door-to-Door) 개념의 하늘을 나는 자동차를 실제로 운전할 날도 멀지 않았다.

기존의 자동차에 날개를 부착하면 뜰 수 있는지를 어떻게 판별할까? 우선 뜨는 힘, 즉 양력(lift)에 대해 알아보자. 양력은 양변의 차원은 같다는 차원해석법(Dimensional analysis)을 통해 다음과 같이 구할 수 있다.

$$\text{양력} \quad L = C_L \frac{1}{2} \rho V^2 S$$

자동차의 무게를 W라 할 때, 양력 L이 무게에 비해 크면 공중에 뜰 수 있다. 우선 양력은 속도의 제곱에 비례하므로 날개를 부착한 자동차가 최대로 주행할 수 있는 속도를 대략적으로 알아낸다. 수식에서 양력 대신에 무게(W)를 넣고 날개의 양력계수(C_L)와 날개의 면적(S)을 얼마로 해야 자동차 무게보다 큰 양력을 낼 수 있는지 계산해야 한다. 또한 양력계수 C_L은 선택한 에어포일 데이터에서 장착 받음각을 얼마로 해야 적정한 양력계수 값을 얻을 수 있는지 판단해야 한다. 날개의 장착각(받음각)이 너무 크면 양력 계수가 커서 좋지만 공기저항이 증가해 매우 강력한 엔진이 아니면 속도를 내기 힘들다.

이와 같은 절차를 반복해 계산함으로써 날개의 형태와 자동차에 장착한 날개의 받음각, 양력계수, 날개면적, 최대속도 등을 결정해 날개를 부착한 자동차가 뜰 수 있는지 추정할 수 있다.

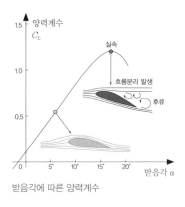

받음각에 따른 양력계수

자동차의 무게가 너무 무거워 뜨지 않는다면 무엇보다도 속도를 증가시켜 문제를 해결 할 수 있다. 속도를 높이기 위해 좀 더 강력한 엔진으로 바꾸거나 무게가 나가는 물품을 제거해 무게를 줄일 수도 있다. 또한 양력계수 또는 날개 면적을 크게 할 수 있는지를 판단해 수정함으로써 양력을 증가시켜야 한다. 양력계수 C_L에 영향을 주는 요소는 날개의 단면모양, 날개의 형상, 받음각, 압축성과 점성효과 등이다. 그러므로 여기서 고려해 볼 수 있는 것은 단면모양, 받음각, 날개의 형상 등이다.

✈ 하늘에도 도로가 있을까

지상에 도로가 있듯이 하늘에도 공항과 공항을 연결하는 도로가 있는데 이러한 하늘의 길을 '항공로(airway)'라 한다. 공항을 출발한 여객기가 목적지까지 가기 위해 항공차트(Aeronautical Chart)상에 나타난 항공로를 선택해야 한다. 항공차트는 육도와 해도에서 발

속도	572 mph
고도	31996 ft
맞바람 속도	28 mph
도착지까지의 거리	6172 mi

미국에서 귀국하는 여객기의 실제 비행 고도
(3만 2000ft) 및 속도

췌하여 비행에 필요한 사항을 추가했기 때문에 영어로 맵(map)이 아니라 차트(chart)라 한다. 항공차트는 일반지도와는 달리 항법장비와 지형의 특성 등이 명시되어 있다. 항공로를 선택하는 데 있어 제트기류, 비상착륙을 위한 교체공항 거리, 국가간의 협정에 따른 영공 통과여부 등을 고려한다.

일반적으로 항공로는 고도 2만 9,000ft(8,840m)를 기준으로 저고도 항공로와 고고도 항공로로 구분한다. 고도 2만 9,000ft보다 높은 고고도 항공로는 제트기만 비행할 수 있으므로 '제트루트(route)'라 한다. 이 고도에서는 공기의 밀도가 낮기 때문에 엔진의 출력이 줄어들지만, 항공기의 항력이 크게 감소해 연료를 절감할 수 있는 경제적인 고도다. 이러한 항공로는 북극항로, 북태평양항로 등과 같이 국제적으로 붙여진 이름이 있으며 일정한 높이와 일정한 폭(보통 13km)을 갖고 있는 공간을 말한다.

순항고도에 들어선 항로비행(en-Route)에서 2만 9,000ft 이하의 고도에서는 1,000ft의 수직간격을 유지하고 그 이상의 고도에서는 2,000ft 수직간격을 유지한다. 그러나 최근 항공교통량의 증가로 수직간격을 줄이자는 의견이 대두되어 수직분리기준축소(RVSM, Reduced Vertical Separation Minimum)를 적용하게 되었다. 수직분리기준축소는 경제고도인 2만 9,000ft에서 고도 4만1,000ft까지의 수직분리기준을 2,000ft에서 1,000ft(300m)로 축소한 것이다.

토론토에서 인천공항 귀국길 항로

우리나라도 미국, 유럽 등에서 적용하고 있듯이 거의 모든 항공로에서 수직분리기준축소를 적용하고 있다. 수직분리기준축소를 적용한 국가는 항공기 사이의 수직간격을 줄여 새로운 고도를 추가로 확보하여 항공교통량이 증가해도 경제고도를 원활하게 배정할 수 있다.

인천공항을 출발하여 태평양을 건너 미국을 갈 때와 올 때 항로상의 고도는 홀수 또는 짝수 고도를 이용하여 구분하고 있다. 만약 항공기가 0도와 179도 사이(동쪽)를 향해 비행하고 있다면, 그때는 홀수의 비행고도로 비행을 한다. 이와 반대방향으로 항공기가 180도와 359도 사이(서쪽)를 향해 비행하고 있다면, 그때는 짝수의 비행고도로 비행을 한다. 따라서 한국에서 미국을 향해 비행하는 여객기는 동쪽(90도)을 향해 비행하므로 3만 3,000ft, 3만 5,000ft 등과 같은 홀수 고도로 비행한다. 반면 미국에서 한국으로 비행하는 여객기는 서쪽(270도)으로 비행하므로 3만 2,000ft, 3만 4,000ft 등과 같은 짝수 고도로 비행한다(예외로 일방통행 항로도 있음).

그래서 미국에서 한국으로 귀국하는 여객기에 탑승한 승객이 창문을 통해 300m 아래서 반대방향으로 지나가는 여객기를 보는 경우도 있다. 또한 항공기가 동일한 경로를 같은 고도에서 비행하는 경우 10분 이상의 차이를 두고 비행하고 있다.

여객기, 교체공항 없이 태평양을 건너다 ✈

4대의 엔진이 장착된 보잉747이나 에어버스380 같은 대형 여객기가 태평양을 횡단하는 장거리 노선에 주로 투입되지만, 최근에는 엔진이 2대 장착된 보잉777, A330 등도 장거리 노선에 투입되고 있다. 보잉 777과 같은 기종은 엔진 1대가 고장이 나면 가까운 공항으로 비상착륙해야 하는데, 이들 비행기는 교체공항(Alternative Airport, 비상상황이 발생해 목적지 공항에 항공기 착륙이 불가능할 때 주변에 미리 선정한 착륙 가능한 공항을 말함)이 먼거리에 있는 태평양을 어떻게 건널 수 있을까?

쌍발기운항경로제한규정(ETOPS, Extended-Range Twin-engine Operations Performance Standards)은 보잉777처럼 엔진이 2대인 항공기에 적용된다. 1986년에 국제민간항공기구(ICAO)가 제정한 쌍발기운항경로제한규정은 엔진이 2대인 항공기에 대해 엔진 1대가 고장난 경우, 60분 이내에 교체공항에 도착할 수 있는 항로로 비행해야 한다는 것이다. 미국의 연방항공규정(FAR)에서 쌍발기는 60분 이내의 위치에 교체공항이 있는 항로로 운행해야 한다는 규정과 유사한 내용이다.

1930년 미국 연방항공규정은 모든 항공기가 교체공항으로부터 100 NM(Nautical mile, 185.2km) 이내에서 운항해야 한다고 규정한다. 1953년 연방항공규정은 터빈엔진 3대와 4대를 갖는 항공기는 운항경로제한규정을 철폐했다. 따라서 DC-10, B747, A340, A380 등 엔진 3대 이상을 장착한 여객기는 교체공항이 있는 항로로 지그재그 비행할 필요가 없이 최단거리인 직선으로 비행하게 되었다. 1964년부터 쌍발엔진 항공기는 즉 엔진을 2대 장착한 항공기는 교체공항으로부터 60분 이내의 항로로 규정되었으며, 1977년부터 자격을 갖춘 B737과 A300 항공기에 교체공항 도달시간을 75분으로 늘려 적용했다. 또한 미국연방항공국은 1985년 쌍발기운항경로제한규정 요구조건을 충족하는 항공사에 대하여 운항 시간을 최대 120분까지 증가시켰다.

미국은 비행 중 엔진 정지율이 5만 시간당 1회 이하로 엔진의 신뢰성을 아주 높게 제한하고 있다. 또한 미국은 1988년에 쌍발 항공기가 엔진 1대가 꺼진 상태에서 러더(rudder)로 비행방향을 틀어 최소 조종속도로 180분 이내에 교체공항에 도달이 가능한 경우, 쌍발기운항경로제한규정 최대운항시간을 180분으로 조정했다. 그래서 보잉 사의 B767, 에어버스 사의 A320, A330 등 모두 쌍발기운항경로제한규정 최대 운항시간은 180분이다. 엔진이 2대인 여객기에서 엔진이 하나 꺼지면, 하나의 엔진만으로 180분 내에 교체공항에 비상착륙을 해야 한다.

1970년 첫 상업비행을 시작한 대략 400석 규모의 B747 여객기는 각각 5만 2,000~6만 파운드의 추력을 내는 플랫앤휘트니(Pratt & Whitney) 또는 제너럴일렉트릭(General Electric)사의 터보팬 엔진 4대가 장착되어

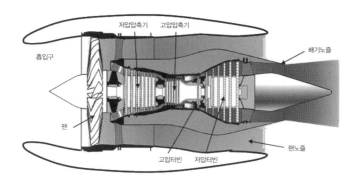

저압압축기   고압압축기

흡입구

배기노즐

팬

고압터빈   저압터빈

팬노즐

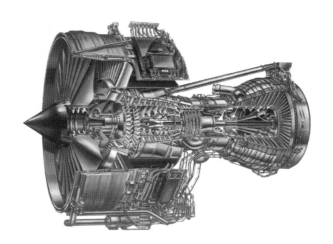

▲ 여객기에 장착되는 전형적인 터보팬 엔진   ▼ B747에 장착된 트렌트 800엔진

있다. 이들 4대 엔진을 다 합치면 약 20만 파운드를 초과하는 추진력을 갖는다. 그러나 1981년과 1995년에 개발된 보잉 사의 B767과 B777, 그리고 에어버스 사의 A330도 터보팬 엔진 2대만으로도 B747에 못지 않은 강력한 추진력을 보유하고 있다. B777은 기존의 B747과 B767 사이 중간규모로 대략 350석 규모의 여객기다. B777은 영국 롤스로이스에서 제작한 트렌트800 엔진(Trent 800 engine)이나 미국 제너럴일렉트릭의 GE90 엔진, 그리고 플랫앤휘트니사의 PW4000을 장착했는데, 이들 엔진 하나가 약 9만 파운드 정도의 강력한 추력을 지니고 있다.

이와 같이 터보팬 엔진 성능이 향상되고 신뢰도가 높아짐에 따라 엔진을 2대만 장착한 여객기들도 태평양을 횡단하는 장거리 노선에 투입되고 있다. 예를 들어, 2009년 초 대한항공은 인천−토론토 노선을 운항하는 여객기를 B747에서 B777로 교체하기도 했다. 이러한 조치를 통해 항공기 가동률 및 수송 능력을 향상시켰으며, 엔진 2대로 직선비행함에 따라 항로를 단축하고 비행시간과 연료를 절감할 수 있었다.

이제 보잉777 여객기는 성능이 개선되고 엔진의 신뢰성을 높여 쌍발기운항경로제한규정 자격에 부합하는 항공기가 되었다. 1998년 미국연방항공국은 보잉 777-200 기종에 한해 현재 쌍발기운항경로제한규정을 180분에

트렌트1000 엔진을 장착한 B787

서 207분으로 연장하여 운항하도록 했다.

　오늘도 많은 항공사들은 엔진 2대가 장착된 여객기를 이용해 태평양, 대서양 등을 횡단하고 있다. 그러므로 쌍발기 운항 영역이 확장되어 장거리 노선에 투입할 수 있는 항공기가 늘어나게 되었다. 장거리 노선을 위한 항공기로 개발된 보잉747은 유가 급등으로 인해, 인기가 떨어지고 있다. 대신 '꿈의 여객기(Dreamliner)'라 불리는 보잉787이 각광을 받고 있다. 더군다나 B787에 장착된 트렌트1000(330분 ETOPS 승인) 엔진은 친환경 엔진으로 연료소모율을 크게 줄였기 때문이다. 2대의 엔진을 장착한 보잉787은 쌍발기운항경로제한규정이 적용되지만, 엔진기술의 발달로 인해 지그재그로 비행하지 않고 직선적으로 태평양을 횡단할 수 있다.

✈ 날아가는 비행기 안에서 다른 비행기 보기

　비행기 A와 B가 모두 반대 방향으로 날아가고 있을 때, 비행기 A에서 비행기 B를 보면 어떻게 보일까? 인천공항을 이륙한 보잉 777-300 여객기가 태평양 상공 3만 3,000ft(10.1km)에서 시속 905km의 속도로 미국 LA공항을 향해 비행하고 있다. 한편 미국 LA를 이륙한 보잉747-400 여객기가 태평양 상공 3만 2,000ft(9.8km)에서 시속 915km의 속도로 인천공항을 향해 비행하고 있다. 이 경우 보잉777 여객기에 탑승한 승객이 반대방향으로 비행하고 있는 보잉747 여객기를 본다면, 보잉747 여객기가 시속 1,820km의 속도로 지나치는 것처럼 보일 것이다. 또한 시속 300km의 속도로 달리고 있는 KTX 안에서 진행 방향으로 시속 100km의 속도로 달리고 있는 자동차를 본다면 자동차는 뒤쪽으로 시속 200km의 속도로 멀어져 가는 것으로 보인다.

이와 같은 예는 통상적으로 경험할 수 있는 것이다. 이와 같이 같은 물체라 할지라도 관찰자의 운동 상태에 따라 속도의 크기와 방향이 달라지며 운동하는 관찰자의 기준으로 나타낸 '상대속도'라는 개념이 적용된다.

지구에서 속도를 측정할 때 지구의 자전속도를 고려하지 않듯이, 기차 안에서 복도를 걸어가는 사람의 속도는 기차의 속도를 고려하지 않고 그대로 느끼는 것이다. 따라서 상대속도란 운동하는 관찰자의 기준으로 나타낸 물체의 속도를 말한다. 이러한 상대속도 개념이 우주도킹과 공중 급유에서 매우 중요한 역할을 한다.

1965년 12월 15일 미국의 유인 우주선 제미니 6A호와 7호가 세계 최초로 랑데부(Rendezvous, 두 우주비행체가 서로 나란하게 비행하는 것)에 성공했다. 1966년 3월 16일 제미니 8호는 궤도를 돌던 무인위성 아제나와 세계 최초로 수동 도킹(Docking)에 성공했다. 한편 1975년 7월 17일 미국의 우주선 아폴로 18호와 소련의 우주선 소유즈 19호가 대서양 상공에서 도킹(1972년 5월에 합의된 아폴로-소유즈 시험계획에 따른 미·소 우주선의 도킹)에 성공하여 화제가 되

도킹 장면의 미국 우표

었다. 또한 2008년 4월 10일, 이소연 박사를 태운 소유즈 우주선이 국제우주정거장과 도킹에 성공했다.

이러한 우주도킹은 2대 이상의 우주선이 우주공간에서 접근해 결합하는 것을 말한다. 상대속도는 우주도킹에 있어 아주 중요한 물리량으로 두 물체간의 상대속도를 0으로 만들어야 한다. 도킹은 우주정거장 및 아폴로 달 탐사계획 등에서 승무원이 옮겨 탈 때나 물자를 보급하기 위하여 실시된다. 도킹은 2대의 우주선이 서로 가깝게 접근하여 상대속도가 0이 되어 같은 속도로 비행하는 랑데부 기술과 서로의 도킹 장치가 결합될 수 있도록 위치와 방향을 맞추는 우주선의 위치제어 기술이 맞물려 돌아가야 한다.

연료를 가득 실은 대형 비행기가 파이프를 이용하여 비행하고 있는 다른 항공기에 연료를 주입하는 공중 급유도 같은 원리다. 공중 급유는 플라잉 붐 방식(flying boom)과 프로브 앤 드로그(probe-and-drogue) 방식이 있다. 플라잉 붐 방식은 공중급유기가 일정한 속도로 수평비행을 하는 동안 피급유기 조종사가 급유기 후미 아래쪽에서 상대속도를 0으로 조종하여 접근하면 급유기의 붐 조작 승무원(boom operator)이 붐을 피급유기의 연료주입구에 주입하는 방법이다. 한편 프로브 앤 드로그라는 방식은 급유기에서 유연한 연료 호스 끝에 달려있는 드로그(셔틀콕과 같이 생긴 넓은 입구)를 늘어뜨리면 피급유 항공기 조종사가 항공기를 조종하여 프로브(급유를 받기 위해 조종석 근처에 장착된 ㄱ자 형태의 급유봉)를 드로그에 넣어 연료를 공급받는 방식이다. 이러한 공중급유는 난기류가 있을 수 있는 대류권 내에서 두 대의 항공기가 비행을 하면서 고도뿐만 아니라 상대속도를 0으로 맞춰 급유관을 꽂아야 하는 고난도 작업이다.

초음속 항공기
엔진은 뾰족하다 ✈

상용 여객기의 순항속도는 대략 마하수 $M = 0.7{\sim}0.85$ 정도며 초음속 여객기의 순항속도는 대략 $M = 2.0$ 정도다. 가스터빈 엔진의 아음속 흡입구에서 공기는 압축기로 들어가는데 블레이드 끝단에서 실속(stall)을 방지하기 위해 약 $0.4 < M < 0.7$ 정도의 속도로 들어가야 한다. 일례로 상용 여객기가 $M = 0.85$의 순항속도로 비행 중일 때 흡입구는 디퓨저(diffuser, 확산기) 역할을 해 약 $M = 0.6$ 정도로 속도를 줄이고 압력을 증가시킨다. 따라서 아음속 항공기 엔진에서는 천음속에 비해 상대적으로 느린 속도이므로 흡입구 앞부분을 뭉툭하게 제작하여 분리(separation)를 억제하고 흡입유동의 방향각에 민감하지 않도록 한다. 그러나 천음속 항공기 엔진에서는 아음속에 비해 빠른 속도이므로 항력을 줄이고 충격파 발생을 지연시키기 위해 흡입구 앞부분을 얇게 제작한다.

초음속 항공기 엔진의 흡입구는 초음속을 아음속으로 감속하면서

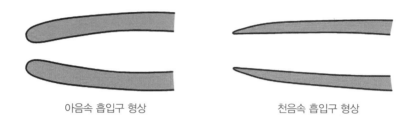

아음속 흡입구 형상   천음속 흡입구 형상

최소의 손실로 최고로 높은 압력으로 압축되도록 제작한다. 흡입구는 초음속 흐름을 아음속으로 줄이고 압력을 높인 공기를 압축기 입구에 제공한다. 이러한 흡입구에서는 입구의 전압력(total pressure, 정압과 동압의 합을 말함)은 충격파(shock wave)를 거치면서 최소의 손실을 발생시켜 압축기 입구에서 최대의 정압(static pressure)을 얻게 한다. 그래서 초음속 엔진의 흡입구는 충격파 전후의 급격한 압력손실을 줄이기 위해, 강한 수직충격파를 발생시켜 속도를 줄이는 것보다는 여러 개의 약한 경사충격파를 발생시켜 속도를 줄이는 것이 더 효율적이다. 이것이 바로 초음속 항공기 엔진 흡입구에 뾰족한 것이 나와 있는 이유다.

초음속 항공기의 엔진 흡입구는 크게 SR-71이나 미그21 등과 같은 축대칭 스파이크 모양의 원추형(center body type)과 F-15에서와 같은 램프형(ramp type)으로 구분할 수 있다. 록히드 마틴에서 개발한 '블랙 버드(Black Bird)' SR-71는 8만 5,000ft(약 25.9㎞)의 고도에서 음속의 약 3.2배에 달하는 순항속도로 비행할 수 있는 전략정찰기이다. 이러한 SR-71 정찰기의 엔진흡입구는 축대칭 스파이크 모양의 원추형 흡입구로 입구 외부 및 내부 두 군데 모두에서 충격파가 발생되는 혼합 압축흡입구다. 이 흡입구는 F-15의 램프형(ramp type) 흡입구보다 흡입구 전면 면적이 훨씬 작고 더 많은 경사충격파를 생성한다.

SR-71의 원추형 초음속 흡입구   미그 21 엔진 흡입구의 뾰족한 전방물체

항공기가 초음속으로 비행할 때 공기가 압축되면서 충격파가 발생되는데 경사진 경사충격파와 수직으로 생긴 수직충격파가 있다. 경사충격파와 같이 약한 충격파를 지난 흐름의 속도는 속도가 줄어들어도 초음속이 될 수 있지만 수직충격파와 같은 강한 충격파를 지난 흐름의 속도는 항상 마하수 1.0 미만의 아음속이 된다. 초음속 항공기의 엔진 흡입구는 뾰족한 전방물체를 두고 수축 형으로 제작되어 경사충격파를 유발하므로 단계적으로 유속이 높은 초음속에서 낮은 초음속으로 낮추게 되며, 마지막으로 강한 수직 충격파를 유발하여 유속을 아음속으로 줄이고 있다. 그 다음 확산형 디퓨저를 통해 압축기 입구에서 마하수 M이 $0.4 < M < 0.7$ 정도의 적절한 속도가 되도록 한다. 따라서 초음속 항공기의 엔진흡입구는 공기를 효율적으로 압축시키고 유속을 줄이는 수축-확산형 디퓨저 형태를 갖는다.

SR-71 전략정찰기에 사용되는 엔진 흡입구는 아음속으로 비행할 때는 흡입구 면적이 작고 느리기 때문에 흡입공기량이 부족하다. 이런 경우 외부 유동을 흡입시킬 수 있는 바이패스(by-pass) 도어나 흡인(suck-in) 도어, 블리드 도어(bleed door) 등과 같은 여러 도어들을 열어 많은 공기를 흡입하여 부족한 공기를 채운다. 그리고 초음속으로 비행

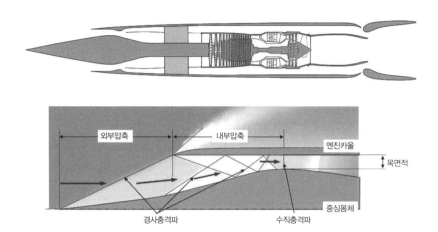

원추형 초음속 흡입구 구조와 유속 감소 방법

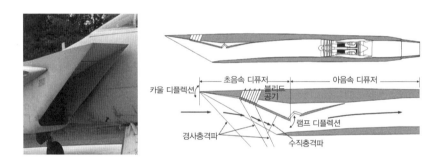

F-15의 램프형 초음속 흡입구 구조와 유속감소 방법

할 때는 램효과(공기흡입구에 들어오는 공기의 빠른 속도에너지를 유효한 압력에너지로 변화시키는 것)에 의해 충분히 압축하므로 도어를 닫고 오히려 남는 공기를 블리드 도어를 통해 외부로 배출시키기도 한다.

　　보잉 사(인수합병 전, 맥도넬 더글러스)가 제작한 F-15 이글(Eagle)은 터보팬 쌍발 엔진을 장착한 초음속 전투기로 속도는 음속의 2배 이상까지 가능하다. 이러한 F-15의 초음속 흡입구는 램프형으로 흡입구 외부에서만 충격파가 발생하는 외부 압축 흡입구다. F-15 전투기의 램프형 초음속 흡입구는 흡입구 상부에 2개의 램프가 있으며 초음속에 도달하면 램프의 각도가 아래로 기울어져 여러 개의 경사충격파를 발생시키면서 초음속의 흐름을 계속해서 감속시킨다. 그 다음 최종적으로 강한 수직충격파를 발생시켜 약 M=0.8 정도의 아음속으로 감속된 흐름을 디퓨저(diffuser)를 통하여 확산시켜 약 M=0.6 정도로 다시 감속시킨다. F-15의 램프형 초음속 흡입구는 스파이크 모양의 원추형보다 더 적은 경사충격파를 이용하며 감속시키고 있다. 또한 F-15의 초음속 흡입구는 SR-71에서와 같이 비행 마하수에 따라 다른 흡입구 형태를 갖는다.

✈️ 비행 중 중력가속도의 영향

우리가 일상생활에서 느끼는 중력은 1G 상태로 지구상에서는 거의 변하지 않는다. 그래서 중량 W는 질량 m에 중력가속도 G를 곱

질량: 61.2kg
무게: 61.2 × 9.8
=600kg중

질량: 61.2kg
무게: 100kg중

지구와 달에서의 질량 및 무게

한 값(W=mG)이며 m은 지구에서나 달에서나 항상 동일한 값을 갖는다. 그러나 우리가 흔히 말하는 중량은 지구와 달에서 중심 쪽으로

끌어당기는 중력이 다르기 때문에 같은 질량의 물체라도 달에서의 무게는 훨씬 작아진다.

속력은 단위시간 동안에 얼마나 이동했는지를 나타내는 척도로 크기를 나타내는 스칼라량이지만 속도는 크기뿐만 아니라 방향을 갖고 있는 벡터양이다. 가속도는 속도가 변할 때 발생하는 것으로 속도가 증가하면 가속도도 증가하고 반대로 속도가 감소하면 가속도도 감소한다. 예를 들어 몸무게가 70kg인 사람이 1G의 힘에 걸리면 70kg을 나타내지만, 전투기가 급상승할 때와 같이 중력가속도가 3G를 나타내면 몸무게는 210kg이 된다.

양(+)의 가속도(+G)는 조종간을 옆으로 밀어 잡아당기는 급선회를 하거나 루프(loop) 기동을 위해 조종간을 계속 당겨 급상승할 때 발생한다. 이때 힘은 머리에서 신체 아래쪽으로 작용해 조종사의 심장박동이 머리 쪽으로 혈액을 올려줄 만큼 충분한 압력을 제공하지 못한다. 그러므로 뇌와 눈에 혈액이 충분히 제공되지 않아 산소가 부족하여 시력상실과 의식상실의 원인이 되기도 한다. 이와 같이 산소결핍으로 시력이 저하되어 회색빛으로

▲ 전투기 조종사의 anti-G-suit
▼ 양(+)의 가속도를 발생시키는 기동비행

흐려지는 것을 '그레이아웃(grayout)'이라 하고 눈앞이 보이지 않게 되는 현상을 '블랙아웃(blackout)'이라 한다. 여기서 더 진행되면 조종사는 완전히 의식을 잃게 되는데, 이를 지록(G-LOC)이라 한다.

이를 견디기 위하여 전투기 조종사는 다리와 배에 공기주머니가 있는 내중력복(anti-g-suit)을 입는다. 이것은 양의 가속도가 작용할 때 압축공기가 공기주머니에 들어가 낮은 위치에 있는 다리와 배에 혈액이 몰리는 것을 방지한다. 다른 방법으로는 머리가 심장과 비슷한 높이에 위치하도록 자세를 약간 누운 자세로 하여 좀 더 심한 중력가속도를 견디도록 할 수 있다. 이와 같이 웅크린 자세는 전투기 조종을 할 때는 시야를 확보할 수 없기 때문에 부적절하며 주로 우주비행을 할 때 사용된다. 보통 조종사들은 5G 상태에서 몇 초 동안 견딜 수 있지만 웅크린 자세를 이용하면 5~8G 상태에서도 몇 초 동안 견딜 수 있다. 그러나 사람들은 중력가속도에 견딜 수 있는 정도가 개인마다 다르다. 어떤 사람은 3.5G에서도 의식상실이 될 수 있지만 어떤 사람은 7G에서도 의식을 유지한다.

부(-)의 가속도(-G)는 조종간을 밀어 급강하할 때 발생하며 이때 힘은 심장에서 머리 쪽으로 작용한다. -G가 걸리는 순간 조종석 내의 물건이 공중으로 떠오르는 것은 물론 조종사는 심장에서 나온 혈액이 머리 쪽으로 몰리는 현상을 겪게 된다. 따라서 조종사는 눈에 혈액이 몰려 눈이 빨갛게 되고, 심하면 눈에서 출혈이 발생하거나 뇌출혈이 발생할 수 있다. 이처럼 피가 머리로 몰려 심한 두통과 함께 시야가 빨갛게 보이는 상태를 '레드아웃(redout)'이라 한다. 만약 0G 상태라면 사람이 공중에 뜨게 되는데 비행기가 고공에서 자유 낙하하는 경우 가끔 0G를 느낄 수 있다.

항공기는 항공기에 작용하는 하중과 속도에 대한 비행한계를 두어 안전한 비행을 할 수 있도록 설계되어 있다. 이러한 비행한계 도표를 V-n 선도라 하여 여기서 V는 비행속도이고 n은 하중배수(load factor)라 한다. 여기서 하중배수는 항공기에 작용하는 하중(양력)을 항공기의 무게(W)로 나눈 값을 말한다. 하중배수에 대한 물리적 의미(physical meaning)에 대한 설명은 다음과 같다. 항공기가 기동을 하게 되면 항공기에는 항공기 무게뿐만 아니라 관성력을 더한 힘이 작용하게 되므로 하중배수는 다음과 같이 쓸 수 있다.

$$n = \frac{\text{항공기무게}(W) + \text{관성력}(\vec{F} = \frac{W}{g}\vec{a})}{\text{항공기무게}(W)}$$

$$n = 1 + \frac{a}{g} \quad \text{따라서} \quad a = (n-1)g$$

항공기가 등속수평비행을 하는 경우 가속도 $a = 0$이 되어 n=1.0이 되고 1G인 상태가 된다. 만약 여객기 조종사가 60° 정상수평선회를 하면 가속도 $a = 1$이 되고 하중배수 n은 2.0이 된다. 이때 승객들은 2.0G를 느끼게 된다. 여객기에서 이런 경우가 발생하면 기내는 아마 아수라장이 될 것이다. 여객기와 같은 항공수송 사업용 비행기는 하중배수가 2.5정도에서도 견딜 수 있도록 제작하지만 조종사는 하중배수 2.5를 초과하는 곡예비행을 할 수 없다.

난류의 비밀을
풀어낸 레이놀즈 ✈

공기입자가 흐름의 방향을 흩어지지 않고 질서정연하게 흐르는 것을 '층류(laminar flow)'라 하고 공기입자가 여러 방향으로 서로 뒤섞이면서 불규칙하게 흐르는 것을 '난류(turbulent flow)'라고 한다. 수도꼭지를 천천히 조금 틀면, 물이 부드럽게 흐르는데 이 경우를 층류라고 한다. 반면 수도꼭지를 더 세게 틀어 물이 불규칙하게 흐르는 경우를 난류라 한다. 실제 대기 중에 부는 바람이나 실내 온풍기에서 나오는 바람 등과 같이 우리가 흔히 접하는 흐름의 대부분은 난류다. 또 다른 예로 담배에서 나오는 연기가 처음에 질서정연하게 올라가는 것을 층류, 나중에 불규칙하게 퍼지는 것을 난류라 한다.

이러한 층류와 난류에 관한 실험은 1883년 오스본 레이놀즈(Osborne Reynolds, 1842~1912)에 의해 처음 수행되었다. 그는 물이 흐르는 파이프 내에 물감을 투입하여 물감이 흐트러짐이 없이 질서정연하게 흘러가는 경우를 층류라 하고, 물감이 파이프 전체에 퍼지는 경우를 난류라

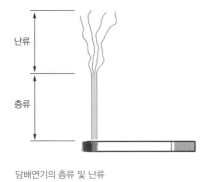

담배연기의 층류 및 난류

정의했다. 그는 이러한 층류와 난류의 두 가지 유동을 구분 짓는 중요한 매개 변수를 제시했으며 이러한 매개 변수는 후에 레이놀즈를 기리기 위해 '레이놀즈수(Reynolds Number)'라 명명되었다.

따라서 수도꼭지를 조금 틀면 물이 부드럽게 흐르는데 이 경우 물의 속도가 느려 층류가 되며 유동을 구분짓는 레이놀즈 수는 작다. 또한 수도꼭지를 더 세게 틀면, 물이 매우 불규칙하게 흐르는데 이 경우 물의 속도가 빨라 난류가 되며 레이놀즈 수는 크게 된다.

유체흐름이 층류에서 난류로 옮겨가는 부분을 '천이(transition)'라고 한다. 층류는 인접하는 2개의 층 사이에 혼합(mixing) 되지 않지만 난류에서는 혼합이 발생한다. 그러므로 물 또는 공기가 난류인 경우 잘 섞이게 되며, 이러한 난류는 방안의 공기를 빨리 데우거나 시원하게 만드는 요인이 된다. 일반적으로 난류를 기술할 때는 층류와 달리 방정식의 숫자보다 미지수가 많은 것이 보통이다. 이러한 경우를 '메움 문제(closure problem)'라 부르며 통계학을 이용해 이 문제를 해결한다.

한편 물이 수도꼭지에서 내려오면서 물줄기가 가늘어지는 것을 관찰할 수 있는데 이러한 현상은 물의 응집력과 중력 때문이다. 응집력은 고체든 액체든 물질 자체를 이루게 하는 인력을 말하며 부착력은 서로 다른 두 물질이 접촉해 있을 경우에 분자 사이의 끌어당기는 힘을 말한다. 예를 들면, 물에 담갔다가 꺼낸 유리조각은 표면에 물이

묻어 있는데 이러한 현상은 물과 유리조각 사이의 부착력이 물 자체의 응집력보다 크기 때문에 발생하는 것이다. 이러한 부착력은 수도꼭지 부근의 수도관과 물 사이에도 존재하며 이러한 부착력은 물 자체의 응집력보다 커서 물이 수도관으로 부착하려고 한다.

그렇지만 물이 수도꼭지를 통과해 나오면 물과 수도관 사이의 부착력이 사라지고 물 자체의 응집력이 다시 커져 아래로 내려가면서 가늘어진다. 이외에도 물줄기가 아래로 내려가면서 가늘어지는 것은 중력에 의한 영향도 있다. 수도꼭지에서 나온 물줄기는 중력에 의해 아래로 갈수록 가늘어진다.

▲ 오스본 레이놀즈
▼ 유명한 레이놀즈의 실험장치

영국의 유명한 물리학자이며 엔지니어인 오스본 레이놀즈는 영국 북아일랜드의 수도인 벨파스트(Belfast)에서 태어났다. 레이놀즈는 어려서부터 역학 연구를 좋아했고 그의 적성에 잘 맞았다. 그는 대학에 들어가기 전 10대 후반에 에섹스(Essex) 주 근처에서 개최된 발명가 및 기계 엔지니어의 워크숍에 참석하게 되었다. 거기서 그는 연안 증기선의 제작 및 조립에 대한 실제적인 경험을 얻었으며, 유체역학을 이해하는데 있어 실용적인 가치의 중요성을 일찍 터득했다. 그는 케임브리지를 졸업한 후 바로 런던에 있는 엔지니어 회사에 들어가 1년간 토목 엔지니어로 경험을 쌓았다.

레이놀즈는 유체역학 분야에서 어려운 문제인 난류에 대한 명확한 해석을 처음으로 시도했으며, 특히 층류와 난류의 관계를 '레이놀즈수'를 통해 정량화했다. 레이놀즈는 투명한 유리관 속에 잉크를 흘려 넣어 잉크의 흐르는 모양으로 유체의 특성을 연구해 '레이놀즈수'라는 무차원수(단위가 없는 계수를 말함)를 얻었다. 레이놀즈는 이러한 연구 결과를 1883년 "평행한 채널에서의 저항의 법칙과 물의 운동이 직선적인지 굽이치는지를 결정하는 환경에 관한 실험적 연구(An experimental investigation of the circumstances which determine whether motion of water shall be direct or sinuous and of the law of resistance in parallel channels)"라는 제목으로 〈왕립학회철학회보(Philosophical Transactions of the Royal Society)〉에 게재했다. 이것은 파이프 내에서의 층류(laminar flow)와 난류(turbulent flow)를 구분하는데 사용되는 무차원수에 대한 최초의 발표였다.

레이놀즈의 공헌을 기리기 위한 레이놀즈수를 비롯하여 레이놀즈 스트레스(Reynolds stresses), 레이놀즈-평균 나비어-스톡스 방정식 등 레이놀즈 이름이 들어간 물리적인 개념이 무수히 많다. 그는 이러한 공로를 인정받아, 1877년 런던 왕립학회(Royal Society of London, 1660년에 설립되어 유럽에서 가장 오래된 과학 학회 중 하나)의 특별회원으로 선출되었고, 1888년 로얄 메달을 수상하기도 했다.

골프공에 있는 작은 홈

17세기 초반까지는 나무로 만든 골프공을 사용했다. 그 이후 손으로 바느질해 만든 가죽주머니에 깃털을 채워 동그랗게 만든 골프공을 사용했는데, 이러한 가죽 골프공은 나무공보다 더 멀리 날아갔다. 1848년 로버트 애덤스 패터슨 (Robert Adams Paterson) 교수는 나무의 수액으로 공을 만든 후 이를 가열하여 골프공을 만들었는데, 이때 우연히 골프공에 긁힌 자국이 있을 때 더 멀리 날아간다는 것을 발견하였다. 이렇게 골프공의 작은 홈인 딤플(dimple)의 역할은 실제 경험을 통해 처음 알려졌다.

매끈한 골프공의 후류 영역　　　　거친 골프공의 후류 영역

골프공 표면의 딤플(dimple)은 골프공의 앞쪽에 있는 층류 경계층(laminar boundary layer)을 난류경계층(turbulent boundary layer)으로 천이시키는 역할을 한다. 상기 그림에서와 같이 난류 경계층은 층류 경계층에 비해 골프공의 표면에 더 오랫동안 부착되어 흐름분리(flow separation)가 공의 뒷면에서 발생되도록 한다. 골프공의 난류경계층은 경계층 외부의 고에너지와의 섞임을 활발하게 한다. 외부 에너지가 경계층 내부로 유입되기 때문에 골프공 표면에 더 부착되는 것이다. 그래서 딤플이 있는 공은 매끈한 공보다 흐름분리가 공의 뒷면에 발

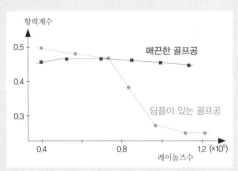

매끈한 골프공과 딤플이 있는 골프공의 항력계수

생되어 좁은 후류영역을 형성한다. 즉 낮은 압력을 가지게 되는 공의 뒷면(후류영역)이 줄어들어 압력항력(pressure drag)도 줄어들게 된다.

따라서 울퉁불퉁한 골프공이 매끈한 공에 비해 난류경계층으로 인한 마찰저항은 증가하지만 압력저항이 더 크게 감소해 전체 저항은 감소한다. 원통인 경우 레이놀즈수가 증가함에 따라 항력계수가 급격히 감소하는 영역이 있다. 이것은 원통표면에서의 경계층이 층류경계층에서 난류경계층으로 변해 압력항력이 감소하기 때문으로 알려져 있다.

위 그래프는 딤플이 있는 골프공의 항력계수와 골프공 표면을 매끈하게 만든 공의 항력계수를 비교한 것이다. 공의 속도가 빨라 레이놀즈수가 10^5 정도 되었을 때 딤플이 있는 골프공의 항력계수가 거의 절반으로 줄어든 것을 볼 수 있다. 그러므로 골프공 표면에 작은 홈이 골프공을 두 배 가량 멀리 날아가게 하는 것이다. 또한 딤플의 모양에 따라서도 비거리가 차이가 날 수 있다. 6각형 모양의 딤플을 갖는 골프공이 원형 모양의 딤플보다 항력이 작고 양력이 크다고 한다.

날개 끝에 달린
또 다른 날개, 윙렛 ✈

보잉747-400 여객기의 날개 끝에는 작은 수직판(날개끝 소익)이 장착되어 있는데, 이것은 비행 중에 저항을 줄여 연료 소비량을 줄이기 위한 장치다. 비행할 때 날개 끝에서는 아랫면의 높은 압력으로 인해 날개 윗면으로 휘감아 올라가는 '날개 끝 와류(wing tip vortex)'가 발생한다. 이러한 날개 끝 와류는 날개윗면에서 아래쪽으로 내리치는 바람을 유발하여 날개 근처의 흐름 속도를 아랫방향 성분을 갖도록 하는데 이것을 '내리흐름(downwash)'이라 한다.

비행기가 전진비행을 하는 경우, 비행기를 고정시켜놓고 보면 상대적으로 흐트러지지 않은 바람이 오는 것으로 생각할 수 있는데 이를 '상대풍(relative wind)' 또는 '자유류(freestream)'라고 한다. 수평으로 비행하는 비행기의 날개를 고정시키고 보면 자유류가 수평으로 작용하지만, 날개 주위로 자유류가 지나가면 아래쪽으로 내리치는 바람(내리흐름)으로 인해 자유류가 아래쪽으로 기울어지게 된다. 이렇게 날개 끝

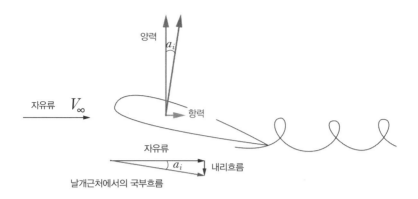

양력

a_i

자유류 V_∞

항력

자유류

a_i

내리흐름

날개근처에서의 국부흐름

날개주위에 아랫방향의 흐름속도 유발

와류에 의한 내리흐름으로 자유류가 기울어진 받음각을 유도받음각 (induced drag) a_i 라 한다. 따라서 비행기에 실제적으로 작용하는 유효 받음각은 원래의 기하학적 받음각에 기울어진 자유류 때문에 생긴 유도받음각을 빼야 한다.

$$a_{eff} \text{(유효받음각)} = a \text{(기하학적 받음각)} - a_i \text{(유도받음각)}$$

이와 같이 비행기에 작용하는 양력 벡터는 진행 방향의 뒤쪽으로 유도받음각 a_i 만큼 기울어진다. 그러므로 비행기에 작용하는 항력은 양력 벡터가 기울어져 유도 항력(induced drag, 비행기 진행방향의 뒷방향이 항력방향이며 기존의 유해항력 이외에 추가적

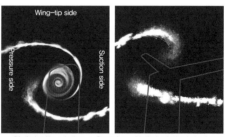

◀ 윙렛이 없는 날개끝 소용돌이 ▶ 윙렛에 의해 깨진 날개끝 소용돌이를 촬영한 사진(손명환, 장조원 교수 논문 참고)

으로 발생하는 항력을 말함)을 추가
적으로 유발하게 된다. 양
력(비행기 진행 방향의 수직 방향이 양
력 방향임)이 감소될 뿐만 아
니라 유도항력이 생겨 항력
도 증가된다. 즉 날개 상하
면의 압력차에 의해서 발생
하는 날개끝 와류는 날개
주위의 흐름 방향과 속도를
변화시킨다는 것이다.

비행기에 작용하는 날개
끝 와류에 의해서 유도된
3차원 날개주위의 흐름은
유한날개 상에 압력분포를
변화시킨다. 이러한 자유

▲ 윙렛을 장착한 여객기의 이륙 장면
▼ 시카고 오헤어 공항을 이륙한 B757 여객기의 윙렛

류 V_∞ 방향의 압력변화가
유도항력을 유발하므로 유도항력은 일종의 압력항력(pressure drag)이다.

날개 끝 와류는 큰 병진(기체 분자의 운동에서 회전에 대응되는 직진 운동) 및 회전
운동에너지를 갖는다. 그리고 이 에너지는 비행기 엔진에 의해서 발
생된다. 이러한 날개 끝 와류의 에너지는 유용한 목적에 사용되지 않
기 때문에 비행기 엔진의 동력손실을 유발한다. 그래서 이를 줄이기
위한 장치가 고안되었다.

비행기에 작용하는 전체 항력은 유해항력(parasite drag)과 유도항력
(induced drag)의 합으로 나타낼 수 있다. 이러한 유도항력을 방지하

기 위해 날개 끝에 수직으로 작은 날개를 부착하는데 이것을 '윙렛 (winglet)'이라고 한다. 이러한 윙렛은 날개 아랫면에서 위로 올라가려는 날개 끝 와류(또는 소용돌이)를 막는 역할을 한다. 또한 윙렛에서 발생한 날개 안쪽 방향의 양력은 추력 방향으로 일부 작용하도록 하여 연료 손실을 줄이기도 한다.

날개 끝에 윙렛을 장착하면 유도항력이 작아져 공기 저항이 줄어들어 엔진의 추력을 감소시켜도 같은 속도를 낼 수 있다. 당연히 연료 소모량도 줄어든다. 대형기는 보잉747-400 기종이 처음 윙렛을 장착했는데, 연료 소비량을 7~10% 정도 줄였다. 윙렛은 새가 날아갈 때 날개 끝을 위로 올리고 비행하는 모습을 보고 아이디어를 얻었다고 한다.

만약 날개의 가로세로비가 무한히 크다면 날개가 2차원 에어포일의 특성을 가지며 날개 끝 와류의 영향도 거의 없어지므로 유도항력도 사라진다. 실제 날개에서도 글라이더와 같이 가로세로비가 크면(8~14 정도) 유도항력이 작아져 장거리 비행에 유리하다. 그러나 날개가 커서 고속으로 비행하기는 힘들어진다.

윙렛은 B737, B747, A330 등 여러 여객기에 장착되어 있지만 B777-300 및 B787 여객기는 날개 끝에 윙렛이 없다. 항공기에 윙렛을 장착하면 연료를 절감할

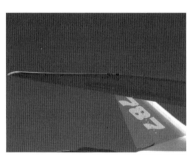

▲ 보잉 B787의 날개 끝 모양(레이키드 윙팁)

수 있지만 윙렛이 장착된 상태에서 구조물이 견딜 수 있어야 하므로 윙렛 중량 및 날개 구조물의 보강중량이 늘어난다. 미국 보잉 사는 이러한 문제점을 해결하기 위해 노력하던 중 여객기의 날개길이(span)를 증가시키면 윙렛과 같이 유도항력을 감소시킨다는 것을 알게 되었다. 따라서 항공기 제작사들은 윙렛 대신 그에 버금가는 공기역학적 효과를 낼 수 있는 날개를 설계했다. 최신 B767-400, B777, B787, A350 등과 같은 기종은 윙렛을 장착하지 않았지만, 날개 끝에 날개 전체의 후퇴각보다 더 큰 후퇴각을 준 날개(highly back-swept wing-tip extensions)로 확장하여 항력을 감소시킨다. B787 여객기의 날개 끝 모양을 나타낸 사진에서 날개에 윙렛이 없는 것을 알 수 있다. 최신 B787 여객기는 날개 끝이 확장되고 더 큰 후퇴각을 갖는 '레이키드 윙팁(raked wingtip)'으로 제작되고 있다.

✈ 초음속으로 날 때, 폭음이 두 번 나는 이유

소닉붐(sonic boom, 음속폭음)은 초음속 제트기의 충격파(shock wave) 때문에 발생하는 강한 폭발음을 말한다. 초음속으로 비행하는 비행기의 각 부분에서 발생한 충격파는 비행기 동체에서 멀리 벗어나면서 합쳐져 비행기 전면부분과 꼬리부분에서 2개의 충격파를 형성한다.

이와 같이 발생한 충

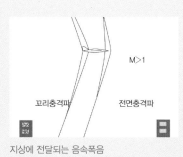

지상에 전달되는 음속폭음

격파는 압력을 크게 증가시킨다. 일상생활에서 풍선이 터져 소리 나는 것처럼 압력 상승 자체가 큰 소리를 낸다. 그러므로 지표면에 서 있는 사람은 연속된 순간적인 압력상승으로 발생한 2번의 강한 폭발음을 듣게 된다. 그러나 비행기가 높은 고도에서 초음속을 돌 파하면, 뒤에서 발생한 꼬리 충격파가 앞의 전면 충격파와 합쳐지 면서 폭발음을 한 번만 발생할 수도 있다.

한편 조종사는 초음속 돌파할 때 충격파를 느끼거나 비행소음은 들을 수 있지만 음속폭음은 듣지 못한다. 왜냐하면 조종사는 음속 이상의 속도로 움직이고 있기 때문이다. 이러한 압력변화는 보통 순항비행에서 보통 1~2mb로 대기압의 1/1,000 정도지만, 사람의 음성에 비하면 약 1,000배 정도로 커다란 압력 세기를 갖는다. 음속 폭음의 세기(압력 변화)는 초음속돌파 이후의 마하수보다는 비행기의 크기, 중량, 비행고도 등에 의해 결정된다.

이러한 음속폭음은 사람과 동물에게 주는 심리적 영향이 크다. 가축이 유산을 하거나 알을 낳지 못하는 피해를 일으킬 정도다. 특 히 저고도에서 초음속을 돌파하여 음속폭음이 일어나면 유리창이 파손되고, 건물에도 피해를 준다. 그래서 공군은 초음속을 돌파할 수 있는 지역과 고도를 엄격하게 제한하고 있다. 보통 해안선에서 20해리(37km) 이상 벗어난 바다, 3km(1만 피트) 이상 고도에서 초음속을 돌파한다.

손 닿는 곳에
항공기술이 있다 ✈

항공기 제작기술은 다른 산업 분야에 파급 효과가 아주 커서 우리 일
상생활에 새로운 변화와 활력을 불어 넣는다. 최첨단 기술의 집합체
인 항공기술이 하늘로부터 땅으로 내려와 일상생활에 적용된 사례를
종종 볼 수 있다. 일상생활에 적용된 항공기술의 사례는 위성항법시
스템(GPS, Global Positioning System)부터 ABS(anti-lock brake system), 헤드업 디
스플레이(Head Up Display), 리벳 본딩(Rivet-Bonding) 방식을 적용한 자동차,
랜딩기어의 이착륙 기술을 적용한 접이식 유모차, 자동차의 엔진제어
기술, 알루미늄이나 티타늄과 같이 강하고 가벼운 소재, 골프채 제조
기술, 항공기 공기역학적 설계를 응용한 자동차 등이 있다.

항공기의 GPS는 미국 주도하의 위성을 이용한 항법 서비스로 동적
인 환경에서도 현재 위치, 목적지까지의 거리 및 예상 소요시간, 속
도, 방위각, 바람의 속도와 방향 등과 같은 항법 정보를 제공하는 장
비다. GPS는 초기에 주로 해상에서 선박의 위치 정보를 제공하는 군

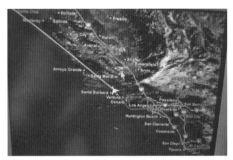

지구 상공에 올린 24개의 인공위성   LA에서 귀환중인 B747의 GPS에 의한 위치정보

사용으로 개발되었으나 1970년대 초부터 항공기를 위한 개발이 본격적으로 진행되었다. 그래서 1980년대 항공기에 적합한 시스템으로 완성된 GPS는 민간부분에 개방되어 1990년대 중반 이후 급속도로 확산되었다. 이제 GPS는 항공기뿐만 아니라 자동차까지 파급되어 정밀한 위치 정보를 제공하여 민간용으로도 많이 활용되고 있다.

GPS는 지구 상공 여섯 개의 궤도면 위에 24개의 인공위성과 위성을 조정하는 지상관제소, 그리고 수신기가 필요하다. 인공위성 궤도면은 지구의 중심을 통과하며 각 궤도면은 지구 적도면에서 55° 경사각으로 기울어져 고정되어 있다. 지구 2만 2,000㎞ 상공에 24개의 중궤도 인공위성을 배치하고, 각 위성에서 중심주파수 1575.42MHz 및 1227.6MHz의 2가지 주파수로 전파를 송출하도록 한다. 2개의 주파수로 송출하는 이유는 전리층의 굴절에 의한 오차를 수정하기 위함이다. GPS는 인공위성의 정확한 위치, 인공위성에서 송출된 전파가 수신기에 도달하는 시간을 알 수 있으므로 인공위성에서 수신기까지의 거리를 파악하여 현재의 위치를 파악할 수 있다. 이러한 GPS는 기상의 제한을 받지 않고, 정확도가 매우 높으며 세계 어떤 위치에서든 사용 가능하다는 장점이 있다. 물론 신호 간섭과 일시적인 수신 불능이 있을 수 있다. GPS 인공위성의 평균 수명은 설계수명과 자체 배터리에 따라 다르지만 약 8년 정도다.

또한, GPS는 지구의 어떤 위치에서든지 주어진 시간대에서 최소 4개의 인공위성 신호를 받을 수 있도록 인공위성을 배치했다. GPS는 삼각측량법을 응용하여 위치를 측정하고 있다. GPS수신기는 최소 3개의 위성을 통하여 2차원적 지상위치 정보를 알 수 있으며 최소 4개의 위성을 통하여 지상위치뿐만 아니라 고도정보까지 알 수 있다. 최근에 개발된 DGPS(Differential GPS)는 정확히 알려진 좌표상에 위치한 참조국(reference station)을 이용하여 수평거리 1m, 수직거리 2m 이내의 오차로 신뢰성 있는 결과를 획득할 수 있다.

항공기뿐만 아니라 자동차에도 GPS가 설치되어 위치정보를 정확하게 파악할 수 있게 되었다. 이러한 GPS는 지상에서 간단한 수신기를 사용하여 정확한 위치를 파악할 수 있으며, 컴퓨터와 연결하여 시간, 속도, 방위각 등 다양한 정보를 획득할 수 있는 장점을 갖고 있다. 또한 자동차 제작사들은 GPS를 기반으로 자동차가 사람이 운전하지 않고 자동으로 목적지까지 찾아가는 차량자동항법장치(Automotive navigation system)를 연구개발하고 있는 실정이다. 이러한 차량자동항법장치는 초음파를 쏴 앞차와의 일정거리를 유지한 상태에서 주행할 수 있고 자동차를 제어할 수 있는 프로그램도 있어야 한다.

ABS는 급제동할 때 바퀴가 잠기는 현상(lock-up)이 발생하지 않도록 브레이크를 밟았다 놓았다 하는 펌프 역할을 해주는 장치다. 원래 항공기가 안전하고 안락한 착륙을 위해 개발된 항공기술인데 자동차에 적용한 대표적인 사례다. 자동차가 주행을 할 때 네 바퀴에 모두 동일한 무게가 가해지지 않는다. 이러한 상태에서 급제동을 걸면 4군데

바퀴 중에 일부 바퀴가 완전히 멈춰 미끄러지거나 옆으로 밀려 통제 불능 상태가 된다. 이때 ABS는 브레이크를 밟았다 놓았다 하는 펌프 작용을 해 일부 바퀴에 완전히 멈춰선 상태를 풀어 제어할 수 있게 한다. ABS는 전자제어장치나 기계적인 장치로 1초에 10회 이상 펌프작동을 반복하게 하는 미끄럼 방지 제동장치이다.

ABS가 장착된 자동차는 바퀴마다 바퀴의 속도를 감지하는 휠센서가 부착되어 속도정보를 감지하여 바퀴가 잠기는 것을 알아낸다. 만약 자동차 4군데에 있는 바퀴 중에서 한쪽 바퀴가 잠기게 될 경우 ABS는 잠긴 바퀴만 펌프작용을 해주어 자동차 네 바퀴 모두 균형을 유지할 수 있도록 해준다. 그러므로 ABS는 자동차가 옆으로 밀려나거나 미끄러지는 현상을 방지하고 원하는 대로 방향을 전환할 수 있으며 바퀴가 완전히 잠기지 않으므로 제동거리도 줄일 수 있다.

헤드업 디스플레이(HUD, Head Up Display) 기술은 조종사 시야에 맞춰 비행정보를 캐노피 앞면에 투영하여 전방 주시능력을 향상시키는 것이다. 특히 야간비행을 할 때 HUD는 컴퓨터 홀로그램 방식으로 캐노피 앞면에 출력한다. 이 기술은 안개가 심하거나 시정이 나쁠 때, 항공기의 현재위치와 남은 활주로 거리 등을 투영해 이착륙을 용이하게 돕는다. 최근 HUD 기술은 국내 자동차에도 적용되어 운전자가 주행을 할 때 전방에 집중할 수 있도록 해 사고 위험을 줄일 수 있게 한다.

자동차에 적용된 HUD는 항공기에서와 마찬가지로 운전자가 주행 중에 주요 운전 정보를 쉽게 볼 수 있도록 운전자의 시야에 맞춰 앞 유리에 투영하는 것이다. 운전자가 주행정보를 보기 위해 계기판이 있는 아래를 내려다보지 않고 전방을 주시하면서 앞 유리에 투영된 차량속도와 내비게이션 지시 등을 파악할 수 있는 것이다.

헤드업 디스플레이는 윈드 스크린 반투명 필름에 선명하고 읽기 쉬운 이미지를 투영하는 프로젝터와 미러 시스템으로 구성되어 있다. 앞 유리 스크린에 투영된 이미지는 운전자가 도로에서 눈길을 떼지 않고도 주행정보를 알 수 있도록 해준다. 따라서 운전자가 차량속도를 항상 확인할 수 있어 제한 속도를 준수하고 급작스런 상황이 발생해도 이에 대비할 수 있도록 해준다.

▲ 여객기 조종석에 투시된 헤드업 디스플레이
▼ 기아자동차 K9 헤드업 디스플레이

알루미늄 합금은 가볍고 부식에 잘 견디며 강하기 때문에 항공기 재료로 많이 사용된다. 이러한 알루미늄 합금은 항공기에 사용하는 용도에 따라 조금씩 다른 합금을 개발하여 사용하고 있다. 그러나 알루미늄 합금은 용접이 어려워 자동차 섀시와 엔진 등 일부에만 사용해 왔으며 자동차 바디(body)에는 적용하지 못했다. 그러나 최근 영국의 대형 세단 재규어 New XJ의 바디 구조는 용접 대신에 항공기술인 리벳 본딩(Rivet-Bonding) 방식을 채택했다. 그래서 재규어 New XJ는 강화된 바디를 갖춰 탑승자를 안전하게 보호할 수 있게 되었다. 또한 차량의 무게는 기존의 모델보다 40%나 줄여 연료를 절감할 수 있었고 열에 의한 팽창과 수축의 문제도 해결했다.

세계적인 명성을 갖고 있는 영국의 맥클라렌 유모차는 랜딩기어의 이착륙 기술을 유모차에 접목하여 개발된 것으로 유명하다. 현재는 대부분의 유모차들도 이 항공기술을 모방하고 있다. 맥클라렌의 창업주 오웬 맥클라렌(Owen Finlay Maclaren, 1907~1978)은 항공기 이륙장치 전문 엔지니어이자 스핏파이어 전투기(Spitfire Fighter, 제2차세계대전 당시 뛰어난 성능을 가진 영국의 전투기)의 시험 비행 조종사였다.

그는 미국으로 시집간 딸이 그의 첫 손녀와 함께 영국을 방문했을 때 공항트랩에서 크고 거추장스러운 유모차와 씨름하는 것을 보고 영감을 얻어 처음으로 휴대가 가능한 접이식 유모차를 개발했다. 1965년 맥클라렌은 항공기 동체의 랜딩기어를 직접 설계했던 경험을 바탕으로 콤팩트한 유모차 메커니즘을 제작하고 특허를 받았다. 그는 당시 첨단 소재였던 경량 알루미늄 프레임을 사용하여 우산처럼 간편하게 접을 수 있는 유모차를 개발했다. 이후 거의 50년이 지난 현재까지

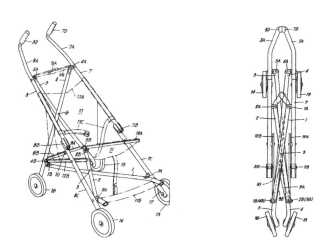

맥클라렌이 특허를 받은 접이식 유모차 도면

도 맥클라렌 유모차는 항공기 랜딩기어 이착륙 기술이 가미된 초기의 특징을 유지하고 있으며 이후 유모차의 표준이 되었다.

전자식 스로틀 제어(ETC, Electronic throttle control) 시스템은 항공기에 사용된 엔진제어기술로 엔진을 기계적인 연결 구조인 금속 케이블로 제어하지 않고 전선으로 연결해 전자신호로 제어하는 방식이다. 이와 같이 전자신호로 제어하는 방식을 '전기식비행조종장치(FBW, Fly-By-Wire)'라고 하는데, 1980년대부터 항공분야에서 제어장치 방식으로 채택해 왔다. 이것은 기계적인 금속장치들을 거의 사용하지 않아 항공기 무게를 줄일 수 있고 사람이 감지하거나 제어할 수 없는 영역까지 제어가 가능한 장점이 있다.

그동안 항공기에 적용해왔던 기존 유압식 서보모터(servo Motor)나 전기-유압식 서보모터가 이제는 완전히 전기식 서보모터로 대체된 것이다. 전기식 비행조종장치는 기계식 조종계통에 비해 우수한 성능을 지니고 있어, 요즘은 대부분 비행제어 방식을 채택하고 있다.

다른 기술들과 마찬가지로 이러한 항공기 제어기술이 자동차의 엔진 제어기술에도 적용되었다. 엔진제어장치(ECU, engine control unit)를 통해 전자신호로 스로틀 밸브를 구동시켜 엔진의 응답도 빠르게 이루어지고 흡입공기량을 정밀하게 제어할 수 있게 되었다. 종전의 자동차들은 스로틀 밸브와 가속페달 사이에 연결된 금속케이블로 엔진을 제어하였지만, 이제는 전자신호로 보낼 수 있는 전선으로 제어할 수 있게 된 것이다. 이러한 전자식 스로틀 제어 시스템은 포드자동차의 링컨LS 모델에 처음 도입되었다.

항공기는 티타늄이나 알루미늄 합금과 같은 가볍고 튼튼한 소재를 사용할 뿐만 아니라 프레임을 제거한 모노코크 구조(monocoque structure,

항공기의 모든 하중을 외판만으로 견딜 수 있게 한 단일 외피형 구조) 등을 사용하는 원천기술을 적용하고 있다. 또한 항공기 동체를 제작하는 데 사용하는 탄소섬유 소재도 획기적인 경량화를 위해 자동차에 적용되는 사례가 증가하고 있다. 이와 같이 가볍고 강한 구조를 갖는 항공소재는 무게를 줄이기 위해 자동차나 스포츠 용품 및 레저 용품에 적용한 사례는 헤아릴 수 없을 정도로 많다.

미국의 엘리 캘러웨이(Ely R. Callaway Jr., 1919~2001)는 1984년 골프용품회사를 인수하고 항공우주공학과 금속공학을 전공한 엔지니어를 채용해 항공기술을 적용한 '캘러웨이 빅 버사 드라이버'를 개발했다. 같은 강도를 유지하면서 스테인리스 스틸을 아주 얇게 가공하는 정밀 주조기술을 도입한 것이다. 따라서 빅 버사 드라이버는 골프채 헤드를 얇게 제작해 헤드 크기를 30% 이상 크게 제작할 수 있었다. 또한 무게가 가볍고 치기가 쉬우며 볼을 칠 때 나는 소리가 경쾌해 많은 인기를 끌었다.

캘러웨이 빅 버사 드라이버

이외에도 고급승용차에 장착되어 있는 '정속주행장치(cruise control system)'는 이미 1980년대 중반부터 항공기술이 적용된 사례라고 할 수 있다. 최근 출시된 도요타 뉴캠리는 도어미러(door mirror)와 후방콤비램프(rear combination lamps) 부분에 '에어로다이내믹핀(aerodynamic fin)'

이 장착됐다. 에어로다이내믹핀은 항공기 공기역학적 기술을 자동차에 적용한 사례로 차체를 타고 흐르는 기류에 소용돌이를 생성한다. 이것은 자동차 몸체를 좌우에서 안으로 밀어 넣는 역할을 해 고속으로 주행할 때 자동차의 안정감을 향상시킨다.

향후, 항공기 오토파일럿을 응용한 자율주행 자동차, 시속 700㎞급 초고속 열차 등을 현실화하기 위해서는 많은 항공기술이 지상으로 내려와야 할 것이다.

✈ 전투기 조종사는 왜 산소마스크를 착용하나

2005년 8월 14일, 헬리오스항공(Helios Airways) 522편 B737-300 여객기 탑승자 121명 전원이 사망한 비행사고가 발생했다. 여객기 조종사가 의식을 잃어서 비행기가 추락한 사고였다. 사고 여객기는 키프로스 라르나카국제공항(Larnaca International Airport)을 이륙해 아테네를 거쳐 체코의 프라하까지 비행할 예정이었다. 이륙하자마자 조종사는 공기조절장치(air conditioning system)에 문제가 있다고 관제탑에 보고했으나 곧 연락이 끊어졌다. 그리고 비행 중에 연료가 고갈되어 아테네 동북쪽 산악지역에 추락했다. 이 추락사고는 산소결핍으로 조종사들이 의식을 잃어 발생한 사고다.

공기는 대기압 하에서 질소가 78% 그리고 산소 21%를 함유하고 있으며 고도가 증가함에 따라 공기가 희박해지더라도 같은 비율로 존재한다. 그러므로 아주 높은 고도에서 조종사는 산소분압이 낮아지므로 폐 속에서의 산소의 양은 감소하게 된다.

조종사는 5,000~1만ft(1.5~3.0km)에서 부분적으로 부족한 산소를 증가시키기 위해 산소를 보충해야 한다. 그리고 1만ft 이상에서 조종사는 산소의 부족을 느끼게 되며 산소 결핍증(hypoxia) 영향을 받게 된다. 또한 1만 5,000~2만 5,000ft(4.6~7.6km)에서 조종사는 무의식에 빠지고 신체가 마비될 수 있으며 이런 상황이 지속되면, 조종사는 산소 부족으로 인해 사망에 이를 수 있다. 특히 1만 8,000ft(5.5km)에서의 단위체적당 산소량은 해면고도의 절반이며 이 고도에서 조종사는 호흡이 가빠지고 맥박율 및 혈압이 증가된다. 이러한 산소부족으로 인한 저산소증은 신체에 서서히 나타나며 의식을 잃을 때까지 뭐가 잘못되었는지 전혀 알지 못한다. 조종사의 눈에는 두 개의 상이 자주 나타나며 마치 술에 취한 것처럼 된다.

이와 같이 고도가 상승함에 따라 산소분압이 낮아지므로 조종사는 반드시 산소마스크를 착용해야 한다. 조종사는 1기압에서 공기에 포함되어 있는 21%의 산소로 호흡을 하지만 약 3만ft(9.1km)에서는 산소분압이 현저히 떨어져 100%의 산소로 호흡을 해야 1기압에서 호흡한 것과 동일해진다. 전투기는 100% 순수산소인 액체산소 탱크를 장착하고 있으며 화학적산소발생기(chemical oxygen generator)에 의해 발생된 산소를 산소마스크에 공급한다. 전투기가 고도를 상승해 3만 2000ft(9.8km)에 도달하면 공기 포트가 자동으로 닫히고 오직 100% 산소만을 공급하게

산소마스크를 착용한 전투조종사

된다. 4만ft(12.2km)에서는 100%의 산소로 호흡을 하는 경우 1만ft에서 호흡하는 것과 같다고 할 수 있다. 따라서 4만ft 이상에서는 조종사가 강제적으로 호흡할 수 있도록 산소공급시 압력을 가해야 한다. 특히 5만ft 이상의 높은 고도에서 비행하려면 조종사는 조종석 내에 여압장치가 없는 경우, 산소를 흡입하기 위해 여압복을 착용해야 한다. 이처럼 제트 전투기 조종사들은 조종석에 여압이 되지 않으므로 저산소증을 피하기 위해 산소마스크를 착용하며 4만ft 이하에서 비행한다.

이와 달리 3만 3,000ft(약 10km)에서 순항 중인 여객기 조종사는 산소마스크를 착용하지 않는다. 조종석 내에 여압장치가 있고 충분한 산소가 공급되기 때문이다. 만약에 여객기가 3만 3,000ft 상공에서 여압장치가 고장이 발생해 기내 압력이 급격히 떨어지면, 대부분 여객기는 좌석 위에서 자동으로 산소마스크가 나오도록 설계되어 있다. 보잉777 여객기의 경우, 약 22분 동안 산소를 공급할 수 있으니 조종사는 그동안 1만ft로 급강하하기 위해 산소탈출루트(oxygen escape route)를 비행해야 한다. 여압장치가 고장 났을 때 사용할 산소량이 충분치 못한 여객기는 높은 산악지역(예 : 히말라야, 안데스 산맥)을 오랫동안 통과하는 노선에 투입될 수 없다. 긴급 상황이 발생했을 때 높은 산악지역이라 산소탈출루트를 비행하기 위한 산소가 충분하지 않기 때문이다.

5부 엘리베이터를 타고 우주로

항공기와
우주선의 차이

질량을 가진 모든 물체는 서로 다른 물체를 끌어당기는 힘을 가지고 있는데 이것을 만유인력이라 한다. 이러한 인력에 의해 우주 공간에서 태양과 중력을 가진 행성들은 일정한 궤도 없이 우주에서 떠도는 물체들을 끌어당기는 거대한 진공청소기와 같은 역할을 하고 있다. 즉 인력이 우주 공간을 청소하고 진공을 유지하는 데 큰 공헌을 하고 있다고 할 수 있다. 높이 올라갈수록 밀도가 낮아지고 공기는 희박해지는데 공기도 무게가 있어 지구중력에 의해 끌어당겨져 지구 표면으로 갈수록 짙어지는 것이다.

　우주공간이라 하면 무중력 상태를 연상하는데, 만유인력의 법칙에서 알 수 있듯이 물체가 질량이 있는 한 강약의 차이는 있을지언정 인력은 항상 존재한다. 우주비행체가 지구 주위의 행성 궤도에서 무중력 상태라는 것은 일정 속도로 지구를 도는 비행체의 원심력이 지구의 중력과 평형을 이루는 경우, 서로의 힘이 상쇄되어 결과적으로 중력이

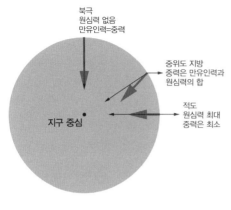

북극
원심력 없음
만유인력=중력

중위도 지방
중력은 만유인력과
원심력의 합

적도
원심력 최대
중력은 최소

지구 중심

위도에 따른 중력

작용하지 않은 상태가 된다.

지구 중력은 질량을 가진 두 물체 사이의 만유인력과 지구 자전에 의한 원심력을 합한 것이다. 그러므로 중력가속도 G 는 극지방에서 가장 크고, 적도에서 가장 작게 나타난다. 극지방에서 중력가속도는 9.83 m/sec²인 반면 적도 지방에서의 중력가속도는 9.78m/sec²으로 극지방에 비해 작다. 우주발사체의 발사장을 적도지방에 설치하는 것도 바로 이런 이유에서다.

대기권 안에서 운용되는 비행체 중에서 인간이나 물건을 운반하는 목적으로 되풀이해 사용하는 것을 항공기라 한다. 그래서 항공기는 공기가 없는 우주공간에서는 비행을 할 수 없다. 공기가 없어 연료와 산화제까지 탑재한 우주발사체 로켓으로 올라간 우주선과, 비행기의 원리를 이용하지만 반복해서 사용하지 않는 미사일은 항공기의 범위에 포함되지 않는다.

우주발사체 로켓과 미사일 기술은 탑재체 및 비행경로를 제외하고 동일하다. 우주발사체는 페어링 내에 인공위성이나 우주선을 싣는 반면, 미사일은 원자핵이나 화학무기를 탑재한다. 미사일은 지상이나 공중의 목표물을 적중시키는 임무를 수행한다. 그래서 우주발사체는 미사일보다 더 높은 속도가 요구되어 다단 로켓이 필요하다. 한편 대륙간탄도미사일은 타원궤도로 지구 반대편의 목표를 명중시킬 수 있다. 이 경우 미사일 탄두는 대기권 재진입 시에 작용하는 공기역학적 열에 견디도록 제작하는 기술이 필요하다. 그리고 우주선은 외계에서 운용되는 것을 말하는데, 우주왕복선과 우주선으로 구분된다.

그러면 '우주'는 어떻게 정의하는가? 미국은 고도 80㎞ 이상에서의 비행을 우주 비행으로 인정하지만, 국제항공연맹(FAI, Fédération Aéronautique Internationale)은 100㎞ 이상의 고도에서 비행하는 것을 우주 비행으로 간주한다. 또한 인공위성 원 궤도의 최저고도인 150㎞를 우주가 시작되는 경계로 정의하기도 한다. 이와 같이 우주의 정의는 다양하지만 일반적으로는 고도 100㎞를 우주의 경계로 보고 있다. 우주선은 공기가 없는 우주공간에서 운용되므로 공기를 흡입해 연료를 연소시키는 엔진으로는 비행을 할 수 없으며 자체에 연료뿐만 아니라 산화제도 탑재한 로켓을 이용해야만 한다.

✈ 우주비행속도와 탈출속도

지구 대기층의 밀도는 고도가 높아질수록 감소한다. 공기저항 역시 고도가 증가할수록 기하급수적으로 감소하다가 약 500㎞(350㎞의 국제우주정거장은 극미 저항이 존재함) 이상에서는 완전히 사라진다. 그러므로 우주공간에 있는 물체는 낮은 고도에 있을수록 공기저항이 증가하여 지구로 떨어지는 시간이 짧아진다. 그래서 대개 인공위성은 500㎞ 이상에 위치시킨다.

인공위성의 원궤도 운동은 뉴턴의 운동법칙과 만유인력의 법칙을 이용하여 설명할 수 있다. 인공위성이 달처럼 떨어지지 않고

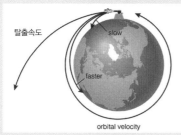

비행속도에 따른 착지거리 및 궤도

일정고도를 유지하기 위해서는 인공위성과 지구 사이에 작용하는 만유인력과 인공위성의 회전에 의한 원심력의 크기가 같아야 한다.

$$G\frac{Mm}{R^2} = m\frac{v_c^2}{R}$$

G 만유인력 상수
R 지구중심에서 인공위성까지의 거리
M 지구의 질량
m 인공위성의 질량
v_c 인공위성의 회전속도

공기저항을 무시할 때 지구 표면에서 인공위성의 초기회전을 위해서 필요한 이론적인 속도($v_c = \sqrt{\frac{GM}{R}}$)는 약 초속 7.9km로, 이를 "제1차 우주비행 속도"라 한다. 이것은 지구표면에서부터 쏘아 올린 위성이 원운동을 유지하기 위한 최소 속도이다. 만약 더 높은 고도 h(인공위성이 이미 높은 고도에 올라가 위치에너지를 보유하고 있어 원궤도 운동의 속도가 느리다)에 있는 인공위성이 "원" 궤도 운동을 유지하기 위한 속도는 $v_c = \sqrt{\frac{GM}{R+h}}$가 되므로 더 느린 속도에서 원궤도 운동이 가능하다. 예를 들어 고도 3만 5,800km 고도에 올라가 있는 정지궤도 위성의 속도는 약 초속 3.07km 정도이며, 지구의 자연위성인 달의 속도는 약 초속 1.02km다. 따라서 인공위성의 궤도 높이 h가 작아질수록 인공위성의 지구 회전속도는 점점 빨라지는 것이다. 즉 고도가 높아지면 지구와 거리가 멀어져 중력이 감소하므로 인공위성이 되기 위한 우주비행 속도 역시 작아지게 된다.

원궤도 운동을 하는 인공위성의 속도를 약간만 증가시키면 인공위성은 지구중력보다 원심력이 커져 상승하면서 느려진다. 이때 인공위성은 타원궤도를 그리게 되는데 지구와 가까울 때는 속도가 빠르지만 지구에서 멀어지면 속도가 느려진다. 이와 같이 원궤도 인공위성을 순간적으로 가속하여 만들어진 타원궤도 인공위성은 원궤도보다 더 큰 평균반경을 만들고 전체적인 평균속도도 느려진다. 타원궤도 인공위성은 지구와 거리가 계속 변하므로 각 운동량 보존법칙(law of conservation of angular momentum, 물체의 운동량과 회전반지름을 곱한 값인 각운동량이 시간적으로 변하지 않고 일정한 값으로 보존된다는 법칙)을 준수하면서 속도와 거리가 지속적으로 변하는 것이다. 그러므로 낮은 고도를 원운동하고 있던 인공위성이 더 높은 고도에서 원운동을 하기 위해서는 인공위성의 속도를 증가시켜 타원 궤도로 상승해야 한다. 타원궤도 인공위성이 원지점에 도달했을 때 인공위성은 원지점에서의 원궤도 속도보다 느리다. 그래서 원지점에서 원궤도 운동을 하기 위해서는 원지점 모터를 점화시켜 높은 원궤도 속도(낮은 원궤도 위성속도보다 더 느린 원궤도 속도이지만 고도가 높음)에 맞추어야 한다.

만약 인공위성의 속도가 그 고도에서의 원궤도 속도 v_c보다 작으면 지구중력이 원심력보다 크므로 궤도를 이탈하여 지구 쪽으로 강하한다. 그러나 인공위성 속도가 v_c보다 큰 경우 원심력이 지구중력보다 크면 궤도를 이탈해 상승하게 된다. 지구에서 쏘아 올린 인공위성이 타원궤도를 유지하기 위해서는 초속 7.9~11.2km의 속도범위 내에 있어야 한다. 만약 인공위성의 속도가 증가되어 11.2km를 넘어가면 지구궤도를 벗어나게(지구 중력권을 이탈함) 되는데, 이러한 속도를 "탈출속도(escape velocity)" 또는 "제2차 우주비행

속도"라 한다.

이러한 탈출속도는 행성의 질량이 크면 중력이 커져 상당히 증가한다. 수성, 금성, 지구와 화성과 같은 지구형 행성(태양에 가까운 궤도로 돌고 있는 행성을 통틀어 이르는 말)은 목성형 행성(지구형 행성에 비하여 질량과 반지름이 커서 헬륨과 수소 등과 같은 가벼운 기체로 구성된 두꺼운 대기층을 갖고 있는 행성)에 비해 질량이 작아 탈출속도가 크지 않다. 금성과 지구의 탈출속도는 각각 10.4km/s, 11.2km/s다. 한편 목성, 토성, 천왕성, 해왕성 등과 같은 목성형 행성은 질량이 매우 커서 탈출속도가 크며 목성과 토성의 탈출속도는 각각 59.5km/s, 35.6km/s이다. 행성의 탈출속도는 행성의 대기가 어떤 기체로 구성될 수 있는가를 결정짓는 중요한 요소이다.

행성은 탈출속도가 기체분자의 평균 운동속도보다 10배 이상 클 때 그 기체를 행성에 남아 있게 할 수 있다고 한다. 만약 행성의 탈출속도가 기체분자의 평균 운동속도의 10배보다 작다면 그 기체는 행성을 떠나 우주공간으로 날아간다. 한편 기체의 평균 운동속도는 온도가 높고 질량이 작을수록 더 빠르다. 목성의 탈출속도는 59.5km/s이며 수소의 평균 운동속도는 대략 1.8km/s이다. 탈출속도가 수소의 운동속도의 10배보다 크므로 수소 기체는 목성에 남아 있게 된다. 이와 같이 목성형 행성은 행성의 질량이 크고 태양과 거리가 멀어 온도가 낮으므로 수소나 헬륨 등의 가벼운 기체(비행선 가스로 사용)들도 달아나지 못하고 두꺼운 대기를 형성한다. 그러나 지구형 행성인 경우 탈출속도가 작고 상대적으로 온도가 높아 가벼운 기체들은 달아나 버리고 무거운 기체들만 남아 있다.

우주를 향해 쏘다, 로켓 ✈

로켓은 탑재체(payload)를 원하는 우주궤도나 목적하는 장소로 운송하는 기능을 수행하는 비행체를 말한다. 기록상 세계 최초 로켓은 1232년 중국 금나라에서 비화창(불화살)의 점화 장치로 고체연료를 추진한 것이다.

구소련의 로켓 과학자 콘스탄틴 치올콥스키(Konstantin E. Tsiolkovsky, 1857~1935)는 1903년 〈사이언스 리뷰(The Science Review)〉에 발표한 '반작용 장치를 수단으로 한 우주탐험(The Exploration of Cosmic Space by Means of Reaction Devices)'이란 논문에서 로켓 비행체는 추진제를 가속 배출시킬 때 작용과 반작용에 따라 공기가 없는 상태에서도 비행할 수 있음을 밝혔다. 그의 업적은 소련 로켓 엔지니어 세르게이 코롤료프(Sergey Korolyov, 1907~1966), 발렌틴 글루시코(Valentin Glushko, 1908~1989), 보리스 페트로프(Boris Petrov, 1913~1980) 등에게 영향을 끼쳤으며 옛 소련의 우주 프로그램을 조기에 성공시키는 데 지대한 공헌을 했다.

▲ 액체추진 3단식 로켓
▼ 1924년 클락대학에서의 로버트 고더드

1920년대 초에 독일의 헤르만 오베르트(Hermann Oberth, 1894~1989)는 《행성간 우주로의 여행(Die Rakete zu den Planetenraumen)》이라는 책자를 펴내 많은 사람들이 우주 로켓 개발에 관심을 갖게 했다. 미국의 로버트 고더드(Robert Goddard, 1882~1945)는 고체추진제뿐만 아니라 액체 추진제를 연구했다. 특히 고더드 교수는 1926년 3월 16일 미국 매사추세츠 주 어번(Auburn)의 농장에서 첫 액체추진 로켓을 발사해 2.5초 동안 거리 56m(고도 12m) 비행에 성공했다. 이와 같은 치올콥스키, 오베르트, 고더드는 근대 로켓의 3대 선구자로 알려져 있다.

베르너 폰 브라운(Wernher von Braun, 1912~1977) 박사는 1932년 당시 독일 육군 병기국에서 고체연료 로켓 연구 개발의 책임을 맡고 있었던 도른베르거(Walter Robert Dornberger, 1895~1980, 1943년 육군 소장 진급)의 도움으로 베를린 공과 대학교에서 군사용 액체연료 로켓을 개발하기 시작했다. 제1차 세계대전의 패전국인 독일에서는 민간인 로켓 실험이 금지되고 오직 군에서만 실험이 허용됐다. 1936년 독일군은 독일의 북동쪽 발트해 연안 페네뮌데 마을에 대규모 로켓 연구 시설을 건설했다. 도른베르거는 페네뮌데 총지휘관이 되었으며, 폰 브라운은 기술 책임자(technical director)가 되었다. 이곳에서 도른베르거와 폰 브라운 팀은 액체연료 로켓엔진을 개발했으며 A-4(Aggregat 4, '조립체'라는 의미) 장거리 로켓 개발에 착수했다.

1942년 10월 3일 최초의 장거리 군사용 로켓 A-4가 성공적으로 발사되었고, 1942년 12월 22일 히틀러는 런던을 파괴하기 위한 무기로서 A-4를 생산하도록 서명했다. 이후 A-4는 V-2(Vergeltungswaffe 2, 두 번째 복수의 무기란 뜻) 로켓이라는 이름으로 변경되었으며 제2차세계대전 종반 1944년 9월 영국 런던 및 벨기에 안트워프를 향해 발사되었다. 1930년대 말과 1940년대 초에 독일에서 폰 브라운 박사팀에 의해 개발된 V-2 로켓은 에틸알콜과 물의 혼합물을 극저온 액체 산소로 연소시킨 현대 액체 추진 로켓의 시초라 할 수 있다. 이러한 V-2 로켓은 1,000kg 정도의 폭탄을 싣고 약 320km까지 운송할 수 있었다. 이와 같이 1940년대 이후 로켓 모터의 설계 및 개발의 실질적 진전이 있었다.

독일이 패망하자 폰 브라운 박사와 일행은 1945년 미국으로 이주해 미국의 우주개발에 커다란 기여를 하게 된다. 물론 옛 소련도 코룔로프와 글루시코를 주축으로 V-2 자료와 엔지니어들을 확보하여 우주개

베르너 폰 브라운

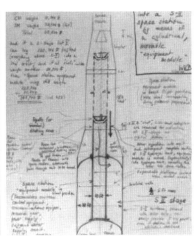

폰 브라운 박사의 메모

발에 박차를 가한다.

  1957년 10월 4일 구소련은 세계 최초의 인공위성 '스푸트니크(Sputnik) 1호'를 카자흐스탄 바이코누르우주기지(Baikonur Cosmodrome)에서 2단 R-7 보완 로켓으로 발사, 낮은 지구궤도에 올려놓는 데 성공했다. '스푸트니크 1호'는 원지점 947㎞, 근지점 228㎞인 타원 궤도에 오른 직경 0.58m, 질량 83.6㎏의 인공위성이다. 시간당 2만 9,000㎞의 속도로 96.2분마다 지구를 한 바퀴씩 회전하면서, 1957년 10월 26일 배터리가 소진될 때까지 22일 동안 20.005㎒와 40.002㎒의 라디오 시그널을 송출했다. 스푸트니크 1호는 3개월 동안 약 6,000만㎞를 비행한 후 1958년 1월 4일 지구 대기로 떨어져 타버렸다. 세계 최초의 인공위성 발사는 미국과 소련 사이의 우주개발 경쟁을 촉발하는 계기가 되었다.

  미국은 스푸트니크 충격 이후 1945년 미국으로 건너간 폰 브라운을 비롯한 탄도미사일 연구팀이 근간이 되어 종전의 국립항공자문위원회(NACA)를 확대 개편해 미국립항공우주국(NASA)을 창설했다. 미국은 1958년 1월 31일에 주노1 로켓(Juno I rocket)을 이용해 길이 2.03m, 직경 15.9㎝, 질량 14.0㎏의 극소형 인공위성 '익스플로러 1호(Explorer 1)'를 플로리다 케이프커내버럴 기지에서 발사했다. 이 인공위성은 미국 최초의 인공위성으로 원지점 2,515㎞와 근지점 354㎞에 달하는 타원궤도로 114.8분마다 한 바퀴씩 지구를 회전했다. 익스플로러 1호는 지구 자기장 내 형성된 강력한 복사대인 '밴 앨런 복사대(Van Allen radiation belt)'를 발견했으며 1958년 5월 23일 배터리가 소진될 때까지 데이터를 전송했다. 익스플로러 1호는 1970년 3월 31일 태평양 상공에서 대기권으로 진입하면서 사라질 때까지 12년 이상을 지구궤도를 돌았다. 구소련은 최초로 인공위성을 쏘아 올린 1957년 이후 10년간 우주개발에서 미국

을 앞섰지만, 미국의 아폴로
계획 실행 이후 양상이 바뀌
었다.

우드바-헤이지 센터로 운송 중인 디스커버리호

1961년 5월 25일 미국 대통
령 케네디는 "1960년대 안에
인간을 달에 착륙시키고 다시
안전하게 귀환시키겠다."고 발표했다. 이러한 발표에 의해 아폴로 프
로젝트(1960~70년대 NASA에서 수행한 달 착륙 계획)에 9년간 250억 달러라는 천문
학적인 비용을 들여 1969년 7월 20일 아폴로 11호를 이용, 우주비행사
닐 암스트롱이 달에 첫발을 딛게 하고 무사히 귀환하는 데 성공하는
쾌거를 이루었다. 1972년 12월 7일 발사된 아폴로 17호(월면차로 22시간 동안
달 표면 탐색)까지 6차례나 달을 탐사하는 큰 성과를 거두었다.

미국은 달 착륙의 성공에도 불구하고 우주개발에 대한 전반적이 관
심이 시들해지면서 우주개발 예산이 급격히 삭감되었다. 이에 재생 가
능한 우주왕복선을 개발해 비용을 절약하고자 했다. 1981년 4월 12일
컬럼비아(Columbia)호가 발사되어 지구궤도를 37바퀴 돌고 4월 14일 귀
환하여 첫 비행(Space Transportation System, STS-1)에 성공했다. 컬럼비아호
(300일 17시간 비행)는 2003년 2월 1일 지구에 재진입하는 과정에서 폭발하
기까지 총 28회 비행했다. 챌린저호(62일 8시간 비행)는 1983년 4월 4일 첫
비행을 한 후 1986년 1월 28일 발사과정에서 폭발하기까지 총 10회 비
행했다. 이 외에도 디스커버리호(39회, 365일 비행), 인데버호(25회, 299일 비행),
아틀란티스호(32회, 307일 비행) 등 총 5대가 운영됐다. 2011년 7월 8일 발사
된 아틀란티스호가 135번째 마지막 비행(STS-135)을 마치고 7월 21일 30
년 전 컬럼비아호가 착륙했던 에드워드 공군기지에 착륙했다. 1981년

첫 발사부터 2011년 마지막 발사까지 우주왕복선의 30년 비행을 마감한 것이다.

우주왕복선은 그동안 지구궤도를 2만 1,152회 돌았으며 총 1,334일 1시간 36분 44초 비행했다. 지구에서 태양까지 거리(1억 5천만 km)를 거의 3번 왕복할 수 있는 거리(872,906,380km)를 날은 것이다. 우주 왕복선으로 비행한 사람은 16개국 355명(남성: 306명, 여성: 49명)이며, 한사람이 최고 7번까지 우주왕복선에 탑승해 임무를 수행한 총 승무원 수는 852명이다. 또한 우주왕복선 프로그램은 총 1,137억 달러(인플레이션을 고려 안 한 금액)라는 천문학적 비용을 사용했다. 재사용하므로 저렴할 것으로 예상해 우주왕복선을 개발했으나, 1회용 발사체보다 더 비싼 비용을 지불했다. 그동안 사용했던 디스커버리 호는 워싱턴 D.C. 근교 스티븐 우드바-헤이지센터에, 인데버 호는 LA의 캘리포니아 과학센터에, 아틀란티스 호는 케네디우주센터에 전시되어 있다. 미국은 향후 인간을 달, 화성, 다른 미래 목적지까지 운송하는 새로운 아폴로 계획인 '프로젝트 컨스텔레이션(Project Constellation)'을 수행할 예정이다. 이 프로젝트는 세계 10여 개 나라가 공동으로 참여하여, 달에 영구기지를 건설하겠다는 것이다.

우주발사체 로켓의 역사적 발전과정을 개략적으로 살펴봤으니 이제는 로켓의 추진원리와 종류에 대해 알아보자. 로켓은 연료와 산화제의 연소 작용에 의해서 발생된 연소가스를 엔진의 노즐 밖으로 분출함으로써 비행하는 데 필요한 추력을 얻게 된다. 로켓은 '모든 힘에는 같은 크기의 힘이 반대 방향으로 작용한

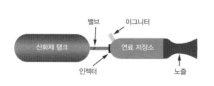

하이브리드 추진제

다'는 뉴턴의 제3법칙(작용과 반작용의 법칙)에 의해 날아가는 것이다.

로켓 추진 시스템은 에너지의 형태에 따라 열, 전기, 원자력 추진시스템으로 분류된다. 여기서 열추진 시스템은 추진제에 따라 화학, 태양풍, 레이저 추진시스템으로 구분된다. 현재 가장 많이 사용하고 있는 화학 추진시스템은 추력을 얻기 위해 산화되는 화학적 혼합물을 사용한다. 화학 추진시스템의 추진제는 연료와 산화제로 구성되어 있는데, 연료는 산소와 결합해 타면서 가스를 생성하는 물질이고 산화제는 연료와 반응하는 산소를 생성하는 매개 물질이다.

화학 추진시스템은 추진제의 물리적 상태에 따라 액체추진제, 고체추진제, 하이브리드(혼합) 추진제 시스템 등으로 분류된다. 그러니까 나로호의 1단 로켓인 액체(액체 추진제 시스템) 로켓은 화학 추진시스템에 포함되고 또한 열 추진시스템에 포함되는 로켓이다.

액체 추진제(liquid propellant) 시스템은 연료와 산화제는 별도의 탱크에 저장되고, 연소실에서 혼합되어 연소된다. 액체 추진제는 엔진 정지, 조절, 재시동을 할 수 있다는 장점이 있다. 특히 액체 수소(-253°C, 연료)와 액체 산소(-183°C, 산화제)는 극저온 연료 및 산화제로 다른 추진제보다 40% 정도 추력이 높지만 장시간 저장하기 곤란한 단점이 있다. 고체 추진제(solid propellant) 모터는 가장 간단한 로켓 엔진으로 급속도로 연소하는 고체 화합 혼합물(연료와 산화제)로 채워진 케이싱과 고온가스를 분출하는 노즐로 구성된다.

하이브리드 추진제(hybrid propellant) 시스템은 일반적으로 액체 산화제와 고체 연료를 기반으로 연소반응이 일어나는 방식(고체산화제와 액체 연료는 효율이 떨어짐)이다. 산화제와 연료의 급격한 반응으로 인한 폭발 위험성 등 고체로켓이 가지고 있는 단점을 보완하고 구조적으로 매우 간단하기 때문에 경제적이며 제작이 용이하다. 여러 가지 성능향상을 위한 구조 변경으로 액체 로켓과 비슷한 수준의 성능을 낼 수 있으나 큰 추력을 내기 위한 엔진에는 부적합하다.

✈ 나로호 발사 전에 나오는 흰색 가스

2009년 8월 25일 오후 5시에 전남 고흥군 외나로도의 나로우주센터에서 1차로 발사된 나로호는 총 중량 140톤으로 총 길이 33m, 직경 2.9m인 우주발사체다. 나로호는 2단 로켓으로 탑재체 중량이 100kg급이며 한국항공우주연구원(KARI, Korea Aerospace Research Institute)이 주도적으로 개발했다. 나로호의 1단은 러시아가 개발한 액체연료 로켓인데 산화제로 액화산소를 사용하고 연료로는 등유를 사용한다. 2단은 항공우주연구원(KARI)이 개발한 고체 연료 로켓이다.

나로호는 발사 후 54초 만에 고도 7.4km에서 음속을 돌파하면서 상승하며, 1단 액체로켓은 3분 52초 후에 위성체에서 분리되어 필리핀 동쪽 바다에 추락했다. 나로호는 발사 후 약 9분 정도면 2단 고체로켓이 분리되고 원궤도 속도인 제1차 우주비행속도(초당 7.9km)로 위성궤도(306 km)에 진입하기로 되어 있었다. 이와 같이 계획으로 당초 중량

흰색 가스를 분출하는 나로호

100kg급 소형 위성체를 준궤도에 올리려는 것이 목표였으나, 위성 보호덮개인 페어링이 비정상적으로 분리되어 위성궤도 진입에 실패했다. 나로호 2차 발사는 2010년 6월 10일 17시 1분에 발사되었으나 이륙 후 137.19초 만에 1단로켓이 폭발해 실패했다. 3차 발사는 2013년 1월 30일 16시에 발사되어 궤도 진입에 성공했다.

나로호의 1단은 액체연료 로켓이고 킥 모터(kick motor)로 불리는 2단은 고체 연료 로켓이다. 액체 추진제 시스템은 추진제 탱크와 로켓엔진으로 구성되며 액체 추진제는 액체 산화제와 액체 연료로 이뤄져 있어 '이원추진제 시스템(bipropellant propulsion system)'이라 한다. 이러한 액체 추진제 시스템은 액체 공급을 중단하거나 조절해 추력을 조절할 수 있으며 재시동이 용이한 장점이 있으나 구조가 복잡하고 제작비가 비싸다.

한편 고체 추진 시스템은 고체 추진제를 사용하며 약 800년 전부터 군사용으로 사용했으며 현재 발사체의 추력 보강용 추진 시스템으로 사용하고 있다. 이러한 고체 추진 시스템은 구조가 간단하고 제작비가 저렴한 장점이 있으나 추력 조절 및 재시동이 불가능한 단점이 있다.

나로호를 쏘아올리기 위해서는 엄청난 양의 산화제가 필요한데, 이를 위해 극저온의 액화산소를 주입한다. 주입 후 온도가 상승하면서 발생하는 산화제통 내의 압력을 조절하기 위해 액화산소 일부를 분출한다. 이때 액화산소가 기화하는 모습이 마치 연기처럼 보이는 것이다.

그리고 나로호의 연료 중 산화제인 액체산소는 -183°C의 산화제로 장시간 저장이 곤란해 발사하기 불과 2시간 전에 충전한다.

인공위성이
추락하지 않는 이유 ✈

손에 들고 있던 사과를 놓으면 떨어지는데 지구 주위를 도는 달은 절대로 떨어지지 않는다. 뉴턴은 어떤 힘이 사과를 잡아당기고 있다는 생각을 했다. 이 아이디어로 뉴턴은 태양과 달은 떨어지지 않는데 사과는 왜 떨어지는가에 대한 해답을 얻었다. 달이 지구에 떨어지지 않는 이유는 지구 주위를 공전할 때 생기는 원심력이 지구가 잡아당기는 힘, 즉 달에 작용하는 지구의 인력과 같기 때문이다.

　질량이 큰 지구 주위를 도는 작은 물체를 위성이라 하는데 이것은 큰 물체가 당기는 인력과 작은 물체의 회전에 의한 원심력이 평형을 이루기 때문에 떨어지지 않고 회전하는 것이다. 그러니까 어떤 물체라도 충분한 회전속도에 의한 원심력이 주어지면 지면으로 떨어지지 않고 지속적으로 지구 주위를 돌 수 있다. 이것이 바로 인공위성이 지구로 추락하지 않는 이유이다. 자연위성(natural satellite)과 인공위성은 행성 등의 둘레를 도는 천체를 말하는데, 태양계에는 대략 240개의 자연위성이 있는 것으로 알려져 있다. 인공위성은 자연위성과 같은 원리를 이용하여 사람이 어떤 목적을 위해 지구 주위를 일정한 주기로 돌게 하는 물체를 말한다.

인공위성이 지구를 도는 원리

그림에서와 같이 대기권 밖에서 공을 던질 때 공이 충분치 못한 속도를 갖는 경우 공은 중력에 의해 지표면으로 떨어지지만, 공을 더 세게 던지면 약하게 던졌을 때보다 더 멀리 가서 떨어지게 된다. 공을 세게 던지면 던질수록 더 멀리 가서 떨어지고 심지어 지구 반대편 지표면에 떨어진다. 그리고 공을 어느 속도 이상의 속도로 아주 세게 던지면 공은 떨어지지 않고 계속해서 지구를 돌게 된다. 이것은 공에 작용하는 원심력과 중력이 평형상태를 이루기 때문이다. 그러므로 인공위성을 지구로 추락시키지 않고 지구 주위로 회전시키기 위해서는 지구 중력을 극복할 수 있는 충분한 속도가 필요하다.

인공위성은 지구 표면에서 쏘아 올려 초기회전을 위해서 제1차 우주비행 속도인 초속 7.9㎞가 필요하며 속도를 증가시켜 탈출속도인 초속 11.2㎞가 되면 지구 중력권을 벗어나게 된다. 따라서 지구에서 쏘아 올린 인공위성은 초속 7.9㎞~11.2㎞ 사이에서 비행해야 떨어지지 않는다. 만약 지구에서 초속 7.9㎞ 이하로 인공위성을 쏜다면 인공위성의 원심력보다 지구중력이 커서 추락한다. 그러나 지구에서 쏘아올린 인공위성이 초속 11.2㎞ 이상으로 비행하는 경우 인공위성은 지구 중력권을 이탈해 태양 주위를 도는 인공행성이 될 것이다.

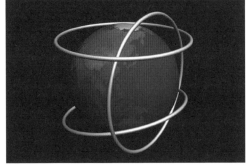

▲ 가능한 궤도 ▼ 불가능한 궤도

위성이 움직이는 길을 궤도라고 하며, 위성은 언제나 고정된 평면 내에서 움직이는데 이를 궤도평면이라 한다. 그런데 인공위성은 원심력과 지구중력간의 평형에 의해서 지구를 회전하는 것이기 때문에 인공위성의 궤도는 그림과 같이 항상 지구의 중심을 통과하는 평면이다.

인공위성(또는 우주비행체)은 인공위성 자체에 주어진 에너지, 즉 비행 속도의 크기에 따라 원추곡선의 하나(원, 타원, 포물선, 쌍곡선 등을 말함)를 그리면서 비행을 하게 된다. 원 궤도 인공위성은 지구 주위를 도는 인공위성에 작용하는 지구중력과 위성의 원심력이 평형 상태를 이루는 제1차 우주비행속도를 유지하여 궤도에 진입하여 일정한 고도로 비행하는 궤도를 말한다. 물론 더 높은 고도에서의 인공위성은 궤도전이를 위해 추가적인 에너지가 필요하다.

타원 궤도는 인공위성의 속도가 원궤도 속도보다 큰 경우 중력이 인공위성을 충분히 잡아당기지 못하므로 높은 고도로 상승하면서 속도가 감소했다가 다시 낮은 고도로 내려오면서 가속되어 원래의 위치와 속도로 되돌아오는 궤도를 말한다. 고타원 궤도(몰니야 궤도)는 근지점이 600km이고 원지점이 4만km인 궤도로 정지위성에서 담당할 수 없는 고위도 지역을 장시간 관측할 수 있다. 12시간 주기의 몰니야 궤도는 러시아와 같은 고위도 지역의 관측 및 통신 위성으로 적당하다. 위성은 케플러의 제2법칙("행성과 태양을 연결하는 직선이 단위시간에 움직이며 그리는 면적은 일정하다"는 면적의 법칙)에 의해서 원지점 근처(높은 고도)에서 천천히 이동하므로 12시간의 궤도 주기 가운데 약 10여 시간을 고위도 지역에 머문다.

포물선 궤도는 인공위성이 타원 궤도 유지속도보다 더 큰 속도를 갖는 경우 그리는 궤도로 지구 중력권을 탈출할 수 있는 궤도다. 이러한 탈출속도는 원궤도 속도의 약 1.414배를 증속하면 얻을 수 있다. 또한 쌍곡선 궤도는 인공위성이 포물선 궤도 유지속도보다 더 큰 속도를 갖는 경우 그리는 궤도로 포물선 궤도보다 더 직선적으로 다른 행성으로 비행할 수 있다.

✈ 인류의 새로운 위협, 우주 쓰레기

우주 쓰레기(space debris)는 지구궤도를 회전하고 있는 수명이 다한 인공위성이나 추진제의 파편 등 다양한 크기의 인공물을 말한다. 이러한 우주 쓰레기는 우주 활동이 활발해지면서 최근 10년 동안 2배로 증가했다. 우주쓰레기는 로켓 파편, 수명을 다한 인공위성, 충돌 후 조각난 파편 등으로 크기는 마이크로미터에서 수 미터까지 다양하다. 우주 쓰레기의 대부분은 1㎝보다 작은 파편들로 수백만 개로 추정된다. 이것들은 위성으로부터 분리된 냉각제와 페인트 조각 등의 표면 분해 물질과 먼지들이다.

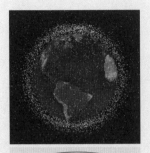

우주 쓰레기는 대부분 고도 2,000km 이하의 낮은 지구궤도에 위치하는데, 그중에서도 800~1,000km 고도에 가장 많은 우주 쓰레기가 몰려 있다. 이것은 800~900km 고도에 지구 관측위성들이 많이 운용되고 있어서 그렇기도 하다. 그리고 800km 이상에서는 우주 쓰레기가 수 백 년 동안 머무를 수 있기 때문이다. 우주 쓰레기는 고도에 따라 그 수명이 다르다. 예를 들어 국제우주정거장이 위치한 350km 고도에서의 우주 쓰레기는 수 년 동안 맴돌지만 그 보다 더 높은 600km~800km 고도에서는 수십 년 동안 머물게 된다. 이와 같이 우주 쓰레기가 낮은 고도에서 그 수명이 짧은

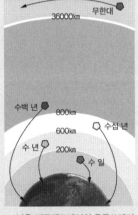

▲ 낮은 지구궤도에서의 우주쓰레기
▼ 고도별 우주쓰레기의 수명

이유는 공기저항으로 인해 속도가 감소하고 중력이 크게 작용하기 때문이다. 800km 이상의 고도에 높이 존재하는 쓰레기는 인위적으로 제거하지 않는 한 수백 년 동안 우주공간에 머무르게 된다.

우주 쓰레기는 우주 비행체나 인공위성의 궤도와 중복되기 때문에 충돌 위험이 크다. 크기가 작은 우주 쓰레기라 할지라도 문제가 되는 이유는 초속 3~7.9km정도로 아주 빠른 속도로 움직여 인공위성이나 우주왕복선과 충돌하는 경우 상당히 큰 피해를 입힐 수 있

기 때문이다. 따라서 우주비행을 하는 우주선이나 우주정거장은 1957년 세계 최초의 인공위성을 쏘아올릴 당시에는 없었던 우주 쓰레기 문제를 안게 된 것이다. 이러한 파편들과의 충돌로 인해 우주선은 손상을 입을 수 있다. 이러한 손상을 완화하기 위해 우주선과 국제우주정거장은 유성 범퍼(meteor bumper)를 사용하고 있다.

그러나 이와 같은 방식으로 태양전지판, 망원경의 광학장치와 같은 우주선의 모든 부분을 보호할 수는 없다. 크기가 10㎝보다 큰 우주 쓰레기는 약 2만 2,000개로 우주선과의 충돌을 회피하기 위해 미국의 북미 항공우주방위사령부(NORAD)에서 일일이 추적하고 있다. 현재는 궤도를 수정하는 것이 큰 우주 쓰레기와의 충돌을 피하기 위한 유일한 방법이다.

만약 우주선이 커다란 우주 쓰레기와 충돌했다면 손상 받은 우주선은 약 질량 1㎏ 정도의 파편을 많이 발생시키며, 이것이 또다른 충돌위험을 만든다. 케슬러 증후군(Kessler syndrome)은 미항공우주국 과학자인 도날드 케슬러(Donald J. Kessler)가 1978년도에 주장한 것이다. 이것은 많은 우주 쓰레기들이 서로 충돌하면서 충돌 주기를 높이고 지구상에서 인공위성을 쏘지 않더라도 점점 더 많은 우주쓰레기가 계속 생긴다는 내용이다. 이러한 우주 쓰레기 때문에 인공위성을 운용하지 못할 수도 있다는 것이다. 일부 우주분야 전문가들은 케슬러 증후군이 현실로 나타나는 것을 우려하고 있다.

우주를 향한
도전과 경쟁 ✈

구소련은 1957년 10월 4일 스푸트니크("여행 동반자"라는 뜻) 1호를 발사했고, 한 달 후 개 라이카(Laika, 스푸트니크 2호에 탑승한 개의 이름)를 태운 스푸트니크 2호가 발사되었다. 그러나 라이카는 발사 당시 발생한 가속도와 고온을 견디지 못하고 몇 시간 만에 죽었다. 구소련은 이어서 1958년 5월 15일, 1톤 무게의 계기를 탑재한 스푸트니크 3호를 발사했다. 구소련의 연이은 우주 비행체 발사에 자존심을 짓밟힌 미국은 교육과정을 개혁하는 등 본격적인 경쟁 체제를 구축한다.

1958년 7월 미국의 아이젠하워 대통령은 구소련의 스푸트니크호 발사에 따른 국민 여론의 압력으로 국립항공자문위원회(NACA)를 국립항공우주국(NASA)으로 확대 개편했다. 미 국립항공우주국의 과학자들은 머큐리 계획을 위해 V-2로켓의 개량형인 레드스톤 로켓과 공군의 애틀러스 로켓을 활용해 우주선을 개발하기 시작했다. 미국은 1958년 1월 31일 미국 최초의 인공위성인 익스플로러(Explorer) 1호를 우주 공간에 발사했다.

미국은 인간을 지구궤도로 보내려는 1인승 우주비행계획인 머큐리 계획(Project Mercury)을 발표하고 미 국립항공우주국은 1958년부터 1963년까지 미국 최초의 유인 우주비행 계획을 주도했다. 그리고 7인의 우주비행사 도널드 슬레이튼(Donald Kent Slayton, USAF, 1924~1993), 앨런 셰퍼드(Alan Bartlett Shepard Jr., USN, 1923~1998), 월터 시라(Walter Marty Schirra Jr., USN, 1923~2007), 버질 그리섬(Virgil Ivan Grissom, USAF, 1926~1967), 존 글렌(John Herschel Glenn Jr., USMC, 1921~), 리로이 쿠퍼(Leroy Gordon Cooper Jr., USAF, 1927~2004), 말콤 카펜터(Malcolm Scott Carpenter, USN, 1925~) 등을 선발했다.

한편 옛 소련은 1961년 4월 12일, 유리 가가린(Yuri Alekseyevich Gagarin, 1934~1968) 소령이 보스토크 1호를 타고 첫 우주궤도(원지점 327㎞, 근지점 169㎞)를 비행해 인류 최초의 우주비행사가 되었다. 비슷한 시기 미국은 1961년 5월 5일 앨런 셰퍼드를 태운 프리덤 7호(Freedom 7)를 발사시켜 187.5㎞ 고도까지 올라가 16분간의 탄도비행에 성공했다. 앨런 셰퍼드는 미국 최초의 우주인이 되었지만, '미국 최초의 우주비행사'라는 명예를 얻지 못했다. 미국 최초의 우주비행사는 1962년 2월 20일 우주궤도를 비행한 동료 존 글렌에게 돌아갔다. 존 글렌은 강력한 애틀러스

보스토크 1호의 유리가가린

머큐리 계획의 7인의 우주비행사

로켓으로 발사되는 프렌드십 7호를 탑승하고 우주궤도를 4시간 55분 23초 동안 비행해 미국 최초의 우주비행사의 영예를 안았다. 그러나 미국의 우주궤도 비행은 소련에 비해 10개월이나 늦은 것이었다.

아이젠하워의 뒤를 이어 미국 대통령에 취임한 존 F. 케네디는 프리덤 7호의 엘런 세퍼드가 탄도비행에 성공하자, 1961년 5월 25일 의회에서 인간을 달에 보내겠다는 역사적인 연설을 했다. 이후 미항공우주국의 목표는 모두 여기에 맞춰졌다. 그리고 2인승 제미니 계획과 달 착륙 유인비행계획인 아폴로 계획(1963년~1972년)을 수립한다. 물론 머큐리계획은 예정대로 진행되고 있었다.

1인승 우주비행계획 머큐리 계획은 1962년 5월 24일 스콧 카펜터를 태우고 발사한 오로라 7호(Aurora 7), 1962년 10월 3일 월터 시라를 태우고 발사한 시그마 7호(Sigma 7), 1963년 5월 15일 고든 쿠퍼를 태우고 발사한 페이스 7호(Faith 7) 등 총 6회의 우주비행을 마치고 종료되었다.

제미니는 '쌍둥이'라는 뜻으로 2명의 우주비행사가 옆 좌석에 나란히 앉을 수 있도록 제작한 제2세대 우주선이다. 제미니 우주선은 전체 길이 5.74m, 직경 3.05m, 중량 3,810kg의 원추형 캡슐이다. 이러한 제미니 우주선은 머큐리 우주선을 2인승으로 확대한 것으로 중량과 크기도 2배 이상 크게 제작되었다. 미국은 제미니 프로그램(1962년~1966년)을 통해 머큐리와 아폴로계획의 교량역할을 하게 하고, 달 왕복비행에 필요한 항목들을 점검했다. 예를 들어 우주비행사들이 1주일 이상 무중력 상태에서 임무 수행이 가능한지, 귀환할 때 대기권 재돌입 궤도를 제대로 진입할 수 있는지 등을 조사했다.

1964년과 1965년 2번의 무인발사를 걸쳐 1965년 3월 거스 그리섬 (Gus Grissom, 1926~1967) 선장과 존 영(John Watts Young, 1930~)을 태운 제미니

머큐리(1인승)와 제미니(2인승) 우주선

3호가 발사되었다. 그들은 한 번도 시도되지 않았던 제미니 캡슐을 제어해 달 착륙 계획에 필요한 우주선 제어 기술을 발전시켰다. 이어서 1965년 6월 제임스 맥디빗트(James A. McDivitt, 1929~)와 에드워드 화이트(Edward H. White, 1930~1967)를 태운 제미니 4호가 발사되었다. 이때 화이트는 미국인 최초로 우주 유영에 성공했으며 지구를 62바퀴 도는 궤도비행을 수행했다.

1965년 8월 고든 쿠퍼와 피트 콘래드(Pete Conrad, 1930~1999)를 태운 제미니 5호가 발사되었다. 그리고 같은 해 12월에는 월터 시라(Walter M. Schirra, 1923~2007)와 토머스 스태퍼드(Thomas P. Stafford, 1930~)를 태운 제미니 6A호가 11일 전에 발사된 제미니 7호를 추적하기 위해 발사되었다. 제미니 6A호와 7호는 110m까지 근접하고 상대속도 0로 세계 최초로 유인 우주 랑데부에 성공해 우주선 편대 비행을 수행했다.

제미니 7호는 1965년 12월, 프랭크 보먼(Frank Borman, 1928~)과 짐 라벨(James Lovell Jr., 1928~)을 태우고 발사되었다. 2명의 우주비행사는 캡슐

안에서 약 2주간 생활해 우주 체재 신기록을 수립했다. 그리고 1966년 3월에는 제미니 8호를 발사해 우주 도킹에 성공했다. 이어서 1966년 6월부터 11월까지 제미니9A호, 10호, 11호, 12호가 잇달아 성공을 거두었다. 1964년부터 1966년까지 발사된 12번의 발사체는 모두 타이탄 로켓을 사용했다. 미국은 제미니 계획을 통해 총 12억 8,000만 달러를 사용했으며 유인 비행횟수는 구소련의 2배, 비행시간은 3.5배를 수립하여 그동안 뒤졌던 우주비행을 앞서게 된다.

1966년 말 제미니 계획이 종료된 지 3개월 만에 미 국립항공우주국은 1967년 2월 아폴로 1호를 발사한다고 발표했다. 그러나 1967년 1월 27

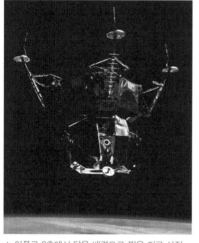

▲ 아폴로 8호에서 달을 배경으로 찍은 지구 사진
▼ 아폴로 9호 달 착륙선

일 아폴로 1호 발사를 위해 플로리다 주 케이프커내버럴 발사장에서 모의연습을 하던 중 우주선 내부 전선에서 불꽃이 튀어 화재가 발생했다. 이 사고로 아폴로 1호의 선장 거스 그리섬, 선임 조종사 에드 화이트, 조종사 로저 채피 등 3명이 질식사했다. 미항공우주국은 아폴로 계획을 백지화하고 사령선(CSM, Command and Service Module), 달 착륙선(LM, Lunar Module), 새턴V 로켓으로 구성된 아폴로를 20개월 이상 일일이 점검했다. 그리고 아폴로 6호까지는 무인 사령선과 무인 달 착륙선 시험을 했으며 1968년 10월 11일 유인 우주선 아폴로 7호가 발사되었다.

아폴로 1호의 참사로 중단되었던 아폴로 계획이 재개된 것이다. 아폴로 7호 승무원은 선장 월터 시라, 사령선 조종사 돈 에이절(Donn F. Eisele, 1930~1987), 달착륙선 조종사 월터 커닝엄(Walter Cunningham, 1932~) 등이었으며 약 11일간 지구궤도에서 사령선 및 기계선의 성능을 시험했다. 또한 그들은 지구궤도에 오른 다음 새턴 발사로켓 2단과 랑데부하는데 성공했다. 이러한 아폴로 7호의 우주 비행이 TV에서 처음으로 생방송으로 중계되었다.

아폴로 8호부터 10호까지 차근차근 달 착륙을 위한 단계를 밟아간다. 그리고 1969년 7월 16일 오전 9시 32분, 케이프커내버럴 발사장에서 2만여 명이 운집한 가운데 아폴로 11호가 선장 닐 암스트롱(Neil Armstrong, 1930~2012), 사령선 조종사 마이클 콜린즈(Michael Collins, 1930~), 달착륙선 조종사 에드윈 올드린(Edwin Aldrin Jr., 1930~) 등을 태우고 발사되었다. 드디어 1969년 7월 20일 오후 4시 17분, 암스트롱과 올드린을 태운 달착륙선 이글호가 달 표면에 착륙했다. 그로부터 약 6시간 39

아폴로 11호 발사　　　　달에 착륙한 올드린

분 후, 오후 10시 56분에 암스트롱은 달착륙선에서 나와 달에 첫발자국을 내딛는 역사적인 장면을 생생하게 보여줬다.

암스트롱과 올드린은 지구중력의 6분의 1 정도인 달 표면에서 관측장치를 설치하고 암석(21.7㎏)을 채취했다. 그리고 사진을 찍는 등의 활동을 하면서 2시간 31분 정도 달에서 시간을 보냈다. 두 우주 비행사는 달착륙선으로 이륙, 사령선에 남았던 마이클 콜린즈와 합류해 지구로 귀환했다. 그들은 지구로 귀환한 뒤, 항공모함 호넷에서 휴스톤의 존슨우주센터로 이동하는 동안 이동격리시설(MQF, Mobile Quarantine Facility)에서 세균에 감염되었는지 등을 조사 받았다. 이들 우주 비행사와 토양 표본은 세균에 감염되지 않았으며 이러한 격리조치가 아폴로 14호 이후에는 폐지되었다. 1972년 12월 아폴로 17호가 최초로 달의 고지대에 착륙하여 세 차례의 달표면 탐색 임무를 완수한 후 달 탐사 아폴로 계획은 종료된다.

1970년대에 접어들면서 미국과 구소련은 우주개발 경쟁을 종료하고 과학기술차원에서는 협력의 장을 열어가게 되었다. 1975년 7월 미국 아폴로 18호(아폴로 우주선을 사용한 마지막 비행)와 러시아 소유즈 19호가 지구궤도에서 도킹에 성공하고 공동실험을 수행했다.

구소련은 본격적인 우주여행을 실현시키기 위해 우주정거장 개발에 눈을 돌려 1971년 4월 최초의 소형 우주정거장 살루트(Salyut)를 발사했다. 한편 미국은 1973년 5월 14일 새턴 5호 로켓으로 발사하여 미국 최초의 우주정거장인 76.3톤의 '스카이랩(Sky lab)'을 우주공간에 띄어 놓았다. 스카이랩은 3차례 팀이 머무르며 초전도체 제조, 생리학적 실험 등 여러 연구를 수행했다. 스카이랩은 1979년 7월 11일, 인도양 상공 대기권으로 재진입하면서 불에 타 폐기되었다.

1986년 2월 구소련에서는 세계 유일의 우주정거장 미르(Mir)를 쏘아 올렸으며, 미르는 지구상공 약 362km의 궤도를 시속 28,163km로 돌면서 각종 우주관련 실험을 수행했다. 길이 19m, 폭 31m, 높이 27.5m의 미르는 130여톤에 달하는 우주정거장이다. 이러한 우주정거장은 전에 발사한 우주선에 도킹하여 우주선을 조금씩 확대하는 방식으로 만든 것이다.

한편 1994년 1월 소유즈 TM-18호(Soyuz TM-18)는 의학박사인 발레리 폴리야코프(Valeri Polyakov, 1942~)를 태우고 발사돼 미르와 도킹했다. 소유즈 TM-18의 선장 빅토르 아파나시예프(Viktor Afanasyev, 1948~)와 비행 엔지니어 유리 유사초프(Yury Usachyov, 1957~)

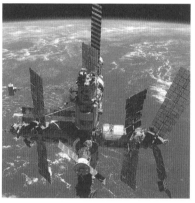

▲ 스카이랩(Sky lab) 우주정거장
(상승중 태양패널 1개 손실)
▼ 미르(Mir) 우주정거장

는 1994년 7월 9일 귀환하였고, 발레리 폴리야코프만 우주정거장 미르에 남아 새로운 우주 체공기록에 도전했다. 이후 발레리 폴리야코프는 1994년 1월 10일부터 1995년 3월 22일까지 437일 17시간 38분 동안 우주정거장 미르에서 생활하는 기록을 세웠다. 그는 지구를 7,075번 돌았으며 그 거리는 3억 76만 5,472km에 달했다. 이후 러시아의 우주정거장 미르는 2001년 3월에 수명을 다하여 남태평양 상공에서 폐기되었다.

미국은 1981년 우주왕복선으로 비행을 시작한 이후, 궤도선(우주왕복선)

국제우주정거장

의 화물칸 안에서 약 2주 정도 실험을 수행하는 임무와 국제우주정거장 ISS(International Space Station)에 모듈을 장착하는 임무를 수행할 수 있게 되었다. 소련은 1988년 11월 15일 러시아판 우주왕복선 부란(Russian Shuttle "Buran", 러시아어로 '눈보라')을 발사해 자동 수평 착륙에 의한 귀환에 성공했다. 그러나 소련이 붕괴된 이후, 경제 악화에 직면한 러시아 당국은 부란 1호기 비행을 마지막으로 우주왕복선 운용을 중단했다. 현재 미국, 러시아 및 유럽우주기구(ESA)를 포함한 16개국의 국제협력 프로그램으로 1998년 처음 쏘아올린 국제우주정거장은 지구 준궤도에 속하는 약 350㎞ 고도에서 시속 약 28,000㎞의 속도로 지구궤도를 하루에 15.78회 공전하고 있다. B747 공간 크기의 국제우주정거장 ISS는 2020년 이후까지 활용될 예정이다.

✈ 우주에서 골프공을 치면

한국 시간으로 2006년 11월 23일 오전 9시 57분, 러시아 우주비행사 미하일 튜린(Mikhail Tyurin, 1960~)이 국제우주정거장에서 6번 아이언으로 3g짜리(실제 골프공은 45.5g) 골프공을 내리쳤다.

골프공은 어떻게 날아갈까? 골프공을 어느 방향으로 치느냐에 따라 결과는 완전히 달라진다.

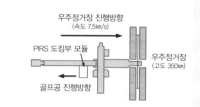

우주정거장에서의 골프

첫 번째 미하일 튜린이 골프공을 우주정거장의 원궤도속도와 같은 방향 즉 접선방향으로 치는 경우를 생각해 보자. 이것은 이론상 골프공이 지구를 한 바퀴 돌아서 다시 국제우주정거장이 있는 위치로 돌아와 국제우주정거장 후미를 맞출 수 있다. 그러나 그럴 가능성은 거의 희박하다. 미 국립항공우주국에서 이러한 문제로 러시아에 이의를 제기해 골프 우주 티샷이 연기되기도 했다. 튜린이 친 골프공은 우주정거장의 속도(7.6~7.7km/s)보다 더 빨라 원심력이 중력보다 더 커서 상승을 하겠지만 계속 돌다보면 고도가 떨어져 언젠가는 우주정거장의 뒷부분을 친다는 것이다. 그러나 우주정거장의 진행방향과 같은 방향으로 정확하게 치기가 확률적으로 불가능하다. 골프선수도 우주공간에서 그렇게 치기 어려운데 더군다나 튜린은 골프선수가 아니기 때문이다. 설령 튜린이 골프공을 우주정거장의 진행방향과 정확히 같은 방향으로 쳤다 하더라도 여러 가지 중력 간섭(달, 태양 등의 인력) 때문에 궤도를 이탈해 다시 그 자리로 돌아와 우주정거장을 맞출 가능성은 거의 없다.

두 번째 튜린이 우주 쪽을 향해 치는 경우, 국제우주정거장이 거의 무중력상태이고 우주에서 공기저항이 없기 때문에 궤도를 이탈하여 우주 쓰레기가 될 것이다. 이러한 골프공은 지구 중력권을 탈출할 수 있을 만큼 탈출속도(제2차 우주비행속도, 시속 11.2㎞)를 낼 수 없기 때문이다. 국제우주정거장이 위치한 대략 350㎞ 고도에서의 우주쓰레기는 수년 동안 맴돌지만 그보다 더 높은 600㎞ ~800㎞ 고도에서는 수십 년 동안 머물게 된다. 따라서 골프공은 우주정거장보다 더 높은 고도에서 지구 주위를 몇 십년이고 회전하는 우주 쓰레기가 될 것이다.

세 번째 튜린이 골프공을 우주정거장의 원궤도 속도와 반대방향으로 치는 경우, 골프공은 속도가 줄어 지구 쪽으로 떨어지게 된다. 네 번째 튜린이 골프공을 지구 쪽을 향해 치는 경우, 골프공은 공기 마찰이 없어 엄청난 속도로 지구를 향해 돌진하다가 대기권에 진입하면서 공기와 마찰에 의해 타서 사라진다. 이와 같이 지구 쪽을 향해 치는 경우는 골프공을 우주정거장 방향과 반대로 치는 경우와 유사하지만 시간적으로 더 빨리 떨어진다.

튜린은 우주정거장 밖에서 오른발을 사다리에 고정하고 한 손으로 우주정거장이 진행하는 반대 방향으로 골프공을 내리쳤다. 그러나 튜린이 친 골프공은 생크(shank, 골프공을 의도하지 않은 방향으로 날아가게 한 것)가 나서 원하는 방향으로 날지 못하고 오른쪽으로 날아갔다. 미항공우주국은 튜린이 골프공을 친 방향을 정밀 분석하여 "골프공은 지구를 약 48바퀴(비거리 200만㎞) 돌다가 지구로 떨어지면서 공기마찰에 의해 불타버릴 것"이라고 발표했다.

우주 탐사와 관광, 그리고 엘리베이터 ✈

우주 탐사(Space exploration)는 우주기술로 지구 대기 밖의 우주를 탐사하는 행위를 말하며 이는 유인 우주비행이나 무인 우주선으로 수행된다. 태양계는 항성(태양과 같이 스스로 빛과 열을 내며 한자리에 머물러 있는 천체), 행성(지구나 화성과 같이 중심이 되는 천체의 둘레를 각자의 궤도에 따라 돌면서 자신은 빛을 내지 못하는 천

태양계

체), 위성(달과 같이 행성 주위를 공전하는 천체), 소행성(화성과 목성 궤도의 사이에서 태양 주위를 공전하는 작은 행성) 등으로 구성되어 있다. 태양계 탐사는 임무에 따라 지구를 기준으로 태양 쪽으로 있는 수성, 금성, 달 등과 같은 내부행성 탐사와 지구에서 태양 반대쪽으로 있는 화성, 목성, 토성, 천왕성, 해왕성 등 외부행성 탐사, 그리고 화성과 목성궤도에 산재해 있는 작은 행성 및 혜성 등을 탐사하는 소행성 탐사 등으로 구분된다. 구소련과 미국은 1960년 이후 내부 행성인 금성 탐사를 위해 각각 베네라 시리즈(Venera Series)와 매리너(Mariner) 시리즈를 운용했다. 1973년 11월 3일 미국의 매리너(Mariner) 10호가 금성을 지나면서 사진을 전송했으며 최초로 내부 행성인 수성의 사진도 찍어 전송했다.

1962년 이후 구소련은 화성 탐사를 위한 마르스 시리즈(Mars series)와 화성의 위성인 포보스 탐사를 위한 포보스 시리즈(Phobos series)를 이용해 화성을 탐사했다. 한편 미국은 1964년부터 매리너(Mariner)와 바이킹(Viking) 탐사 위성을 이용해 외부행성인 화성 탐사를 실시했다. 1976년 7월 20일 바이킹1호는 처음으로 착륙선을 화성 표면에 안착시켰으며, 1996년 12월 4일 발사체 델타II에 실려 발사된 패스파인더(Path-finder)는 1997년 7월 4일 화성에 도착했다. 탐사로봇 소저너(Sojourner)에 의해 화성의 생명체 탐사 및 화성 구조 탐사를 실시했으며, 82일 동안 약 1만 6,000여 장의 사진과 화성의 대기 성분을 담은 자료를 전송했다. 이후, 과거 물의 흔적을 발견했을 뿐 아니라 생명체가 있었다는 유력한 증거도 발견했다.

1972년 3월 2일 발사한 파이오니아(pioneer)10호는 외부행성인 목성을 탐사한 후 명왕성 궤도를 가로 질러 태양계를 벗어났다. 1989년 10월에 발사된 갈릴레오(Galileo)는 1995년 12월 7일 목성궤도에 진입해

처음으로 목성 대기를 탐
사했으며 2003년 9월 목
성 대기에 충돌해 파괴되
었다. 보이저 1,2호는 목
성과 토성, 천왕성과 명
왕성을 탐사했으며 1997
년 10월에 발사된 토성

로웰 천문대

탐사위성 카시니 –호이겐스(Cassini-Huygens)는 2004년 7월 토성의 위성
인 타이탄 궤도에 진입해 임무를 수행했다.

해왕성은 1612년 갈릴레오 갈릴레이가 처음 발견했다는 주장도 있
으나 위르뱅 르베리에(Urbain Le Verrier, 1811~1877), 존 쿠치 애덤스(John Couch
Adams, 1819~1892), 요한 고트프리트 갈레(Johann Gottfried Galle, 1812~1910), 제
임스 챌리스(James Challis, 1803~1882) 등의 궤도예측과 관측으로 1846년 9
월 23일 발견되었다. 해왕성의 운동이 예측했던 값과 다르다는 것을
알게 되어 해왕성에 섭동력(천체의 궤도에 변화를 일으키는 힘)을 주는 다른 천체
가 있다는 것을 예견했다.

미국의 퍼시벌 로런스 로웰(Percival Lawrence Lowell, 1855~1916)은 1894년
애리조나 주 플래그스탭에 로웰 천문대(Lowell Observatory)를 건립했으며,
그의 천문대에서 근무한 클라이드 톰보(Clyde William Tombaugh, 1906~1997)가
1930년 3월에 명왕성을 발견했다. 명왕성의 천문 기호는 퍼시벌 로웰
을 추모하기 위해 그의 이름 P와 L을 합성한 기호인 ♇로 정해졌다.

명왕성의 위성인 카론(Charon)은 1978년 미국 해군천문대에서 발견되
었으며 이외에도 2005년 5월에 허블 우주 망원경으로 명왕성의 위성
인 닉스(Nix)와 히드라(Hydra)가 발견되었다. 태양계에는 총 9개의 행성

뉴멕시코 주 업햄의 우주공항 및 화이트나이트 투

이 있었지만 2006년 태양계의 맨 바깥쪽에 있던 명왕성이 왜소 행성(dwarf planet)으로 분류되어 행성에서 제외되면서 태양계의 행성의 수는 8개가 되었다.

항공우주공학의 눈부신 발전은 바라보기만 하던 우주를 체험하고자 하는 시도로 이어졌다. 러시아 우주기관은 개인이 비용을 내고 우주관광을 할 수 있는 프로그램을 운용하고 있다. 러시아 소유즈 우주선으로 국제우주정거장까지 여행하는데 우리 돈으로 230억에서 400억 정도가 든다.

그래서 대안으로 떠오른 것이 준궤도 우주여행이다. 준궤도 우주관광은 지구궤도를 돌지 않고 지구에서 100~160㎞ 고도까지 올라가 무중력을 5분 정도 경험하고, 우주에서 별과 푸른 지구를 보면서 여행하는 코스다. 이러한 준궤도 우주여행의 비용은 약 2억 3000만 원 정도다. 준궤도 우주관광산업을 위한 우주선 기지는 아랍에미리트의 두바이, 스웨덴의 키루나, 러시아의 바이코누르, 미국의 캘리포니아, 오클라호마, 뉴멕시코, 플로리다 등 많은 곳에 건립되었거나 건립되고 있다.

그중 버진 갤럭틱이라는 회사는 우주관광선(화이트나이트 투 및 스페이스십 투)을 개발한 후 2021년 7월 민간인 우주여행에 성공하는 첫 이정표를 세웠다. 버진 갤럭틱은 블루 오리진과 스페이스X를 제치고 처음으로 88.5㎞ 고도까지 올라가는 총 90분의 우주 관광을 성공리에 마쳤고, 2023년 6월과 8월에는 일반인을 태운 상업용 우주 비행에도 성공했다.

하지만 여전히 비싼 우주여행의 대안으로 대두되고 있는 것이 우주 엘리베이터다. 우주 엘리베이터(space elevator)는 지구 지름의 약 3배인 약 3만 5,800㎞의 고도에 정지위성을 띄우고 지표면까지 나노탄소튜브(carbon nanotube)로 만든 케이블로 연결해 수직으로 우주까지 올라갈 수 있는 엘리베이터를 말한다.

우주 엘리베이터는 적도면의 지상 기지와 정지궤도

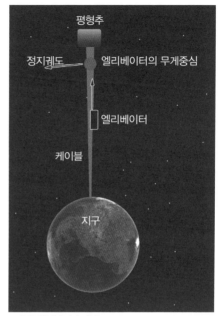

▲ 우주 엘리베이터 개념도

를 선회하는 위성, 레이저 또는 태양열로 가동되는 승강기 등으로 구성된다. 우주 엘리베이터의 승강기는 대략 20톤 정도의 화물과 우주정거장 부품, 관광객 등을 싣고 케이블을 타고 며칠 걸려 지구 정지궤도까지 올라가는 것이다. 이러한 우주 엘리베이터의 핵심적인 장치는 정지궤도를 돌고 있는 인공위성으로 적도상공에서 지구의 자전과 동일한 속도로 움직이므로 정지한 것처럼 보인다.

우주 엘리베이터는 위의 개념도처럼 지구 표면에 고정되어 정지궤도보다 더 높은 곳에 위치한 평형추(counterweight)까지 연결된 케이블로 구성되어 있다. 케이블은 끝에 매달린 600톤 정도의 인공위성이 회전하면서 발생시키는 힘으로 공중에 떠있는 것이다. 승강기는 중간지점을 넘으면 지구의 자전 때문에 가속화 되어 더 빨리 올라갈 수 있다.

우주 엘리베이터는 화물과 우주관광객 등을 지구에서 우주로 수직으로 운송할 목적으로 제안된 구조물이다. 로켓 발사체 대신에 고정된 구조물을 통해 우주정거장 부품 및 관광객 등을 운송하는 많은 제안들이 있었으며 대부분의 제안은 지구표면에서 정지궤도 및 더 높은 평형추까지 도달하는 구조에 관한 것이다.

우주 엘리베이터의 핵심 개념은 1895년 러시아 과학자 콘스탄틴 치올콥스키(Konstantin Tsiolkovsky, 1857~1935)가 지구에서 정지궤도까지 도달하는 에펠탑과 같은 타워 구조를 제안했다. 치올콥스키는 정지궤도에서 지상으로 케이블을 늘어뜨리는 인장강도(tensile strength, 물체를 잡아당길 때 균열되지 않고 견딜 수 있는 최대하중을 물체의 단면적으로 나눈 값)의 구조가 아니라 에펠탑처럼 압축강도(물체가 압축력에 의해 어느 정도 견디어 낼 수 있는지 그 한도를 나타내는 수치)의 구조물을 제안했다. 그러나 이러한 조건에서 자신의 무게를 지탱할 수 있을 정도의 압축강도를 갖는 재료는 없다.

1959년 구소련의 유리 알츠타노프(Yuri N. Artsutanov, 1929~)는 적도상공 3만 5,800㎞에 위치한 정지궤도에서의 정지위성에서 케이블을 늘어뜨려 지구 표면과 연결하는 인장 구조물을 제안했다. 케이블은 평형추를 사용해 정지궤도에서 지상까지 떨어뜨리고, 평형추는 인공위성에서 더 멀리까지 확장함으로써 움직이지 않는 케이블의 무게중심을 잡아준다. 또한 알츠타노프는 케이블의 인장력을 일정하게 유지하기 위한 방안으로 정지궤도에서는 두껍고 지상에 가까워짐에 따라 가늘게 만드는 방법을 제안했다.

우주 엘리베이터를 건설하기 위해서는 무엇보다도 가볍고 엄청난 환경적 저항을 견딜 수 있는 재료가 필요하며 많은 양을 제작할 수 있어야 한다. 최근 한창 연구개발 중인 탄소 나노튜브 기술은 이것을 가능하게 할 것으로 기대하고 있다. 대부분의 우주 엘리베이터는 정지된 케이블을 따라 자동으로 움직이는 승강기를 설계해 사용한다. 우주 엘리베이터의 승강기는 고도에 따라 케이블 굵기가 다르므로 현재 지구에서 일반적으로 사용하는 케이블로 승강기를 제작할 수 없다.

우주 엘리베이터 건설은 엔지니어링, 제조, 물리적 기술 분야를 망라하는 광대한 프로젝트다. 뿐만 아니라 우주 엘리베이터는 여러 가지 위험요소를 갖고 있다. 항공기는 항공 교통 관제 제한으로 우주 엘리베이터를 피할 수 있겠지만 유성체(행성들 사이에 떠 있는 암석 조각을 말함), 미소유성체 등과 같은 우주 물체는 관제할 수 없으므로 더 큰 충돌 위험성을 내포하고 있다.

현재 기술은 우주 엘리베이터를 제작할 수 있을 정도로 충분히 강하고 가벼운 재료를 만들기 곤란하다. 그러나 여기서 그치지 않고 많은 과학자들이 정지궤도 위치에서 지상까지 기타 줄처럼 팽팽하게 하는 인장 구조에 대해 집중적으로 연구하고 있다. 미국 시애틀의 리프트포트(LiftPort)사는 1.6㎞ 상공까지 카본 케이블을 만드는 데 성공했으며 2018년까지 고도 10만㎞까지의 우주 엘리베이터를 건설해 첫 우주여행을 하겠다는 포부를 발표했다. 이제 우주까지 엘리베이터를 타고 여행을 떠나는 것도 아주 허황된 꿈은 아니다.

✈ 스미스소니언 국립항공우주박물관

스미스소니언 국립항공우주박물관

미국의 스미스소니언박물관(Smithsonian Institution)은 영국의 과학자 제임스 스미슨(James Smithson, 1765~1829)이 지식을 추구하고 확산하기 위해 기증한 기금으로 1846년 워싱턴 D. C.에 설립됐다. 스미스소니언은 국립 미국역사 박물관을 비롯하여 국립 인디언박물관, 미국미술박물관, 국립항공우주박물관, 국립동물원 등 총 18곳으로 구성된 세계 최대의 박물관이다. 스미스소니언은 총 1억 3,700여 점의 유물과 표본이 소장되어 있으며 그 방대한 양만큼 미국의 정신적 지주 역할을 한다. 내셔널몰 지역은 10개의 스미스소니언 박물관과 미술관이 즐비한 관광명소로 유명하다.

영국의 과학자 제임스 스미슨

스미스소니언박물관 중에서 국립항공우주박물관은 비행의 역사와 우주탐험에 관한 자료를 전시한 곳으로 세계에서 사람들이 가장 많이 찾는 박물관이다. 내셔널몰에 있는 국립 항공우주박물관은 1946년 창설되었으며 초기에는 국립 항공박물관(National Air Museum)이라 했다가, 1976년 대대적으로 시설을 확장하여 현재의 국립항공우주박물관(National Air and Space Museum)으로 다시 개관했다. 스미스소니언 국립 항공우주박물관은 내셔널몰 항공우주박물관과 2003년 개관한 스티븐 우드바-헤이지 센터(Steven F. Udvar-Hazy Center)로 나뉘어 있다. 내셔널몰 항공우주박물관은 국회의사당에서 워싱턴 기념탑을 바라보고 좌측 편에 있고, 스티븐 우드바–헤이지 센터는 버지니아 주 북쪽에 있는 워싱턴 덜레스국제공항에서 4킬로미터 떨어진 곳에 있다.

내셔널몰 국립항공우주박물관

내셔널몰 국립항공우주박물관

내셔널몰에 있는 국립항공우주박물관은 항공기술의 발달 과정과 역사, 우주탐사의 역사 자료, 우주복과 달 암석 표본과 같은 항공우주 관련 물품 등이 전시되어 있다. 이 건물은 현대식 단독 2층 건물로 1층 현관에 들어서자마자 역사적으로 가장 유명한 비행체들을 관람할 수 있다. 정문 입구 현관에는 달의 실제 암석을 비롯하여 1962년 2월 미국 최초의 우주비행사인 존 글렌이 탑승한 프렌드십 7, 1965년 6월 미국 최초로 우주유영이 행해진 제미니 4호, 1969년 7월 달에 인간을 보내는 데 성공한 아폴로 11호의 우주캡슐 등이 전시되어 있다. 정문 현관 천장에는 1927년 5월 미국 뉴욕에서 프랑스 파리까지 최초로 무착륙비행을 한 찰스 린드버그의 스프리트 오브 세인트 루이스호(Spirit of St. Louis), 1947년 10월 14일 찰스 예거 대위가 시속 1,078km(음속 1.015)의 속도로 음속을 돌파한 로켓추진형 벨 X-1 글래머러스 글레니스(Glamorous Glennis), 세계에서 제일 빠른 항공기 X-15, 세계 최초로 개인이 만든 우주선인 스페이스십원(SpaceShipOne) 등이 걸려 있다. 특히 스프리트 오브 세인트 루이스호는 대서양 횡단비행을 한 후 프랑스에서 배에 실려 미국으로 돌아와 항공에 대한 관심도를 높이기 위해 미국 대륙 전역을 비행한 후에 이곳에 기증된 것이다.

1층은 비행의 마일스톤(Milestones of Flight), 미국의 항공(America by Air), 비행의 황금시대(Golden Age of Flight), 초기 비행(Early Flight), 어떻게 나는가(How Things Fly), 우주경쟁(Space Race) 등 주제별로 16곳의 갤러리로 나뉘어 있다. 또 2층에는 알베르트 아인슈타인 플라네타리움(Planetarium), 라이트 형제, 한계를 넘어서(Beyond the Limits), 행성탐사, 제2차 세계대전 항공 등 12가지 주제로 갤러리가 전시되어 있다.

스티븐 우드바-헤이지 센터 국립항공우주박물관

2003년 개관한 스티븐 우드바-헤이지 센터는 덩치가 커서 내셔널몰 항공우주박물관에 전시하거나 운반하기 곤란한 항공기들을 전시하고 있다. 이것이 바로 우드바-헤이지 센터가 덜레스국제공항 옆에 있는 이유다. 이곳은 최근에 전시된 우주왕복선 디스커버리호를 비롯하여 초음속 여객기 콩코드, 세계에서 가장 빠른 제트기인 록히드 마틴사의 SR-71 블랙버드, 히로시마에 원자탄을 투하한 폭격기 B-29 등 수백 점의 항공우주 유물과 수천 점의 비행 관련 전시품이 전시되어 있다. 스티븐 우드바-헤이지(Steven F Udvar-Hazy, 1946~)가 스미스소니언에 6,500만 달러를 기부한 것을 기리기 위하여 그의 이름이 붙여졌다.

우드바-헤이지 센터는 건물이 크고 항공기 격납고처럼 생겼는데, 보잉 항공행거(Boeing Aviation Hangar), 제임스 맥도넬 우주행거(James S. McDonnell Space Hangar), 비행 시뮬레이터, IMAX 영화관, 덜레스 공항을 볼 수 있는 도널드 디 앙장(Donald D. Engen) 전망대 등으로 나뉘어 있다. 보잉 항공행거는 하나의 대형 홀에 스포츠 항공, 제2차 세계대전 항공,

보잉항공행거

냉전시대 항공 등 총 14개의 주제로 전시되어 있다. 이곳은 록히드 마틴 F-35 라이트닝 II를 비롯하여 최초로 대량 생산된 헬리콥터인 보우트–시콜스키 XR-4C, B707의 원형인 B367-80, 최초로 여압장치가 설치된 B307, 2005년 지구를 한 바퀴 비행한 버진 애틀랜틱 글로벌 플라이어(Virgin Atlantic Global Flyer), 미국 최초로 레이더 장비를 탑재한 노스롭 P-61C, 아이젠하워 대통령 전용기로 사용된 기종인 록히드 L-1049 등이 전시되어 있다.

제임스 맥도넬 우주행거는 보잉 항공행거에 비해 규모는 훨씬 작은데, 인간의 우주비행, 우주과학, 인공위성 응용, 로켓과 미사일 등 4개의 주제로 전시되어 있다. 2011년 퇴역한 우주왕복선 디스커버리호를 비롯하여 달에서 귀환한 우주비행사들을 잠시 격리시킨 이동격리시설, 우주왕복선 승무원이 착용한 우주복, 아폴로 우주비행사들의 훈련용 사령선, 아폴로 발사체의 첫단계 엔진인 F-1 로켓엔진, 아리안 4호에 사용된 바이킹 5C 로켓엔진 등 다양한 종류의 로켓 및 미사일 등을 볼 수 있다.

항공우주기술 개발의 전초기지, 나로우주센터 ✈

대전광역시 유성구 과학로에 본원을 둔 한국항공우주연구원(KARI, Korea Aerospace Research Institute)은 1989년 10월 10일 항공우주과학기술 분야의 탐구와 개발, 보급을 통하여 국민경제의 발전과 국민생활의 향상에 기여하고자 설립됐다. 1989년 한국기계연구소 부설 '항공우주 연구소'로 출발했으며, 1996년 11월 15일 한국기계연구소로부터 독립하여 재단법인 '한국항공우주연구소'로 변경됐다. 1999년 1월 29일 연구원 소속은 국무총리실 산하 공공기술연구회로 변경됐고, 2001년 1월 1일부로 명칭이 '한국항공우주연구원'으로 변경되어 현재에 이르고 있다. KARI는 항공기·인공위성·우주발사체의 종합시스템 및 핵심 기술을 개발하고, 항공우주 안전성 및 품질 확보를 위한 기술 개발뿐만 아니라 항공우주 생산품의 인증 및 국가간 상호인증, 국가항공우주개발 정책 지원 등을 수행한다. KARI는 미국의 NASA와 같은 역할을 하기 때문에 '한국의 NASA'라 칭하기도 한다.

한국항공우주연구원 본원에 있는 주요시설은 아음속풍동 시험동, 추진 시험동, 항공 시험동, 발사체 시험동, 지상연소 시험동, 위성 시험동, 위성 운영동 등이다. 조직은 연구원

한국항공우주연구원(KARI) 본원 건물

장과 부원장 그 밑에 위성기술연구소, 발사체기술연구소, 위성정보 연구센터 등 여러 연구소가 있으며 연구소와 동급으로 나로우주센터 (Naro Space Center)가 있다.

나로우주센터의 명칭은 이 지역의 섬이름인 '나로도'를 따서 붙인 명칭이다. 나로도는 내나로도와 외나로도가 있으며 우주센터는 외나로도에 있다. 이와 같이 지역 명을 따서 붙인 우주센터는 나로우주센터 이외에도 일본의 다네가시마 우주센터(Tanegashima Space Center), 남미 프랑스령 가이아나 쿠르(Guyana Kourou) 우주센터, 중국의 주천(Jiuquan) 위성발사센터 등이 있다.

전남 고흥 문화원의 자료에 따르면 '나로'라는 명칭은 조선 초기에 매년 나라에 바치는 말을 키우는 목장이 이 섬에 있어 '나라섬'으로 불렸다고 한다. 이런 지명이 한자로 바뀌면서 나로도(羅老島)로 되었다고 한다. 이것은 한자의 뜻보다는 나라섬을 소리 나는 대로 적은 것이다. 한편 신라 장보고 시대에 송나라 무역상인들이 이곳을 지나가면서 섬이 아름답다고 하여 나로도(羅老島)라 명명했다는 설도 있다. 이곳의 경관이 비단 라(羅)자와 늙을 로(老)자를 써서 '낡은 비단'처럼 보였다

는 것이다.

　나로우주센터는 전라남도 고흥군에 위치하고 있는 인공위성 및 각
종 우주 발사체 발사장이다. 세계 13번째 우주센터인 나로우주센터는
국내업체가 주도적으로 건설했으며 일부 시설은 러시아와 기술협력
으로 완성했다. 2009년 6월 11일에 준공한 나로우주센터는 국내 최초
의 저궤도 인공위성 발사장으로 우주발사체 국산화 개발에 필요한 각
종 지상시험시설도 함께 구축했다.

　이러한 나로우주센터는 발사대(Launch Complex), 발사통제동(Mission
Control Center), 위성 및 발사체 조립시험시설(Assembly Complex), 기상관측
소(Meteorological Observation Station), 제주추적소 등 인공위성 자력발사 수
행을 위한 발사장 시설을 갖추고 있다. 또한 나로우주센터는 발사대
시스템, 추진기관 시험동, 전자광학추적시스템, 추적레이더, 원격자
료 수신장비, 발사통제시스템, 비행종단지령장비 등 발사운용을 위한
장비도 갖추고 있다. 이외에도 대국민 교육 및 홍보를 위해 우주과학
관(Space Science Museum)도 함께 운용한다.

　발사대는 발사체를 지지하는 발사패드(Launch Pad), 발사체를 세우는
이렉터(Erector), 연료 및 산화제 주입을 위한 저장 및 공급시설 등이 있
다. 이곳은 발사체의 추
진제를 주입한 후 최종
적으로 인공위성이 발
사되는 장소다. 발사대
지하에는 3층 규모의
발사관련 시설이 있으
며, 이곳은 연료 및 산

75m의 피뢰침 기둥이 서 있는 나로우주센터 발사장에서의 발사장면

화제 공급 설비, 자세제어를 담당하는 기계설비, 이를 원거리 조정하는 발사관제설비 등이 있다. 또한 발사대 주위 3곳에 있는 기둥은 뇌우에 의한 위험을 제거하기 위한 피뢰침으로 75m 높이의 기둥이다. 이러한 발사대 및 피뢰침은 초속 60m의 태풍에도 견딜 수 있도록 제작된 시설이다.

발사통제동은 발사임무를 총괄 지휘·통제하는 발사지휘센터(Mission Director Center), 발사 준비 작업을 통제하는 발사체통제센터(Launcher Control Center), 비행안전 관련 업무를 독자적으로 수행하는 비행안전통제센터(Flight Safety Center) 등으로 구성되어 있다.

조립시험시설은 우주발사체를 인수, 각종 검사를 수행한 후 최종 조립을 하는 곳이다. 이곳은 발사체를 최종 조립하는 발사체종합 조립동, 인공위성을 최종 조립하는 위성시험동, 고체모터를 기능 시험하는 고체모터동 등으로 구성되어 있다. 추진기관 시험동(Rocket Engine Test Complex)은 발사체 엔진을 최종 시험하는 곳으로 발사체 추진기관의 각종 점검 및 연소시험을 수행하는 곳이다. 전자광학추적시스템(Electro Optical Tracking System)은 발사 초기에 자동발사체를 자동으로 추적하는 시스템으로 비행자세 영상정보를 획득하는 장비이다. 이러한 영상정보는 발사통제동에 전송되고 발사체 거동분석에 활용된다. 추적레이더(Tracking Radar)는 각도 또는 거리의 정보로 사용하여 발사

나로우주센터 발사 통제동

체를 추적하는 레이더로 비행궤적 정보를 실시간으로 발사통제동에 전송한다. 전남 고흥 나로우주센터와 제주도 서귀포 두 곳에 추적레이더를 운용하고 있다. 이러한 정보로 발사체가 정상적인 비행을 수행하는지 판단하여 비행유지 및 중단을 결정한다.

원격자료수신장비(Telemetry)는 인공위성과 발사체의 동작 및 상태정보를 수신하는 장비로 나로우주센터에 1대, 제주추적소에 2대, 태평양 공해상에 띄운 선박에 1대 등 총 4대가 배치된다. 기상관측소(Meteorological Observation Station)는 기상자료를 획득하여 분석하는 곳으로 전남 고흥군 포두면 차동리에 있다. 우주과학관은 우주개발 관련 교육과 홍보, 과학문화 확산을 위하여 설치된 것으로 나로우주센터 정문 앞 광장에 있다.

나로우주센터는 항공우주기술 개발의 전초기지(어떤 일을 발전시키는 데 중심이 되는 장소나 집단을 비유적으로 표현한 말)로 총 면적 150만 평(500만㎡, 시설부지 약 8.7만평)의 부지에 설치했다. 그런데 나로우주센터는 왜 전남 고흥군에 설치되었을까?

우리나라는 위도상 적도 상공의 정지궤도 위성을 쏘아 올리기에는 발사각도가 맞지 않아 곤란하다. 대신 경사진 준궤도 위성을 발사하기 좋은 위치다. 우주 발사체는 적도에서 지구자전속도가 가장 크므로 자전방향인 동쪽을 향해 적도에서 발사하는 것이 가장 좋다. 그래서 미국 플로리다 주 케이프커내버럴 발사장이나 남미 프랑스령 기아나의 쿠루 발사장 등 유명한 발사장은 모두 적도 근처에 있다. 그리고 동쪽으로 발사하는 경우, 발사 로켓이 초속 460m의 자전속도를 추가로 얻을 수 있는 장점이 있다.

우리나라에서 독자적인 우주개발을 위해 자체 우주센터를 보유해야 한다는 분위기가 조성되면서 1998년 과학기술장관회의를 통해 우주센터 건설안이 확정되었다. 1999년 우주센터건설자문위원회는 우주센터 건설을 위해 경상남도(통영, 남해, 울산), 경상북도(포항), 전라남도(진도, 여수 3곳, 고흥, 해남), 제주도(남제주) 등 총11개 후보지역을 선정했다. 이러한 후보지들은 기획연구를 통하여 발사가능 방위각, 인접국가와의 간섭, 인접지역 안전성, 로켓 낙하지점(1단 50㎞, 2단 500㎞, 3단 3,500㎞)의 안전성 확보, 부지확보 및 확장의 용이성, 기반시설 등과 같은 기준으로 평가됐다. 우주센터추진위원회는 11개 후보지에 대해 세밀한 검토를 수행한 후 최종적으로 경남 남해와 전남 고흥, 두 곳을 후보지역으로 압축했다. 2001년 1월, 발사가능 방위각, 비행궤적 등 기술적 조건뿐만 아니라 항만, 도로, 주민의견 등 다각적인 검토를 통해 전남 고흥 외나로도를 우주센터 최종 후보지로 선정했다.

적도에서 34.3° 떨어진 나로우주센터에서 로켓을 발사할 수 있는 발사운용각도는 정남에서 동쪽으로 15°이다. 미국 캘리포니아 주 반덴버그 공군기지와 비슷한 조건의 발사장이다. 만약 나로우주센터에서 3단 로켓을 발사한다면, 1단은 남해 50㎞ 해상에 떨어지고, 2단은 500㎞를 더 나아가 일본 오키나와 북쪽 공해상에 떨어져 발사된 발사체가 다른 나라 영공을 침범하는 외교적인 문제가 발생하지 않는다. 마지막 3단 로켓은 나로우주센터에서 3,500㎞ 거리에 있는 필리핀 남동쪽 공해상에 떨어진다.

✈ 미국 국립항공우주국(NASA)

미국은 1910년 이후 항공학 연구뿐만 아니라 항공기 개발에서 유럽보다 많이 뒤처졌다. 이것은 미국 정부가 뒤처진 항공학을 끌어올리기 위한 새로운 기구를 창설하는 계기가 된다.

1915년 3월 3일 국회의 결의에 의해 국립항공자문위원회(NACA, National Advisory Committee for Aeronautics)가 창설되었으며, 초기 5년 동안 매년 5,000달러의 예산을 배정받았다. 이것은 항공학 관련 저명인사 12인으로 구성된 최초의 항공자문위원회였다. NACA는 강좌를 위한 특별회의와 함께 매년 10월 셋째 주 목요일에 워싱턴 D. C.에서 회의를 개최했다. 이 회의는 항공학 연구 개발과 관련하여 정부에 조언을 하는 것과, 항공관련 연구와 개발에 활력을 불어넣기 위한 결속력을 다지는 회의였다.

이러한 자문위원회는 비행학 연구와 발전을 위한 정부기구를 설립하는 첫 업무를 수행했다. NACA는 제1차 세계대전 발발에 따른 무기개발을 뒷받침할 만한 시설들이 없었기 때문에 버지니아 주 랭글리 필드에 연구소 건립을 승인했다. 랭글리 필드는 쾌적한 환경과 워싱턴 D. C., 대규모 동부공업센터와의 가까운 거리, 해상 공격으로부터의 방어, 기후조건, 부지 비용 등을 고려할 때 연구소 부지로 최적지였다. 이리하여 1917년 비행연구의 개척자인 랭글리(Samuel Pierpont Langley, 1834~1906)의 이름을 딴 랭글리기념항공연구실(Langley Memorial Aeronautical Laboratory)이 태어났다. 랭글리연구센터는 첫 연구시설이 설치된 후 1920년부터 항공 분야에 대한 연구를 시작했다. 초기에는 4명의 연구원과 11명의 기술자가 근무

했다. 랭글리 연구센터
와 NACA는 제1차 세계
대전 동안 공군력의 유
용성이 증명되면서 동반
성장하기 시작하였다.
특히 1920년대와 1930년
대 NACA 시리즈 에어포

사무엘 랭글리   조지프 에임스

일 연구를 집중적으로 수행했다.

　NACA는 천음속, 심지어 초음속까지 고속비행을 연구할 새로운
공기역학 연구실과 주요 엔진실험 연구실의 필요성을 깨달았다.
이러한 요구에 따라 1939년 샌프란시스코 실리콘밸리의 모펫필
드(Moffet Field)에 항공연구소를 설립했다. 이 연구소는 1927년부터
1939년까지 NACA 위원장을 지낸 조지프 에임스(Joseph Sweetman Ames,
1864~1943)의 이름이 붙여졌다. 또한 1941년 오하이오 주 클리블랜
드에 NACA 항공기 엔진연구실험실(1958년 NASA 루이스 연구센터, 1999년
글렌연구센터로 개칭)이 설립됐다. 이러한 NACA 연구소(랭글리연구소, 에임스
연구소, 루이스연구소)는 1940년대와 1950년대에 미국이 다시 항공분야 연
구와 개발에 있어 선두자리를 차지하는 데 지대한 공헌을 했다.

　1950년대 냉전시대가 시작되면서 원자탄을 보유한 미국과 구소
련이 본격적인 군비경쟁에 뛰어들었다. 양국 모두 대륙간탄도미
사일을 개발하려는 의도에서 인공위성을 먼저 쏘아 올리려고 했
다. 1957년 10월 4일 옛 소련이 지구에서 궤도로 쏘아 올린 최초
의 인공위성인 스푸트니크 1호를 시작으로 우주시대가 개막됐다.
이 일로 인해 기술적 자부심으로 한껏 목에 힘이 들어가 있던 미

국이 발칵 뒤집어지고 교육개혁까지 일어난다.

미국의 위성발사계획은 공군, 육군, 해군의 주도권 다툼으로 원활하게 진행되지 못했다. 미국은 이런 문제점을 해결하고 경쟁에 박차를 가하기 위해 각 군의 연구소를 통합하여 효율적으로 운영해야 한다고 느꼈다. 그러나 드와이트 D. 아이젠하워(1890~1969) 대통령은 냉전관계를 고려해 군을 배제한 민간우주연구소를 만들어야 한다고 생각했다.

드디어 1958년 10월 1일, 미국 국립항공우주국(NASA, National Aeronautics and Space Administration)이 군사적 및 비군사적 항공우주 개발 활동을 담당하는 대통령 직속 정부기관으로 창설되었다. NASA가 창설됨과 동시에 40년 이상 비행 기술을 연구해 온 NACA는 해체되었으며, 그와 관련한 연구진, 직원 그리고 물자들이 NASA로 이관되었다. NASA는 종래의 NACA보다 훨씬 큰 단체를 형성해 흩어져 있던 공군을 비롯한 다른 여러 조직을 통합하기에 이르렀다. 창설 당시 직원은 약 8,000명, 연간 예산은 1억 달러 정도에 불과했지만 NASA는 NACA가 개척한 항공연구를 지속적으로 이어갔다. 순수한 과학적 연구뿐 아니라 첫 기상 및 통신위성을 개발하고 우주기술의 응용 분야에 관한 연구를 수행했다. NASA의 임무는 우주 탐사, 과학적 발견 및 항공 분야 연구 등의 분야에서 미래를 개척하는 것으로 항공우주 분야를 비롯한 다양한 분야의 과학자들이 연구에 매진하고 있다.

다음 그림에서 보는 바와 같이 NASA의 필드센터는 미국 전 지역에 흩어져 있다. NASA의 필드센터 중 NACA를 운영하던 시절에 설립된 랭글리, 에임스, 루이스 연구센터(현재 글렌연구센터)들은 지금

미국 국립항공우주국(NASA) 10곳의 필드센터

도 NASA의 핵심기관이다. NACA의 핵심기술은 NASA의 기술 발전에 기초가 되었으며, 이 기술은 더 나아가 항공우주기술에까지 중요한 자리를 차지했다. NASA의 필드센터 중 가장 많이 알려진 기관은 우주왕복선의 발사기지가 있는 케이프커내버럴, 항공 및 우주선 설계업무는 담당하는 랭글리 연구센터다. 항공우주공학 분야에서 세계적으로 유명한 NASA는 항공기와 관련된 학문을 공부하거나 관심이 있는 사람에게는 가장 기본적인 연구소이므로 역사적 뿌리 그리고 기구의 변천 과정에 대해 알아둘 필요가 있다.

1) 랭글리연구센터(Langley Research Center)

1917년 설립된 랭글리연구센터는 NASA의 가장 오래된 필드센터로 미국 버지니아 주 햄턴에 있다. 달착륙선의 비행시험을 비롯하여 많은 우주 임무를 계획하고 설계했다. 또한 머큐리 프로젝트(1인승 우주선 발사계획)를 수행한 1958년부터 1963년까지 유인 우주 프로그램을 전담했다. 이후 유인 우주 프로그램은 1963년 휴스턴에 유인우주선센터(현재 존슨우주센터)가 새로 건립됨에 따라 그곳으로 이관

됐다. 랭글리연구센터는 40대 이상의 풍동을 이용하여 항공기와 우주선의 안전성, 성능, 효율성을 향상시키기 위한 항공연구에 집중하고 있으며, 소속 연구원 중 3분의 2는 항공분야 연구를 하고 나머지 3분의 1은 우주분야 연구를 수행한다.

2) 제트추진연구소(Jet Propulsion Laboratory)

제트추진연구소(LA근교 패서디나 소재)는 1936년 조그만 구겐하임 항공연구실로 시작됐으며 지금은 캘리포니아공대(Caltech)에 의해 운영되는 연방정부 지원 NASA 센터가 됐다. 1958년 12월 육군 관할에서 새로운 민간 항공우주기관인 NASA에 편입된 이 연구소의 임무는 NASA의 로봇 우주임무에 도전하여 새로운 우주영역을 확장하는 것이다. 즉 태양계 탐사, 우주 지식의 확장, 우주의 관점에서 지구 이해, 인간 탐사를 위한 방법의 개발 등을 말한다. 운영 자금의 약 90%를 NASA로부터 지원받으며 거의 모든 프로젝트는 태양계의 우주 탐사에 집중하고 있다.

3) 에임스연구센터(Ames Research Center)

세계 최대의 실측 아음속 풍동

1939년 12월 설립된 에임스 연구센터는 샌프란시스코 실리콘밸리의 모펫필드(Moffett Field)에 있다. 1960년대 유인 달 탐사계획인 아폴로 계획을 추진한 핵심기관으로, 실물 크기의 항공기 원형을 실험할 수 있는 세계 최대 규모의 아음속 풍동을 보유하고 있다.

최근에 에임스 센터는 풍동시험 연구뿐만 아니라 전산유체역학, 시뮬레이션 기술, 정보기술, 항공교통관리연구, 틸트로터 항공기, 생명공학 등으로 연구 분야를 확장했으며, 정보기술, 나노기술, 생명공학, 우주항공, 인적요소 등의 다양한 연구 분야에 선도적 역할을 하고 있다.

4) 글렌연구센터(Glenn Research Center)

오하이오 주 클리블랜드의 글렌연구센터는 1941년 당시 NACA 항공기 엔진연구실험실(NACA Aircraft Engine Research Laboratory)로 설립됐으며 1999년 현재의 이름으로 변경됐다. 이곳은 140개 이상의 빌딩과 24개의 주요 설비가 있으며 500개의 전문화된 연구 및 시험설비가 있다. 특히 공기역학적 성능 및 소음을 평가하기 위한 중형 크기의 아음속풍동, 추진기관의 공기소음을 연구하기 위한 환경 챔버, 극초음속 추진시스템을 시험하기 위한 극초음속 풍동설비와 밀도를 조절할 수 있는 풍동 등이 있다. 1960년대 초 로켓 및 항공기 추진을 위해 액체산소를 사용하는 방법을 개척했으며, 이것은 미국이 달나라 경쟁에서 구소련을 압도하는 데 크게 공헌했다. 항공기 엔진기술뿐 아니라 통신, 극미 중력, 착빙(icing) 등에 초점을 맞춰 연구를 수행하고 있다.

5) 드라이든비행연구센터(Dryden Flight Research Center)

LA에서 동북부 방향으로 145km 정도 떨어진 모하비 사막의 에드워즈 공군기지에 있다. 지난 60년 동안 많은 첨단 민간 및 군 항

드라이든 비행연구센터

공기의 설계와 성능을 향상 발전시키는 프로젝트를 수행해 왔다. 세계에서 최고 성능을 갖는 항공기들은 대부분 에드워즈 공군기지의 드라이든 비행연구센터 상공에서 처녀비행을 했다. 이곳은 대기비행연구 및 운영 센터로 우주탐사 기관의 임무, 우주 작업, 과학 발견, 항공분야 연구 및 개발 등을 수행하며, 특히 비행시험을 통해 기술과 과학을 발전시키는 데 중요한 역할을 한다.

6) 고다드우주비행센터(Goddard Space Flight Center)

1959년 5월에 설립된 고다드 센터는 NASA의 주요 우주 연구 설비다. 워싱턴 D. C. 외곽의 그린벨트에 있으며 메릴랜드대학교에서 동쪽으로 6km 정도 떨어져 있다. 이곳의 임무는 지구와 지구환경, 관측을 통한 우주와 태양계의 지식을 확장하는 것이다. 이를 위해 고다드 센터는 우주 및 지구과학 분야의 연구 프로그램 수행, 광범위한 스펙트럼의 비행임무 개발 및 운영, 우주비행 추적 및 데이터 획득 네트워크의 작동, 첨단 정보시스템의 개발 및 유지 등을 수행한다. 또한 무인 과학우주선을 개발하고 운영하는 실험실로 무인 지구관측 및 과학적 조사, 우주 시스템의 개발 및 운영, 지구궤도 관측 등을 수행한다.

7) 마셜우주비행센터(Marshall Space Flight Center)

마셜센터는 발사체 추진, 우주 왕복선 추진, 셔틀 외부연료 탱크, 승무원 훈련과 탑재물, 국제우주정거장(ISS)의 설계 및 제작 등을 수행한다. 앨라배마 주 헌츠빌의 레드스톤 아스날(Redstone Arsenal)에 있는 이 센터는 제2차 세계대전을 승리로 이끈 5성 장군 출신 조지 마셜(1880~1959)의 이

조지 마셜
(1953년 노벨평화상 수상)

름을 따왔다. '프로젝트 컨스텔레이션(Project Constellation)' 임무비행체인 아레스 I 로켓(Ares I, 유인 발사체 로켓), 아레스 V(무인 화물발사체 로켓), 오리온(우주선) 등에 관련된 연구를 수행하고 있으며, 이 프로그램은 이미 폐기한 우주왕복선을 대신하여 인간을 달, 화성, 다른 미래 목적지까지 운송하는 것이다.

8) 스테니스우주센터(Stennis Space Center)

스테니스우주센터는 최대 로켓 엔진 시험 설비로 미시시피 주와 루이지애나 주의 경계선인 미시시피 주 핸콕 카운티에 있다. 원래는 미시시피 시험운영(Mississippi Test Operations) 콤플렉스로 1961년에 설립됐는데, 이름이 계속 바뀌다 1988년에 국가우주프로그램을 변함없이 지원한 존 스테니스(John C. Stennis, 1901~1995) 미시시피 상원의원의 명예를 기리기 위해 스테니스 우주센터로 명명되었다. 차세대 우주비행체와 우주왕복선의 로켓 추진시스템을 인증하기 위한 시험 및 비행센터다.

9) 존슨우주센터(Johnson Space Center)

존슨우주센터 임무통제센터

인간의 우주활동을 위한 유인 우주선센터(Manned Spacecraft Center)로 1963년 9월 개소됐다. 텍사스 휴스턴에서 동남쪽 낫소베이 근처에 있으며 1973년 텍사스 출신인 린든 존슨(1908~1973) 대통령을 기리기 위해 존슨우주센터라 명명됐다. 1961년 아폴로 계획이 발표된 후 랭글리연구센터의 우주그룹만으로 부족하여 새로운 시험시설 및 연구실험실이 필요했는데, 수상운송의 가능 여부, 전천후 공항, 주요 통신네트워크의 접근성, 산업계 요원 및 계약업자의 지원 가능 여부, 물 공급 가능성, 온난한 기후 등의 기준에서 호평을 받아 설립되었다. 임무통제센터(Mission Control Center)의 본거지로 미국의 모든 유인우주비행을 모니터하고 통제한다. 또한 뉴멕시코 주에 있는 화이트 샌즈 시험시설(White Sands Test Facility)도 함께 운영하고 있다.

10) 케네디우주센터(Kennedy Space Center)

세계 최대의 우주선 발사기지인 케네디우주센터는 우주비행체 발사 시설과 발사제어센터로 미국 플로리다 주 케이프커내버럴 근처 메릿 섬(Merritt Island)에 있다. 존 F. 케네디 대통령의 이름에서 따와 케네디우주센터로 명명됐으며, 플로리다 주 올랜도에서

케네디우주센터 전경

동쪽으로 72㎞ 정도 떨어져 대서양 연안에 있다. 섬 중앙에 본부, 운행체 조립건물, 기계공장 등의 공장시설이 있으며 발사대와 관제센터 등이 위치한 발사지역은 섬 외곽에 있다. 운행체 조립건물은 60미터 높이의 대형 건물로 새턴로켓과 우주왕복선을 조립하는 데 사용된다. 우주왕복선 및 우주발사체를 조립·점검하고 발사하며 우주왕복선 이동을 위한 활주로시설도 갖추고 있다. 1969년 최초로 달 착륙에 성공한 아폴로 11호의 새턴V 로켓 및 1973년 우주궤도 실험실인 스카이랩 등 역사적인 로켓 대부분은 이곳에서 발사됐다. 또한 1981년 최초의 우주왕복선 컬럼비아 1호뿐만 아니라 2003년 화성탐사 임무를 위한 화성탐사선도 이곳에서 발사됐다.

항공우주분야에 공헌한 100인

미국의 저명한 〈에비에이션 위크(Aviation Week, 항공우주 및 방위산업 관련 정보제공 잡지)〉는 전 시대를 통틀어 항공 및 우주분야에 지대한 공헌을 한 1위부터 100위까지의 스타를 발표했다. 라이트 형제의 역사적 비행 100주년을 기념하여 과거와 현재를 통틀어 세계 항공우주 분야에서 가장 영향력 있고 중요한 사람들을 항공우주분야 전문가들의 투표를 통해 선정한 것이다.

1 라이트 형제 (윌버 / 오빌 라이트)

(Wilbur Wright, 1867~1912) / (Orville Wright, 1871~1948)

- 1903년 12월 17일, 노스캐롤라이나 주
  키티호크에서 세계 최초로 동력비행에 성공

2 베르너 폰 브라운

(Wernher von Braun, 1912~1977)

- 독일과 미국에서 로켓기술 개발에 선도
- 우주개발의 아버지

3 로버트 고더드

(Robert Goddard, 1882~1945)

- 액체 로켓을 개발
- 현대 로켓의 아버지

4 레오나르도 다 빈치

(Leonardo da Vinci, 1452~1519)

- 이탈리아의 과학자, 수학자, 기술자, 발명가, 해부학자, 화가,
  조각가, 건축가로 여러 방면에서 다재다능한 능력을 보유함
- 새가 나는 비행원리를 연구하여 오니숍터(Ornithopter)를 설계
- 나사의 원리를 이용하여 헬리콥터를 설계

5 글렌 커티스

(Glenn Curtiss, 1878~1930)

- 미국의 항공 조종사
- 항공기를 직접 설계 제작한 항공의 개척자

6 찰스 린드버그

(Charles A. Lindbergh, 1902~1974)

- 미국의 조종사이자 작가, 발명자, 평화 운동가
- 최초로 대서양 횡단 비행을 성공적으로 수행

7 윌리엄 "빌리" 미첼

(William L. "Billy" Mitchell, 1879~1936)

- 미국 공군 창설의 아버지

8 클라렌스 "켈리" 존슨

(Clarence "Kelly" Johnson, 1910~1990)

- 항공기 엔지니어이자 항공 혁신가로 록히드 스컹크(Lockheed Skunk) 개발팀의 첫 팀장
- 40년 이상을 항공기를 설계하는데 주도적인 역할

9 닐 암스트롱

(Neil A. Armstrong, 1930~2012)

- 달에 처음으로 발을 내디딘 미국의 우주비행사로 해군조종사
- NACA 시험비행조종사, 신시내티 대학 교수

10 다니엘 베르누이

(Daniel Bernoulli 1700~1782)

- 스위스의 수학자로 확률과 통계분야를 개척
- 1738년에 발간된 '유체동역학(Hydrodynamics)' 저술
- 제트 추진력, 압력계, 파이프 내에서의 흐름 등을 체계화

11 찰스 "척" 예거

(Charles E. "Chuck" Yeager, 1923~)

- 미국의 시험비행 조종사로 예비역 공군 준장
- 1947년 10월 14일 13,700 m(4만 5천 ft) 고도에서 X-1 실험기로 음속을 돌파

12 오토 릴리엔탈

(Otto Lilienthal, 1848~1896)

- 글라이더로 활공비행을 성공적으로 반복한 최초의 인물
- 글라이더의 선구자

13 버즈 올드린

(Buzz Aldrin, 1930~)

- 미국의 조종사 및 우주 비행사
- 닐 암스트롱에 이어 두 번째로 달에 발을 내디딘 사람

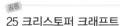

38 옥타브 샤누트
(Octave Chanute, 1832~1910)

- 프랑스계 미국인으로 항공분야 개척자이자 철도 기술자
- '비행기계의 발전(Progress in flying Machine)'이란 항공서적 발간

39 제임스 "지미" 두리틀
(James "Jimmy" Doolittle, 1896~1993)

- 제2차세계대전 중 일본 본토를 공습한 B-25 폭격기 조종사
- 항공기 시험비행 및 첫 계기비행을 통하여 항공 발전에 기여

40 알렉상드르 에펠
(Alexandre Gustave Eiffel, 1832~1923)

- 1889년 파리 만국박람회를 위해 에펠탑 건립한 프랑스의 건축가
- 항공역학 분야의 선구자

41 로버트 "밥" 크랜덜
(Robert "Bob" Crandall, 1935~)

- 아메리칸 항공(American Airlines)의 회장

42 우주왕복선 챌린저호 승무원
(Space Shuttle Challenger Crew)

- 프랜시스 스코비(Francis R. Scobee) : 챌린저호 선장
- 마이클 스미스(Michael J. Smith) : 챌린저호 조종사
- 쥬디스 레스닉(Judy Resnik) : 챌린저호 탑승 임무 전문가
- 로널드 맥내어(Ronald E. McNair) : 챌린저호 탑승 임무 전문가
- 엘리슨 오니주카(Ellison S. Onizuka) : 챌린저호 탑승 임무 전문가
- 그레고리 자비스(Gregory B. Jarvis) : 휴즈 항공사의 민간인 탑승 전문가
- 샤론 크리스타 맥콜리프(Sharon Christa McAuliffe) : 우주에서 강의하는 여교사

43 루이 블레리오
(Louis Bleriot, 1872~1936)

- 프랑스의 발명가 및 조종사
- 항공 스포츠의 개척자 및 항공기 제작 사업가

44 도널드 더글러스
(Donald Douglas, 1892~1981)

- 더글러스 항공기 회사(Douglas Aircraft Company) 창업
- 미국의 항공기 개발자이자 실업가

45 클레어 셰놀트

(Claire L, Chenault, 1893~1958)

- 제2차세계대전 당시 일본군과 공중전을 벌인 전설적인 전투조종사
- 용병 전투비행단 플라잉 타이거즈(Flying Tigers) 지휘관

46 윌 로저스

(Will Rogers, 1879~1935)

- 카우보이이자 코미디 배우, 항공애호가
- 조종사 윌리 포스트와 세계일주 항공여행 중 추락 사망

47 제임스 로벨 주니어

(James A. Lovell, Jr., 1928~)

- 미 항공우주국에서 가장 유명한 우주비행사
- 아폴로 13호의 선장
- 달까지 우주비행 중 폭발사고를 겪지만 지구에 안전하게 귀환한 우주비행사

48 로버트 밥 후버

(Robert "Bob" Hoover, 1922~)

- 에어쇼 파일럿 및 미국 공군의 시험비행 조종사
- 독일군 포로수용소에서 전투기를 훔쳐 탈출에 성공한 사람

공동

49 조셉 켈리

(Thomas J. Kelly, 1929~2002)

- 아폴로 달착륙선(Apollo Lunar Module)을 설계한 엔지니어
- '달착륙선의 아버지'로 그러면 항공기 회사 관리자

공동

49 클레망 아데

(Clement Ader, 1841~1925)

- 프랑스의 전기기술자이자 항공의 선구자
- 박쥐 모양의 '아비옹' 동력비행기 개발

50 휴 드라이든 박사

(Hugh Dryden, 1898~1965)

- NASA에서 공기역학 분야 연구를 수행한 항공우주 과학자
- NASA의 관리자로 근무

51 피에르-조지 라테코에르

(Pierre-Georges Latécoère, 1883~1943)

- 프랑스의 항공선구자로 '라테코에르 631'을 직접 만들고 항공사를 경영

52 마르셀 블로흐

(Marcel Bloch (Dassault), 1892~1986)

- 프랑스의 항공기 설계자
- 프랑스 항공기 제작사 '아비앙 마르셀 다소'를 창립

52 로저 베테이유

(Roger Béteille, 1921~)

- 프랑스 시험비행 조종사
- 에어버스를 탄생시키고 운영한 항공기 제작사 관리자

53 버질 "거스" 그리섬

(Virgil "Gus" Grissom, 1926~1967)

- 미 공군 전투기 조종사
- NASA 머큐리 프로젝트 우주 비행사중 한 사람

54 페르디난드 폰 체펠린

(Ferdinand von Zeppelin, 1838~1917)

- 독일의 항공기 제조업자로 체펠린 비행선 회사를 창업
- 1900년대에 만들었던 비행선의 발명자

55 재클린 오리올

(Jacqueline Auriol, 1917~2000)

- 5개의 세계 속도기록을 보유한 프랑스의 여류 비행사

56 아서 찰스 클라크

(Arthur C. Clarke, 1917~2008)

- 영국의 공상과학소설 작가, 과학 발명가, 미래학자
- 2001년 소설 "스페이스 오디세이"로 유명

57 야마모토 이소로쿠

(Yamamoto, Isoroku, 1884~1943)

- 태평양 전쟁 초기에 일본 연합 함대의 총사령관
- 일본 해군을 재건하고 특히 해군 항공의 발전에 기여

80 롤랑 가로

(Roland Garros, 1888~1918)

- 제1차세계대전에 참전한 프랑스 전투기 조종사
- 프로펠러에 금속 편향판을 장착하여 공중전 수행

81 오스본 레이놀즈

(Osborne Reynolds, 1842~1912)

- 영국 오웬스대학 엔지니어링 교수이자 물리학자

82 아멜리아 에어하트

(Amelia Earhart, 1897~1939)

- 대서양 횡단을 비행한 첫 여류비행사이자 작가
- 수훈비행 십자훈장(Distinguished Flying Cross)을 받은 첫 여성
- 1937년 7월 2일 비행도중 실종

83 조르주 기느메

(Georges Guynemer, 1894~1917)

- 제1차세계대전 당시 최고의 전투기 에이스

84 허버트 G. 웰스

(Herbert G. Wells, 1866~1946)

- 공상과학소설로 유명한 영국 작가

85 장-피에르 에뉴레

(Jean-Pierre Haignere, 1948~)

- 프랑스의 공군 장교
- 국립우주연구센터(CNES, Centre National d'Études Spatiales)의 우주조종사

공동
86 제임스 S. 맥도넬 주니어

(James S. McDonnell, Jr., 1899~1980)

- 맥도넬항공기 회사의 설립자

공동
86 로버트 에스노펠트리

(Robert Esnault-Pelterie, 1881~1957)

- 프랑스 항공기 설계자이자 우주비행 이론가

93 하워드 휴즈 주니어
(Howard Hughes, 1905~1976)

- 미국 역사에서 가장 영향력 있는 조종사
- 백만장자의 실업가, 영화 제작자

94 빌헬름 메서슈미트
(Wilhelm "Willy" Messerschmitt, 1898~1978)

- 전설적인 독일 항공기 설계가
- 항공기 제작사 '메서슈미트 뵐코프 블롬'의 회장

95 루이 브레게
(Louis Breguet, 1880~1955)

- 프랑스의 유명한 조종사이자 항공기 설계자
- 국영항공사인 에어프랑스 설립에 기여한 기업가

96 윌리엄 모펫
(William A. Moffett, 1869~1933)

- 미국의 해군 제독으로 해군 항공 창설의 주역
- 미항공우주국 에임스 연구센터의 모펫필드의 주인공

97 윌리엄 헬시
(William "Bull" Halsey, Jr., 1882~1959)

- 제2차세계대전 막바지 제3함대 사령관(예비역 해군 5성 장군)

98 조지 뮬러
(George Mueller, 1918~)

- 미항공우주국의 전설적인 매니저
- 아폴로 프로그램, 스카이 랩, 우주왕복선 등에 많은 기여

99 앙리 도이치 드 라 뫼르트
(Henri Deutsch de la Meurthe, 1846~1919)

- 유럽에서 석유사업으로 부를 축적한 프랑스 자본가
- 프랑스의 초기 항공 발전에 공헌

100 보리스 페트로프
(Boris Petrov, 1913~1980)

- 소련과학아카데미의 수석회원
- 미국과 구소련의 우주 상호협력에 핵심적인 인물

참고문헌

Abbott, Ira H., and von Doenhoff, A. E., *Theory of Wing Sections: Including a Summary of Airfoil Data*, Dover Publications, Inc., 1959.

Alexander, David E., *Nature's Flyer: Birds, Insects, and the Biomechanics of Flight*, The Johns Hopkins University Press, Baltimore, 2002.

Anderson Jr., John D., *Fundamentals of Aerodynamics*, The McGraw-Hill Company, 2000.

_____, *Introduction to Flight*, Fifth edition, The McGraw-Hill Company, 2005.

_____, *The Airplane, a History of Its Technology*, American Institute Aeronautics and Astronautics, 2002.

Aoki, K., Hineno, T., and Nakayama, Y., *"Visualization of Separation Points and Wake at Smooth Ball and Dimpled Balls"*, <Journal of Visualization>, Vol. 4, No. 1, 2001.

Ball, Philip, *"Shark Skin and Other Solutions"*, <Nature>, vol. 400, 1999., pp.507-509.

Beckwith, Tomas G., Marangoni, Roy D., and Lienhard V, John H., *Mechanical Measurements*, Addison-Wesley Publishing Company, 1995.

Chang, J. W. and Park, S. O., *"Measurements in the Tip Vortex Roll-up Region of an Oscillating Wing"*, <AIAA Journal> , Vol. 38, No. 6, June 2000, pp.1092-1095.

Choi, Haecheon, Moin, Parviz., and Kim, John., *"Direct Numerical Simulation of Turbulent Flow over Riblet"*, <Journal of Fluid Mech.>, Vol. 255, 1993.

Craig, Gale M., *Abusing Bernoulli!: How Airplanes Really Fly*, Regenerative Press, 1998.

Daglis, I. A., *Space storms and space weather hazards*, NATO Science series, Kluwer Academic publishers, 2001.

Evans, Julien, *All You Ever Wanted to Know about Flying: The Passenger's Guide to How Airliners Fly*, Motorbooks International, 1997.

Goodmanson, Lloyd T., and Gratzer, Louis B., *"Recent Advances in Aerodynamics for Transport Aircraft"*, <Astronaut. & Aeronaut>, vol. 11, no. 12, 1973., pp.30-45., ; Part 2, vol. 12, no. 1, 1974., pp.52-60.

Greenwood, John T., *Milestones of Aviation: Smithsonian Institution National Air and Space Museum*, Hugh Lauter Levin Associates Inc., 1989.

Henke, R., *"A320 HLF Fin Flight Tests Completed"* , <Air & Space Europe>, Volume 1, 2 Number 1999., pp.76-79.

Kennedy, Gregory P., and Maxwell, Ted A., *Life in Space*, Time Life Books Inc., 1984.

Lawrence, Loftin K., *"Quest for Performance: The Evolution of Modern Aircraft,"* NASA SP-468, 1985.

Maclaren, Owen F., *"Structures for Folding Baby-Carriages, Chairs, and the Like"*,

<U. S. Patent>, No. 3,390,893, 1968.

NASA, *2007 Spinoff*, Publication and Graphics Department NASA Center for AeroSpace Information(CASI), 2007.

Pearcy, Arthur, *Fifty Glorious Years: a pictorial tribute to the Douglas DC-3*, Orion Books a division of Crown Publishers Inc., 1985.

Rabinowitz, Harold, *Classic Airplanes: pioneering Aircraft and the Visionaries Who Built them*, MetroBooks, 1997.

Rolls-Royce, *The Jet Engine*, Rolls-Royce plc., Derby, England, 1992.

Savile, D. B. O., "*Adaptive evolution in the avian wing*", <Evolution>, Vol. 11, 1957., pp.212-224.

Sohn, Myong Hwan, and Chang, Jo Won, "*Visualization and PIV Study of Wing-tip Vortices for Three Different Tip Configurations*", <Journal of Aerospace Science and Technology>, Vol. 16, 2012.

Spick, Mike, *Milestones of Manned Flight: The Ages of Flight from the Wright Brothers to Stealth Technology*, Smithmark Publishers Inc., 1994.

U.S. Federal Aviation Administration, *Pilot's Handbook of Aeronautical Knowledge*, United States Department of Transportation Federal Aviation Administration, 2003.

Walsh, M. J., "*Riblets as a Viscous Drag Reduction Technique*", <AIAA Paper 82-0169>, 20th Aerospace Sciences Meeting, 1982.

Warwick, Graham, "*Riblets - Back in the Groove*", <Aviation Week & Space Technology>, 2010.

Whitcomb, Richard T., "*A Study of the Zero-Lift Drag-Rise Characteristics of Wing-Body Combinations Near the Speed of Sound*", NACA RM L52H08, <NACA Report 1273>, Langley Aeronautical Laboratory, Langley Field, 1952.

Whitford, Ray, *Evolution of the Airliner*, Crowood, 2007.

Wright, Orville, and Kelly, Fred C., *How We Invented the Airplane*, Dover Publications Inc., 1988.

Young, Kelly, "*Cosmonaut shanks longest golf shot in history*", <Newscientist>, 23. November 2006.

과학기술부, 《2006 우주개발백서》, 과학기술부, 2006.
구자예, 《항공기 왕복기관》, 동명사, 2006.
_____, 《항공추진엔진》, 동명사, 2011.
김병식, "아르키메데스와 베르누이", 〈한국수자원학회지〉, Vol. 39, No. 9, 2006.
김응석, "뉴턴 : Isaac Newton", 〈한국수자원학회지〉, Vol. 39, No. 6, 2006.
노오현, 《압축성 유체 유동》, 박영사, 2004.
_____, 《점성유동이론》, 박영사, 2007.
리카르도 니콜리, 유자화 옮김, 임상민 감수, 《비행기의 역사》, 위즈덤하우스, 2007.
박무종, "유체역학의 선구자이자 위대한 수학자, Leonhard Euler", 〈한국수자원학회지〉, Vol. 40, No. 4, 2007.

박영진, "점성유체의 이론을 확립한 George Gabriel Stokes", 〈한국수자원학회지〉, Vol. 40, No. 3, 2007.

박창균, "오일러의 삶, 업적 그리고 사상", 〈대한수학회소식〉, 제113호, 2007., pp.6-14.

배형옥, "자연을 지배하는 공식 해석한다", 〈과학동아〉, Vol. 7, 2001.

심종수, 원동헌, 《항공기 객실구조 및 안전장비》, 기문사, 2007.

윤용현, 조옥찬, 《최신 비행역학》, 경문사, 2006.

이강희, 《운항학 개론》, 비행연구원, 2007.

이동섭, "현대 난류연구의 선구자 Theodore von Karman", 〈한국수자원학회지〉, Vol. 41, No. 6, 2008.

조옥찬, 《비행원리의 발달사: 공기역학의 어제와 오늘》, 경문사, 1997.

조홍래, 유정열, 강신영, 《유체역학》, 개문사, 1988.

최규헌, "Navier-Stokes 방정식의 Claude-Louis Navier", 〈한국수자원학회지〉, Vol. 41, No. 2, 2008.

최해천, "고전물리학의 난제 - 난류의 신비를 푼다", 〈과학신문〉, 제149호, 1998.

한국항공우주학회, 《항공우주학개론》, 경문사, 2011.

Walsh, John E., 박춘배 옮김, 《키티호크의 그날》, 경문사, 1993.

Craig, Gale M., 이승건 옮김, 《비행의 원리》, 우용출판사, 2002.

Barnard, R. H., 김승조, 정인석, 김기욱, 김범수, 박춘배 옮김, 《항공기 어떻게 나는가》, 경문사, 1994.

Smith, Patrick., 김세중 옮김, 《비행기 상식사전》, 예원미디어, 2006.

http://cirrusaircraft.com
http://www.airliners.net
http://www.airport.kr
http://www.hansfamily.kr
http://www.kari.re.kr
http://www.narospacecenter.kr
http://www.nasa.gov
http://www.seatguru.com
http://www.solarviews.com
http://www.spaceelevator.com
http://www.terrafugia.com

부록

Aviation Week & Space Technology, *All-Time Top 100 Stars of Aerospace and Aviation,* The McGraw-Hill Companies, 2003.

Mackenzie, A. J., "*Deconstructing the Top 100*", <The Space Review>, 14 July 2003.

찾아보기